TUJIE 图解

坐月子与新生儿养育

付娟娟/编著

中国人口出版社
China Population Publishing House
全国百佳出版单位

图书在版编目 (CIP) 数据

图解坐月子与新生儿养育／付娟娟编著 . — 北京：中国人口出版社，2014.5

ISBN 978-7-5101-2485-3

Ⅰ . ①图… Ⅱ . ①付… Ⅲ . ①产褥期—妇幼保健—图解 ②新生儿—妇幼保健—图解 ③新生儿—哺育—图解 Ⅳ . ① R714.6-64 ② R174-64 ③ TS976.31-64

中国版本图书馆 CIP 数据核字（2014）第 089326 号

图解坐月子与新生儿养育

付娟娟 编著

出版发行	中国人口出版社	
印　　刷	河北美程印刷有限公司	
开　　本	820毫米×950毫米　1/16	
印　　张	16.75	
字　　数	200千	
版　　次	2014年5月第1版	
印　　次	2014年5月第1次印刷	
书　　号	ISBN 978-7-5101-2485-3	
定　　价	36.80元(赠送CD)	

社　　长	陶庆军
网　　址	www.rkcbs.net
电子信箱	rkcbs@126.com
电　　话	(010) 83534662
传　　真	(010) 83515922
地　　址	北京市西城区广安门南街80号中加大厦
邮政编码	100054

目录
CONTENTS

第1篇　调理身心，轻松坐月子

第2篇　有条不紊，科学护理新生儿

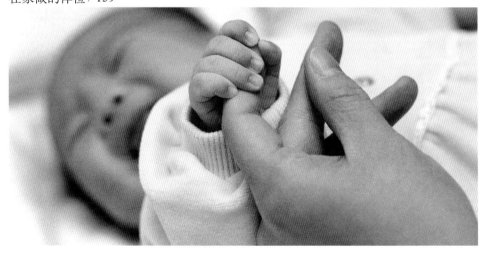

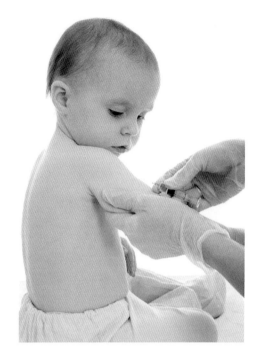

第 1 篇

调理身心，轻松坐月子

对于习惯忙碌和自由的现代都市白领来说，如何安度月子是个大命题，突然要面对诸如"不能熬夜、不能化妆"等条条框框的规矩，难免感觉不知所措。

曾经健康的身体，突然要面对生产带来的疼痛甚至月子疾病的折磨，感觉心烦气躁。

突然暂别了丰富多彩的生活，每天大部分时间关在家里，面对枯燥而烦琐的育儿生活，不能放任自己好好地看完一本书或一部电影，感觉抑郁而烦躁。

这时候，新妈妈需要调整自己的情绪，坐月子是人生难得的经历，新妈妈不妨将它当成一次度假，或者一次"脱胎换骨"的修行，静下心来享受这个过程。

产后恢复，快速自我检测

产后恢复的 3 个阶段

女性在生产完宝宝后，身体比较虚弱，需要一段时间的休养和恢复。一般来说，产后完全恢复基本上需要一年时间。根据恢复的速度和特点，大体可将产后恢复分为 3 个阶段：

第一阶段

产后 28 天内，俗称"坐月子"。这段时间内生殖系统变化最大，是产后恢复的黄金时期，要特别注意以下问题：

1 要注意保持全身清洁，特别是外阴的清洁卫生，防止产褥感染。

2 注意室内温度要适宜及室内空气流通。

3 冬天防感冒，夏天防中暑。

4 保护好乳房，保证哺乳功能，预防乳腺炎。

5 充分休息以恢复体力。

6 饮食要注意高热量、高蛋白，营养丰富，易于消化，不宜食过油腻及辛辣等食物。

7 精神上要愉快，避免精神刺激。此阶段绝对禁止性生活。

第二阶段

产后 29~42 天内。女性在妊娠期和分娩期发生的生理上、解剖上以及全身各系统的变化在此期间基本上恢复正常。为了解这些变化的恢复情况，在产后 42 天应到医院进行一次全面、系统的检查。

第三阶段

产后 43 天~1 年内。在产后 8 周新妈妈身体大都恢复正常，可参加正常工作、劳动，但要注意哺乳期保健。

产后第1周恢复特点

衡量新妈妈身体恢复情况的指标通常包括：子宫、体重、阴道、外阴部、恶露和精神状态等。

子宫

刚生产完，子宫位置应在肚脐附近，之后每天下降1~2厘米，产后1周约下降至耻骨联合上下，大小也和一个成人的拳头差不多。

体重

分娩后不久，由于胎儿、胎盘、羊水等被排出体外，新妈妈的体重会减少5千克左右。之后的几天，随着产妇在妊娠期间积蓄的多余水分和恶露的排出，体重还会有所下降。

阴道

顺产新妈妈的阴道在分娩之后就开始恢复，肿胀日益缓解，阴道壁的松紧度也逐渐恢复。在产后1周左右，阴道恢复到分娩前的宽度，在产后4周左右，再次形成褶皱，基本上恢复到原来的状态。

外阴部

顺产新妈妈的外阴部在分娩后不久就开始恢复，肿胀也开始缓解，并恢复到原来的松紧度。轻度的撕裂往往在产后1周左右得到恢复，而比较深的会阴撕裂或较大的裂痕则需要较长的时间才能痊愈。

恶露

产后3~4天的恶露为血性恶露，呈血液颜色，有血腥味，量较大，但不超过平时的月经量（如果恶露量过大，请及时咨询医生）。血性恶露中有时会有小血块及坏死蜕膜组织，这是正常的。

精神状态

新妈妈在生产时耗费了大量体力，在产后1周时间内，大多数时候会觉得倦怠，需要多多卧床休息。另外，随着分娩的结束，新妈妈体内的激素分泌会发生急剧变化，部分新妈妈可能因为激素分泌变化而导致情绪大起大落，大多数的产后抑郁都是在这1周出现的，因此要注意调适自身的情绪，避免引发产后抑郁症。

辣妈教室

新妈妈在生产时用力很猛，会在产后有酸痛感觉，浑身不适。这种感觉一般在分娩2~3天后就会消失。

产后第 2 周恢复特点

子宫

新妈妈的子宫位置在继续下降，并逐渐降至盆腔中，子宫本身也在变小。

体重

随着恶露的排出，以及尿量的增加、出汗和母乳分泌等因素，本周新妈妈的体重还会有一定的下降，具体减少的重量因人而异。

恶露

进入产后第 2 周，新妈妈的恶露量会逐渐变少，颜色也由鲜红色逐渐变浅为浅红色直至褐色。恶露中的血液量减少，浆液增加，也叫浆液恶露（一般发生于产后 5~10 天）。如果本周新妈妈排出的恶露仍然为血性，并且量多，伴有恶臭味，请及时咨询医生。

精神状况

虽然新妈妈的身体还没有完全恢复，但要开始规律地为宝宝哺乳了。每天昼夜不停的哺乳工作，会极大地影响妈妈的休息，所以妈妈在第 2 周会比较劳累。加之坐月子生活比较枯燥、还没有适应育儿生活等原因，易导致情绪不稳定。家人应多分担照料小宝宝的重任，同时也要注意别冷落了"多愁善感"的新妈妈。

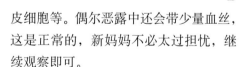

辣妈教室

大多数新妈妈的乳汁已开始正常分泌，这时的宝宝每天需要大约 500 毫升的奶水，新妈妈在这一周可以适当喝一些有催乳功效的汤粥。

产后第 3 周恢复特点

子宫

子宫继续收缩中，子宫的位置已经完全进入盆腔里，在外面用手已经摸不到了。不过宫颈口还没有完全闭合，新妈妈仍需要注意阴部的卫生，这周依旧要严禁性生活。

恶露

进入本周之后，大多数新妈妈的浆液恶露会逐渐变成白色恶露。恶露呈白色或黄色，比较黏稠，类似白带，但量比白带大。恶露中的浆液逐渐减少，白细胞增多，并有大量坏死蜕膜组织、表皮细胞等。偶尔恶露中还会带少量血丝，这是正常的，新妈妈不必太过担忧，继续观察即可。

精神状态

现在新妈妈的精神已经好很多了。生产带来的身体上的伤痛已经基本痊愈，经过 2 周的哺育实践，大多数新妈妈逐渐熟悉了喂养宝宝的规律，能及时调整自己的作息时间，得到了充分的休息。随着与宝宝的感情逐渐加深，开始感受到做妈妈的幸福。所以在这一周，妈妈精神欠佳的状况会有所改善。

产后第 4 周恢复特点

子宫

一般来说，子宫在本周会基本恢复至正常大小。同时，随着子宫的逐渐恢复，新的子宫内膜也在逐渐生长。如果本周新妈妈仍有出血状况，很可能是子宫恢复不良，需要咨询医生。

恶露

大多数新妈妈的恶露此时已经排干净，开始出现正常的阴道分泌物——正常颜色的白带。不过恶露持续的时间与新妈妈的体质有关，也有一些新妈妈在本周仍会排出黄色、白色恶露。一般来说，剖宫产的新妈妈，恶露的结束时间相对更早。本周如想要进行盆浴，需得到医生许可。

精神状态

宝宝的健康成长是对妈妈日夜辛苦哺乳的最好奖励，经过近一个月的接触，妈妈在哺喂宝宝、不断与宝宝的接触中，彼此间的感情越来越深厚，加上身体恢复良好，新妈妈这时候心情愉悦、精神饱满。

此外，本周新妈妈腹部收缩良好，耻骨松弛情况好转，性器官大体复原。下床后新妈妈可以渐渐开始恢复正常生活，可以做日常家务、照料婴儿，也可以去附近购物、散步或办事，但仍需注意不要太劳累。

辣妈教室

除了进行一些简单轻巧的家务活以外，新妈妈也可以开始做一些产后恢复的锻炼了，只是做的时候要尽量选活动幅度较小、有针对性的动作，不要急于求成，拉伤肌肉、筋骨等。

产后第 5 周恢复特点

子宫

随着子宫的进一步恢复，其重量已经从分娩后的 1000 克左右减少为大约 200 克。

恶露

正常情况下，新妈妈的恶露此时已经全部排出，开始正常分泌白带。如果此时新妈妈仍有恶露排出，就需要咨询医生。

阴道

在产后 1 周左右，阴道就会恢复至分娩前的宽度（自然分娩的新妈妈阴道会比分娩前略宽），阴道内开始再次形成褶皱，外阴部也会恢复到原来的松紧度。骨盆底的肌肉此时也逐渐恢复，接近于孕前的状态。

妊娠纹

有妊娠纹的新妈妈会发现妊娠纹颜色逐渐变淡了，此时正是去除妊娠纹的好时机，恢复得好，完全可以消除妊娠纹。此外，本周因为怀孕造成的腹壁松弛状况也逐渐改善，新妈妈的腹部开始慢慢变得紧致。

第 1 篇 调理身心，轻松坐月子

5

活动恢复

孕期变得松弛的肌肉和关节逐渐恢复到原来的状态，新妈妈的身体状态良好。回家乡生产且家乡离自己家较近的新妈妈，这周可以去医院检查并咨询医生，是否可以返回自己家，如果可以的话，最好使用飞机或者火车这些交通工具，少乘坐汽车和轮船，并要注意多休息。

产后第 6 周恢复特点

本周新妈妈的身体已经恢复得很好，大部分新妈妈都可以结束"坐月子"，开始回到正常生活了。但仍要注意多休息，不宜过度劳累。

子宫

产后第 6 周，宫颈口已经恢复闭合到孕前程度，理论上来说，本周之后新妈妈已经可以逐步恢复性生活了。需要注意的是，虽然坐月子已基本结束，但新妈妈注意不要以为已经"解禁"而放任自己不健康的生活习惯。例如，无论哺乳或不哺乳的妈妈，都不能吃冷饮或雪糕，因为这些生冷的食物易导致宫寒，可能会引起子宫出血。

月经

不进行母乳喂养的新妈妈，可能在产后第 6 周已经恢复月经。母乳喂养的新妈妈一般月经恢复要较迟一些。从医学角度来讲，根据子宫内膜的组织形态来推测，可能早在产后 33~42 天，卵巢就可排卵了。此外，在产后 6 周，也可观察到排卵过后的黄体存在。研究资料显示，40% 进行人工喂养的妈妈在产后 6 周恢复排卵，而大多数母乳喂养的妈妈则通常要到产后 18 周左右才完全恢复排卵机能，有些甚至到产后 1 年左右才恢复月经。

专家叮咛

这周新妈妈要去医院做产后身体恢复状况的体检。如果恢复良好，医生会建议你开始进行适当的身体锻炼，以达到恢复身材的目的。

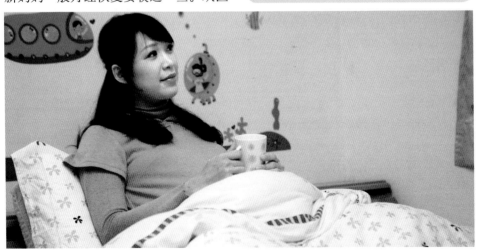

月子饮食，你吃对了吗

月子饮食的一般原则

产后新妈妈自身的生理功能尚待恢复，肠胃功能又有所减退，同时还要哺乳，因此，饮食需要非常用心，要注意以下几个方面：

营养均衡

产后新妈妈的日常饮食，概括起来就是"鱼虾肉蛋奶及蔬果"，妈妈可以经常默念一遍看自己是否漏掉哪一样。鱼虾不仅热量低，所含的蛋白质质量又较一般肉类优，是产后绝佳的营养来源。蛋类除了含有丰富的蛋白质外，还含有维生素A、维生素D、维生素E和磷、铁、钙等。蔬果的好处则是不仅含有多种丰富的矿物质和维生素，而且其所富含的纤维素亦可帮助胃肠蠕动，使排便顺畅。

补充水分

由于产妇在分娩过程中流失大量水分和血液，因此水分的补充十分重要。利用稀粥、鲜美的汤汁给予充分的营养与水分，不仅可以促进新妈妈的康复，又能促进乳汁分泌。

饮食清淡

产后初期的饮食应以清淡、稀薄为宜，所谓清淡并非指完全不沾荤腥，而是不宜过度油腻，不应加入过度调味品。另外，新妈妈不宜一味进补，月子期间脾胃功能较差，身体虚弱，可多吃汤、粥、羹类易消化又健脾养胃的食物。

根据宝宝大便性状调整饮食

宝宝的大便能反映许多问题，母乳成分发生变化时，宝宝的大便性状通常有相应改变，如：

新妈妈进食过多甜食，宝宝大便泡沫多且酸味重；

新妈妈进食脂肪多，宝宝大便呈油状且易拉稀；

宝宝进食不足，大便色绿、量少、次数多，说明新妈妈应多食催乳食物。

少量多餐

新妈妈分娩后，身体十分虚弱，食欲也不佳，因此建议采取增加餐次、分量减少的方式，以减轻肠胃负担，同时也有利于营养的吸收，可每日进食5~6次。

爸妈教室

中医认为大热、大燥、生冷、酸涩之物会导致脾胃虚寒、脏腑失调，产后新妈妈最好不要吃韭菜、大蒜、辣椒、胡椒、茴香过热、辛辣刺激的食物，也不宜吃太冷和太硬的食物。

吃好产后第一餐很重要

新妈妈分娩后体内激素水平大大下降，身体过度耗气失血，阴血骤虚，在这种情形下，很容易受到疾病侵袭。因此，新妈妈"产后第一餐"的饮食调养非常重要。

产后第一餐应选择易消化的食物

新妈妈分娩后当天的饮食都应以稀、软、清淡，补充水分，易消化为主，可以吃米粥、软饭、碎面等流质或半流质食物，也可以适当喝一些鸡蛋汤、鱼汤等，但要注意去掉鱼汤上层的油，并不要使汤过咸。另外，一些容易消化、营养丰富的流质食物也是不错的选择，比如糖水荷包蛋、蒸蛋羹、蛋花汤、藕粉等。

不宜过早滋补

以前老观念认为分娩时出血多，新妈妈需要立即喝鸡汤、猪蹄汤，或多吃肉食进行滋补。这其实是非常错误的。新妈妈产后身体太虚，消化功能尚未恢复，形成"虚不受补"的状态，如果吃大鱼大肉，不但对身体恢复无益，还会引起腹胀、腹泻等症状。因此，肉、蛋等食物需要等到分娩 7 天以后，当新妈妈的舌苔无厚腻感时再行进补。

产后第一餐食谱推荐

莲藕粥

材料 莲藕 250 克，粳米 100 克。

做法

1 先将莲藕刮净，切成薄片。

2 再将粳米淘洗好，两者同下锅，用水煮成粥即可食用。

功效 莲藕中含有大量淀粉、维生素和矿物质。新妈妈分娩后吃莲藕能够健脾开胃，清除腹内积存的瘀血。

小米粥

材料 小米 50 克，红糖适量。

做法

小米加水煮烂，加红糖适量。

功效 小米中含有多种维生素、氨基酸、脂肪和碳水化合物，营养价值较高。小米中含有胡萝卜素，维生素 B_1 的含量也很高。此外，小米含糖量也很高，产生的热量比大米高许多，对于产后气血亏损、体质虚弱的妈妈有很好的补益作用。

顺产后头 3 天饮食指导

产后第 1 天

在分娩的过程中新妈妈的体力消耗大、出汗多，体内体液不足，胃液分泌减少使消化功能下降，此时身体最需要的是水分及容易消化的清淡食品。因此，在分娩后数小时至 1 日内，新妈妈最好吃流质或者半流质食品。推荐食物：牛奶、蛋花汤、红糖水、小米粥等。

产后第 2~3 天

接下来的 2 天，新妈妈的体力尚未恢复，食物仍然要以清淡、不油腻、易消化、易吸收、营养丰富为主，形式仍为流质或半流质。除了牛奶、藕粉、糖水煮鸡蛋、蒸鸡蛋羹外，还可增加馄饨、豆浆等。第 3 天后可以开始恢复固体食物了。这段时间不能吃辛辣刺激性的食物。

产后头 3 天饮食提醒

1 每次进餐不宜过量，可增加进餐次数，比如可以在下午和晚间各加餐 1 次。

2 食用鸡汤、鱼汤、排骨汤时要把汤内浮油撇净，以免进食过多脂肪导致妈妈难受和宝宝腹泻。在下奶前不要喝太多汤水，以防胀奶。

3 适量食用青菜和水果。绿叶菜和水果含有丰富的维生素 C、膳食纤维，能使大便通畅。

4 孕期合并缺钙、贫血以及分娩时出血多的新妈妈，除了吃含钙、铁多的食物（如牛奶、鸡血、猪肝、青菜、豆制品）外，还要继续服用鱼肝油丸、钙片等。

剖宫产后头 3 天饮食指导

产后 6 小时内禁食

术后 6 小时内，新妈妈肠腔内有大量气体，吃东西容易加重腹胀，此时应平卧、禁食。即使嘴唇干裂也不要喝水，可以用棉签蘸水湿润。

排气后可吃通气流食

产后约 6 小时，如已排气，可以饮用萝卜汤，既能促进胃肠蠕动，又能促使排气、通便，减少腹胀，也可以喝一些开水，帮助肠蠕动。

若术后胃肠功能恢复好（约在术后 24 小时），第 1 天可以进食流质食物，但忌食牛奶、豆浆、鸡蛋等胀气食品。

第 2~3 天逐渐向固体食物过渡

剖宫产术后约 24 小时，也就是产后第 2 天，新妈妈胃肠功能恢复，可改用半流质饮食如稀粥、面条等，每次不宜食用过量，可每天吃 4~5 餐，以保证充足的营养。排气（放屁）之后可以进食稀饭、面条等半流质食物，然后慢慢向软质食物、固体食物过渡，像正常情况一样进食了，但饮食不要太油腻，不要暴饮暴食，要多吃蔬菜，以保持营养均衡，促使大便通畅。

1 多吃含铁食物：剖宫产的新妈妈失血较多，容易患上产后贫血，需要多进食含铁丰富的食物，如猪血、菠菜等。

2 吃些高蛋白的食物：为了促进伤口的愈合，新妈妈可以吃些高蛋白的食物，如鱼汤，特别是乌鱼汤。

3 不急着吃催奶食物：催奶食物、大补食物如鲫鱼汤、鸡汤、人参等不要急着食用，避免引发乳腺炎。

4 少吃深颜色食物：深颜色的食物容易使新妈妈腹部的伤口疤痕颜色加深，所以新妈妈在产后的饮食尽量避免食用深色食物。

5 禁吃产气食物：如牛奶、蛋类、黄豆及豆制品等，易加重腹胀或肠胃不适。

6 忌食寒凉、辛辣食物：寒凉、辛辣的食物刺激性大，容易使新妈妈腹痛、便秘、上火等，也不利于子宫的收缩、恢复和刀口的愈合。

樊妈教室

　　剖宫产后头几天只能半躺着吃喝，导致新妈妈容易被呛到，从而引发咳嗽牵拉伤口。家人应准备好带吸管的水杯或粗吸管，用来喝汤水和稀饭。

产后第 1 周：开胃，易消化

新妈妈在刚刚生产的最初几日里会感觉身体虚弱、胃口比较差，所以产后第 1 周饮食应着重于清淡、开胃。除了鸡蛋、米粥、软饭、面条、蔬菜外，还可以吃些清淡的荤食，如肉片、肉末、瘦牛肉、鸡肉、鱼等，配上时鲜蔬菜一起炒，口味清爽、营养均衡。此外，橙子、柚子、猕猴桃等水果也有开胃的作用。剖宫产新妈妈，可以吃一些利于伤口恢复的食物。

本周食谱推荐

 什锦蔬菜粥

材料 大米 100 克，西蓝花 200 克，洋菇、香菇、胡萝卜各 30 克，盐适量。

做法

1 大米洗净后泡水 30 分钟备用。

2 洋菇、香菇、胡萝卜洗净切丝，西蓝花用开水余烫。

3 锅内加入米和水，用大火煮开。

4 加入洋菇丝、香菇丝及胡萝卜丝，改小火煮至米粒黏稠。

5 再放入余烫过的西蓝花及调味料，煮开即可。

功效 这道什锦蔬菜粥含有丰富的膳食纤维，且清淡易消化，能增强肠胃的蠕动。

清炖乌鱼汤

材料 乌鱼1条（约500克），盐适量。

做法

1 把鱼杀好、去鳞，切成块状。

2 锅中放入少量油烧热，放入鱼块煎。

3 加入适量开水和盐，中火炖15分钟起锅。

功效 乌鱼具有祛瘀生新、滋补调养的功效。剖宫产新妈妈食用乌鱼，有生肌补血、加速细胞生长、促进伤口愈合的作用。

产后第2周：补气血

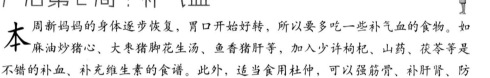

本周新妈妈的身体逐步恢复，胃口开始好转，所以要多吃一些补气血的食物。如麻油炒猪心、大枣猪脚花生汤、鱼香猪肝等，加入少许枸杞、山药、茯苓等是不错的补血、补充维生素的食谱。此外，适当食用杜仲，可以强筋骨、补肝肾、防止产后腰痛。

 本周食谱推荐

香菇木耳瘦肉粥

材料 大米50克，瘦猪肉50克，香菇30克，木耳、银耳各15克，盐适量。

做法

1 香菇泡软，切丁；大米、木耳、银耳分别用清水泡软。

2 猪肉剁成末，入沸水中氽一下。

3 将大米加适量清水放入锅中，用大火烧沸。

4 再放入香菇丁、木耳、银耳、猪肉末，加入盐，用小火煮至米、肉熟烂即可。

功效 这道粥含丰富的维生素和矿物质，营养丰富，清淡爽口，可帮助新妈妈促进消化，增加乳汁分泌，有行血化瘀、健脾益胃的功效，是新妈妈的上好食品。

 ## 月子鸡汤

材料 乡村土鸡1只（约1000克），姜10克，盐2克，党参10克，红枣20克，料酒适量。

做法

1 土鸡宰后去毛、内脏，剁成小块，加入开水锅中氽烫，去血水。

2 砂锅中加入鸡块、姜、料酒、党参、红枣和水，大火烧开，小火炖2~3小时。

3 加入盐调味。

功效 鸡是产后补气血常用食品，具有养五脏、益精髓、补气血、健脾胃、长肌肉等多种功能，含有丰富蛋白质，而其他营养成分亦较丰富。

调养气血的食物

生产时，产妇体力和气血都被大量消耗，身体处于一种"血不足，气亦虚"的状态，为了调整体质，坐月子就成了新妈妈调养气血的最好时机。

饮食调理

气血两虚一般出现在贫血、白细胞减少症、血小板减少症、大出血后、妇女月经过多者，其主要表现为：既有气虚的表现，又有血虚的表现，进补宜采用益气生血、气血并补。

日常应多吃些富含"造血原料"的优质蛋白质、必需的微量元素（铁、铜等）、叶酸和维生素 B_{12} 等营养的食物，如动物肝脏、肾脏、动物血、鱼、虾、蛋类、豆制品、黑木耳、黑芝麻、红枣以及新鲜的蔬菜、水果等。

另外，可用一些补气的药物调理，如人参、黄芪、白术、红枣、甘草用来炖鸡或排骨以补气。

专家叮咛

充足的睡眠、充沛的精力，不熬夜、不偏食，保持乐观的情绪，痊愈后积极参加一些力所能及的体育锻炼和户外活动（比如健美操、散步、跳舞）等，这些都能促进体内骨骼里的骨髓造血功能变得旺盛，同时还能增进免疫力，而且能使得皮肤红润，富有光泽。

红糖补血要谨慎

中国大部分地区有坐月子喝红糖水的习惯，认为红糖水喝得多，新妈妈的营养就补充得多，身体就恢复得快。这样做虽然有一定科学道理，但喝红糖水也要讲究时机。

红糖水的功用

传统中医认为，红糖有益气补中、健脾暖胃、化食解疼之功，又有活血化瘀之效。产后喝红糖水有利于促进子宫的收缩、恶露的排出和乳汁的分泌，还有利尿的功能，有助于保持排尿通畅，防止尿路感染。

食用红糖要适量

虽然红糖是月子里的必备食品，但是新妈妈每天食用红糖的量不宜过多，大概一次一大匙调水喝就可以，每天不超过 3 次。过多饮用红糖水，会损坏牙齿。红糖性温，如果新妈妈在夏季过多喝了红糖水，必定加速出汗，使身体更加虚弱，甚至中暑。

产后 1 周宜食红糖

红糖也不能无限制地食用，一般说来，红糖宜在产后 1 周左右食用，因为大部分新妈妈都是初次生产，产后子宫收缩一般是良好的，恶露的色和量均正常，血性恶露一般持续时间为7~10天。如果新妈妈吃红糖时间过长，如达半个月至1个月以上时，阴道排出的液体多为鲜红血液，这样新妈妈就会因为出血过多造成失血性贫血，还可影响子宫复原和身体康复。所以，新妈妈产后吃红糖的时间不宜太长，最好控制在10~12天之内。

🧒糖尿病新妈妈不宜食用红糖

健康新妈妈在产褥期一般不忌糖，但患有某些疾病的新妈妈在产褥期内合理膳食的同时，要限量或忌用糖。比如糖尿病的新妈妈就不能在月子里喝红糖水，喝红糖水对糖尿病新妈妈来说会加重病情。糖尿病新妈妈除了加强营养，还要严格遵守饮食要求。

产后第 3~4 周：催乳

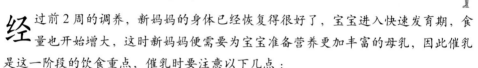

经过前2周的调养，新妈妈的身体已经恢复得很好了，宝宝进入快速发育期，食量也开始增大，这时新妈妈便需要为宝宝准备营养更加丰富的母乳，因此催乳是这一阶段的饮食重点，催乳时要注意以下几点：

🧒保证热量供给

母乳喂养的新妈妈每日所需的热量在3000~3500千卡，大致相当于每天需要摄取主食400~600克，蛋类50~100克，鱼、肉类100~150克，豆制品100克左右，蔬菜水果400克左右，而混合喂养和人工喂养的新妈妈，每日所需热量则相应减少（需量由母乳的分泌量决定）。

🧒保证营养全面

新妈妈要禁忌偏食，鱼、肉、蛋、蔬菜、瓜果都要适当摄取，并注意主副食的合理配比、粗细粮科学搭配。

🧒催乳食物

新妈妈本周可食用催乳的食物，如花生炖猪脚、青木瓜炖排骨等。乳汁不下的新妈妈，如得到医生的许可，可以在汤中加入通草。

进入本周，大部分妈妈下乳已经通畅，可以饮用一些不太油腻的汤来补充因哺乳而失去的水分。

适当进食蔬菜、水果还有助于改善乳汁质量。

韭菜、麦芽等食物具有退奶的功效，应注意避免食用。

🧒本周食谱推荐

🧒参枣炖肉

材料 人参5克，淮山药20克，杜仲5克，大枣20克，猪瘦肉500克，姜、葱、胡椒粉、盐各适量。

做法

1 将人参切片，烘干碾成末；淮山药润透切片；枣洗净，抠去枣核，待用。

2 猪肉洗净，入沸水锅中余烫去血水，捞出切成2厘米见方的块。

3 将猪肉块、山药片、红枣、杜仲一起放入锅中，加入适量清水，大火烧沸后转小火炖至肉熟烂。

4 加入人参粉末，烧开，加入盐、姜、葱、胡椒粉调味即可。

功效 人参可以帮产后虚弱的新妈妈补足生产中和产后前2周双虚的气血，既可以让新妈妈强健体质，又可以促进乳汁分泌。

 专家叮咛

冬天坐月子的新妈妈们可以吃一些温补性的食物，如羊肉、鱼汤等。

产后5~6周：恢复规律进食

本 阶段新妈妈的身体基本已经恢复得差不多了，此时可以恢复一日三餐规律进食，并且可以将饮食重点放在产后恢复身形上来。

摄取膳食纤维要适度

膳食纤维可以促进排便顺畅，同时增加饱腹感，减少热量摄入。在怀孕末期因为胎儿的长大会压迫到妈妈的下肢血管，使得血液循环受阻，所以多数妈妈怀孕时会伴随着痔疮的发生，造成排便困难，而这种习惯也会延续到产后，因此摄入膳食纤维对新妈妈而言是很重要的。

但要注意的是，膳食纤维也不是越多越好，在生产过后，身体需要大量的营养素来帮助身体器官的修复，如果此时摄取过多的膳食纤维，会干扰到许多其他营养素的吸收，因此这个阶段膳食纤维的摄取量要适度，不宜过多。

摄取足够的水分

母乳喂养会使新妈妈每天流失约1000毫升的水分，如果新妈妈体内的水分不足，会使母乳量减少。另外，水喝得是否足够，是决定塑身成效的关键，因为人体所有的生化反应都必须溶解在水中才能进行，废物也必须通过水溶液才能有效排除。所以新妈妈要保证水分的摄取，最好每天喝水不要少于3000毫升。

停止消夜

尤其要注意的是，这个阶段以后，新妈妈晚上最好不再吃夜宵，因为人的身体在夜晚是处于休息状态，新陈代谢率低，如果超过晚上八点再吃东西，就很容易囤积脂肪，并且形成酸性体质，不但易发胖，也影响健康。

芹菜炒香菇

材料 芹菜 400 克，干香菇 50 克，淀粉 10 克，植物油、酱油、米醋、盐各适量。

做法

1 芹菜洗净切段，用少许盐拌匀，静置 10 分钟，用清水漂洗干净，沥干水备用；香菇用温水泡发，洗净切片；米醋、淀粉放入一个小碗里，加 50 毫升左右清水，兑成芡汁。

2 锅中加植物油烧热，下入芹菜煸炒 2~3 分钟，加入香菇片，迅速翻炒几下。

3 点入酱油，淋上芡汁，大火翻炒 1 分钟，加少许盐即可出锅。

功效 芹菜含利尿成分，可消除人体内的水钠潴留，有助于消除产后水肿，帮助瘦身。

鸡蛋香菇韭菜汤

材料 鸡蛋 2 个（约 120 克），香菇 10 克，韭菜 50 克，高汤 500 毫升，盐适量。

做法

1 鸡蛋磕入碗中，搅打成液；香菇用温水浸泡后，去蒂洗净，切成细丝，再用开水焯熟；韭菜择洗干净，切段、余熟。

2 锅置火上，放油烧热，放入鸡蛋用小火煎炸至熟，放入汤锅内。

3 汤锅置火上，放入高汤、盐；待汤开后，加韭菜段和香菇丝煮开，以盐调味即可。

功效 韭菜与鸡蛋、香菇搭配，既能提供优质蛋白质，又可促进胃肠蠕动，保持大便通畅，是一道比较理想的瘦身佳肴。但要注意的是，韭菜有回奶功能，应掌握用量。

芦笋炒肉丝

材料 青芦笋 300 克，瘦肉 300 克，蒜末半大匙，水淀粉、酱油、料酒、糖、盐各适量。

做法

1 将青芦笋洗净，削净根部粗硬部分；瘦肉切丝，加入料酒、酱油、水淀粉腌 15 分钟。

2 锅内加入半锅水，大火烧开，加入半匙盐，放入整根芦笋汆烫，稍软时捞出，冲凉，再切小段。

3 锅置火上，先将肉丝过油，捞出后将油倒出；锅内留底油，放入蒜末炝锅。

4 放入芦笋段翻炒，然后放入肉丝与芦笋段同炒，并加入适量盐、料酒、酱油、糖、水淀粉和适量清水调味，炒匀即可。

功效 芦笋富含多种人体必需的维生素和微量元素，具有减肥美容功能，加上蛋白质含量丰富的肉，既能美颜瘦身又能提高免疫力。

补充蛋白质可助乳汁分泌

蛋白质是人体最主要的营养成分，含大量氨基酸。它不仅构成人体器官组织，供给热能，而且能增加机体抵抗力，有助于创伤修复。新妈妈产后体质虚弱，生殖器官复原和脏腑功能康复需要大量蛋白质。

蛋白质影响乳汁分泌

新妈妈的蛋白质营养状况对乳汁分泌能力的影响很大，膳食中蛋白质的质和量对泌乳量及乳汁的质量都有影响，所以供给新妈妈的蛋白质应做到量足质优，特别是要进行母乳喂养的新妈妈。

新妈妈需要摄取多少蛋白质

正常情况下，新妈妈每日泌乳需消耗蛋白质14克。如果膳食中供给的蛋白质质量差，则转变为乳汁蛋白质的效率减低。因此，除满足母体正常需要量外，每日需额外补充20~30克蛋白质，以保证乳汁中蛋白质的含量。

我国推荐的供给量标准为在原基础上每日增加蛋白质25克，其中一部分应为优质蛋白质，如食用肉、禽、鱼、蛋、奶及大豆制品等，其中的一些动物性食物对促进乳汁分泌很有效。一般来说，鱼虾类的产品中含有的蛋白质要比肉类中的好。

摄取蛋白质不可过量

新妈妈需要摄取充分的蛋白质，但并不等于蛋白质摄取越多越好，因为食用蛋白质过多，也会给身体带来危害：

1 增加肝脏负担，引起胃肠消化不良，长期下去可影响肝脏功能，使机体免疫机能下降。

2 蛋白质在消化过程中，肾脏负担着中间代谢产物重吸收和终末代谢产物排泄的重任，过多摄入蛋白质就会增加肾脏负荷。

3 过量摄入动物蛋白，往往同时摄入多量的胆固醇，这是诱发冠心病、高血压、动脉硬化及脑血管意外的危险因素。

专家叮咛

新妈妈在摄取蛋白质的时候，应该从多种食物中摄取，不要只从一种食物中摄取。每日膳食中必须搭配2~3种含蛋白质丰富的食物，才能满足新妈妈对多种氨基酸的要求，避免营养不够均衡。

产后补充维生素很重要 ·····················

维生素是人体不可缺少的营养成分，补足维生素也是新妈妈饮食营养特点之一，新妈妈对各种维生素需要量均很大。

因此，产后膳食中维生素必须相应增加，以维持新妈妈的自身健康，促进乳汁分泌，保证供给宝宝的营养成分稳定，满足宝宝的需要。

富含维生素的食物

含维生素丰富的食物范围很广，比如苹果、胡萝卜、冬笋、山药、番茄、豆类、藕、大葱、蒜头、茄子、芥菜、青椒、大白菜、黄瓜、鸡蛋等，大部分维生素都在各类水果、蔬菜中可以摄取到，可以说蔬果是月子期间的"好伙伴"。

生冷的蔬果对新妈妈的牙齿和肠胃可能有一些刺激，可以通过煮熟、煲汤等方式来食用，不能相信以前月子不能碰蔬果的老观点。

辣妈教室

产后蔬果以中性为主，有些凉性的蔬果，比如梨、苦瓜、西瓜等，容易导致新妈妈和宝宝腹泻，不宜多吃。此外，蔬果再好，也需要把握好度，尤其是水果，所有水果加起来每天吃 500 克左右就足够了。

产后补钙有讲究 ·····················

有些新妈妈生产后，发现本来坚固的牙齿松动了，这其实是缺钙导致的。有些妈妈产后乳汁不足，主要是营养不良和内分泌失调所致。钙是体内多种酶的激活剂，当体内钙缺乏时，蛋白质、脂肪、碳水化合物就不能被充分利用，就会产生乳汁不足现象，所以新妈妈产后要注意及时补钙。

新妈妈产后易缺钙

产后新妈妈体内的钙流失速度特别快，主要都进入了乳汁中，每泌出1000~1500毫升的乳汁，就要流失 500 毫克的钙。因此，哺乳新妈妈每天需要摄入的钙比常人要多，在 1200 毫克左右。

适合补钙的食物

为减少动用母体钙的储备，新妈妈需要多多选食含钙丰富的食物，以补充对钙的需求。产后新妈妈每天的饮食要多选用豆类或豆制品，同时多选用牛奶、乳酪、海米、芝麻或芝麻酱、西蓝花及羽衣甘蓝等。海产品中的虾皮、海带、紫菜等，木耳、口蘑、银耳、瓜子、核桃、葡萄干、花生仁等含钙也较为丰富。

牛奶钙含量较高，但有些新妈妈喝牛奶后会出现腹部不适、胀气，甚至腹泻的状况，也可用酸奶代替。

✿补钙需要注意的事项

1 维生素D可以促进钙的吸收，补钙的同时应吃些富含维生素D的食物，如蛋类、乳、肉、黄油、牛肝等食物。

2 含钙多的食物不宜与草酸高的蔬菜同煮，草酸可使钙"皂化"从而不能被人体吸收。草酸高的蔬菜通常有菠菜、韭菜、苋菜、冬笋等。

3 可乐会造成钙的流失，新妈妈产后不要喝可乐。

4 有条件多去户外晒太阳，并做产后保健操，促进骨密度恢复，增加骨硬度。

 专家叮咛

　　大部分新妈妈每天能从饮食中摄取的钙一般在1000毫克左右，可以维持母婴的需要。但如果缺钙非常严重，就需要咨询医生，看是否需要通过钙制剂来额外补足。

不要忽视补铁

铁 元素是人体重要的造血原料，缺铁就会导致贫血。产妇分娩时失血会失去约200毫克的铁，哺乳时从乳汁中又要带走一些，所以产后充足补铁是很重要的。

✿贫血的简单自测法

　　面无血色是贫血的典型表征，新妈妈如果脸上没有光泽，苍白或暗黄，但没有其他症状，可能是轻度贫血。

　　如果新妈妈不仅面色黯淡，还伴随水肿、全身乏力、头晕、心悸、呼吸短促等症状，这时候就要当心严重贫血造成的体质衰弱。新妈妈出现重度贫血可能导致免疫力及全身各脏器功能下降，从而可诱发多种疾病。

✿补铁的饮食方法

　　新妈妈补充铁元素最佳的方法是注意饮食。新妈妈应多吃容易吸收的含铁丰富的食物，如动物肝脏、蛋类、芝麻酱、黑木耳、海带、紫菜、香菇、田螺、黄豆等。另外，油菜、菠菜、芹菜（尤其是芹菜叶）、盖菜、雪里蕻、莴苣、小白菜、番茄、杏、枣、橘子、花生衣等含铁也较多。

✿补铁要注意的事项

1 铜可促进铁的吸收和利用，故应多食些富含铜的食物，猪血中含铜量较丰富。

2 食用含铁多的食物时不要同时食用含草酸或鞣酸高的菠菜、苋菜、鲜笋及浓茶，以免结合成不溶解的盐类，妨碍铁的吸收。

3 蛋白质是构成血红蛋白的重要原料，贫血病人应多吃含蛋白质丰富的食物，如牛奶、鱼类、蛋类、黄豆及豆制品等。

4 如贫血严重，应遵医嘱。

月子食物的四原则

产后新妈妈的胃肠功能比较弱，为了不给胃肠加重负担，饮食需要注意稀、软、精、杂四大原则。

稀：水分要多一些

新妈妈月子期间出汗较多，体表的水分挥发也大于平时，所以产后新妈妈要多补充水分。这样一是有利于乳汁分泌，二是可以补充新妈妈月子期间因大量出汗和频繁排尿所流失的水分，含水分的食物，如汤、牛奶、粥等可以多吃些。

软：食物烧煮方式应以细软为主

给新妈妈吃的饭要煮得软一些，因为新妈妈产后很容易出现牙齿松动的情况，吃过硬的食物对牙齿不好，也不利于消化吸收，最好不要吃油炸和坚硬带壳的食物。

精：量不宜过多

产后过量的饮食，除能让新妈妈在孕期体重增加的基础上进一步肥胖外，对于身体恢复没有半点好处。新妈妈应选择富含蛋白质、维生素、矿物质、纤维素的食物，而不是多吃巧克力、奶酪、油、带有脂肪的肉类等高热量的食物。

当然，如果新妈妈是用母乳喂养宝宝，奶水很多，食量可以比孕期稍多。但假如新妈妈的奶量正好够宝宝吃，则进食量与孕期等量即可。如果新妈妈没有奶水或是不准备母乳喂养，食量和非孕期差不多就可以了。

杂：食物品种多样化

虽然食物的量无须大增，但食物的质不可随意，新妈妈产后饮食应注重荤素搭配，进食的品种越丰富、营养越均衡，对新妈妈的身体恢复就越好。除了明确对身体无益和吃后可能会引起过敏的食物不吃外，荤素的品种应尽量丰富多样。

樊妈教室

当新妈妈很容易饿时，可以少吃多餐，一天可吃5~6次，虽然不能饮食过量，但在坐月子期间也一定不要刻意节食减肥，这对身体恢复不利。

注意饮食卫生

产后新妈妈身体比较虚弱，为防止病从口入，新妈妈的饮食卫生一定要做好。

1 选用安全卫生的食材。食材要尽量选用天然当季品，避免含有食品添加剂、色素和防腐剂的人工产品，如罐装食品、饮料及有包装的方便食品等，霉腐变质、被污染食物等一律不能食用。

2 对食材进行充分细致的清洗。蔬菜水果容易有农药残留，应用流动水冲洗，淘米水浸泡，能削皮的削皮；肉蛋禽类要保证足够新鲜，坚决不能吃有异味变质的食品。

3 在食物的加工烹调过程中，一定要做到生熟分开，如菜刀、菜板、容器，防止交叉使用污染，用过后的刀具和案板要及时清洗、干燥。如果接触了生肉、蔬菜，一定要注意清洁自己的双手。肉类一定要加工熟透后再吃。

4 夏秋季节是食物中毒的高发期，为新妈妈做的饭菜尽量适量，最好一次吃完，尽可能不吃剩饭剩菜。对吃不完的食物尽量低温保存，吃前一定要回锅加热。

5 做好厨房和个人的清洁卫生，用餐餐具要洗净，使用前用沸水冲泡，并定期消毒。

纠正不良饮食习惯

不良的饮食习惯容易造成产后消化不良、身体恢复慢、乳汁分泌少，一定要引起注意。

忌营养单一

新妈妈不要挑食、偏食，要做到食物、膳食的多样化，全面吸收营养，特别要粗细粮搭配，荤素搭配，稀干搭配，广泛食之，合理摄取营养，以免造成某些营养素的缺乏，影响身体的恢复。

有的妈妈喜吃素食，要想办法调整一下饮食结构，比如增加豆、奶、蛋类的比重，同时可以试着将肉类做得更为精细、清淡，比如将鱼肉做成片清炒着吃，将肉类做成很细的末与香菇等味道鲜美的素食一起做馅料等。

忌饥一顿饱一顿

由于新妈妈肠胃功能较弱，过饱会影响胃口，妨碍消化，过饥会影响营养摄取。因此，新妈妈在饮食用量上更要注意适当，每次吃得不要过多过饱，吃八成饱，每日加餐 2~3 次，形成少吃多餐的习惯，对消化吸收均有利。

忌进餐速度太快

有的新妈妈因赶时间而狼吞虎咽，还有的新妈妈是形成了这样的不良习惯，这会加重产后本来就还未恢复的肠胃负担；有的新妈妈胃口一直不佳，狼吞虎咽吃过饭后不久就感觉反胃，这不利于消化吸收，而且极容易造成营养不良。

避开月子饮食的雷区

在传统月子观念中，老祖宗们传下来许多月子期间的饮食禁忌，有些禁忌现在看来还是有道理的，科学坐月子仍然需要注意规避那些不宜吃的食物。

1 忌食生冷硬的食物。分娩后吃硬食容易伤害牙齿，吃生食容易引起感染，吃冷食则会刺激口腔和消化道，所以生冷硬的食物都不要吃。吃水果时，可以先用热水温一下。

2 忌食寒凉食物。由于产后身体气血亏虚，应多食用温补食物，以利气血恢复。若产后进食寒凉食物，会不利气血的充实，容易导致脾胃消化吸收功能障碍，并且不利于恶露的排出和瘀血的清除。

3 忌食辛辣刺激性食物。辛辣食物如辣椒、胡椒等容易伤津耗气损血，加重气血虚弱，并容易上火，导致便秘；进入乳汁后对宝宝也不利。

4 忌食浓茶、咖啡、酒精等刺激性食物。这些食物会影响睡眠及肠胃功能，甚至影响宝宝的神经系统发育。

5 忌食太咸、太鲜、调料太多的食物。孕期都有不同程度的水肿，月子里吃得太咸，不利于水肿消退。另外，太鲜的食物含较多味精，而过量味精会减少体内锌含量。

6 忌食有回奶作用的食物。有些食物有回奶作用，如大麦、韭菜等，母乳喂养的新妈妈不能食用。

7 忌食味精。产后吃过多味精容易导致宝宝缺锌，建议新妈妈产后3个月内的营养食谱中最好不要放味精。

8 酸涩收敛食物不能多吃。酸味的食物偶尔吃一点没关系，但不宜多吃，如酸梅、醋、柠檬、葡萄、柚子等。这些酸涩食物会阻滞血行，不利恶露的排出，还会引起牙齿酸痛。

9 补血补气的中药不能乱吃。人参、桂圆、黄芪、党参、当归等补血补气的中药最好等产后恶露排出后再吃，否则会活血，可能增加产后出血。

产后必须禁盐吗

有些传统的观念认为新妈妈不能吃盐，可是不放盐的食物真的让人提不起胃口。那么，产后到底能不能吃盐呢？现代科学的观点认为：产后确实需要控制摄入过多盐分，但并不是说要完全禁止用盐。

新妈妈的月子餐要酌量加盐调味，以诱发食欲，补充适当的营养成分，并平衡体内电解质，促进机体恢复和哺乳。

无盐食品不利健康

1 影响新妈妈食欲。新妈妈在产后恢复期，常有食欲不佳的现象，如果再每顿进食淡而无味的膳食，将阻碍其营养素的摄取。

2 影响乳汁分泌。新妈妈在分娩头几天里身体要出很多汗，乳腺分泌也很旺盛，体内容易缺水、缺盐，从而影响乳汁分泌。在食物中应该适量加一些盐，可以避免月子里出汗过多造成身体脱水，影响乳汁分泌。

3 不利于机体平衡。产后新妈妈多会大量流汗，若不补充盐分或体内盐分过低，则会影响体内钾、钠离子的平衡，出现低血压、晕眩、恶心、四肢无力、体力匮乏、食欲不振等状况，不但妨碍产后恢复，如是母乳喂养，对宝宝的成长发育也不利。

新妈妈该吃多少盐

产后前 3 天，新妈妈每天摄入与常人等量的盐，即 5~6 克，这有利于补充之前急速失去的盐分；3 天后，每天摄入 3~4 克即可，过量的盐分会使新妈妈体内产生水钠潴留，加重肾脏负担，引起水肿。

要引起注意的是，孕期患有妊娠高血压综合征的新妈妈，产后可能需要尽量控制盐分的摄入，以便尽快使血压恢复正常，改善水肿和蛋白尿现象。另外，如有肾脏病、妊娠毒血症、产后水肿持续不退等情况，为维护体内水分的正常代谢功能，也要严格控制盐分。

爹妈教室

长辈烹调食物时如果不肯放盐，新妈妈要用可以接受的语气同他们商量一下，请求他们适当放些盐，避免因为不放盐而影响食欲，用科学的知识告诉家人适量盐分不会影响乳汁分泌。

产后不可盲目节食

在孕期，为了腹中胎儿能够吸收足够的养分，准妈妈会食用很多有营养的物质，因此体重增加是必然的，但是这些重量并不全是胎儿的，其中会有很大一部分留在新妈妈的身体上，所以分娩后体重仍然会居高不下。很多新妈妈为了恢复生育前的苗条体型，分娩后便立即节食，这样做不仅不利于身体恢复，反而可能落下病根，对宝宝的健康成长也没有好处。

产后新妈妈所增加的体重主要是水分和脂肪，它们并不会成为将来瘦身的威胁，反而是接下来的哺乳阶段所必需的。假如妈妈需要母乳喂养宝宝的话，就会逐渐动用之前储存下来的脂肪和水分，有时候这些脂肪根本就不够用，还

需要从新妈妈体内原来储存的脂肪中动用一些来补充哺乳所需的营养。

所以，只要合理饮食，随着新妈妈胃口逐渐好转，以及哺乳逐渐规律起来，新妈妈的身体会渐渐恢复往昔。如果新妈妈在产后急于节食，这样哺乳所需的营养成分就会不足，使新生儿营养缺乏，影响发育。

辣妈教室

如果想恢复身材，在能够下床活动后，新妈妈可适当增加活动量，做些健美操，以消耗多余热量，还可以多吃一些蔬菜、水果，尽量不要多食用高脂肪的浓汤及食物，避免无意间摄入过多热量。

产后吃鸡蛋要有度

鸡蛋是完美的孕产期食品，但并不是说多多益善。新妈妈吃鸡蛋应适度，每天吃1~2个即可，如果每天吃太多的鸡蛋，或基本依赖于鸡蛋提供营养，非但不会对身体有利，反而会有害。

过量食用鸡蛋的害处

1 不利于消化。鸡蛋中含有大量胆固醇，吃鸡蛋过多，会使胆固醇的摄入量大大增加，增加新妈妈胃肠的负担，不利于消化吸收。其蛋白质分解代谢产物会增加肝脏的负担，在体内代谢后所产生的大量含氮废物，还都要通过肾脏排出体外，又会直接加重肾脏的负担。

2 导致营养过剩。新妈妈吃鸡蛋过多，则摄取了过多的蛋白质，而蛋白质在体内没有被充分消化吸收。其实是一种浪费，而且由于摄入过多热量，

容易导致肥胖。

3 导致营养不均衡。鸡蛋虽然营养丰富，但毕竟没有包括所有的营养素，不能取代其他食物，新妈妈吃鸡蛋过多会导致其他食物摄入减少，造成体内营养素的不平衡，从而影响健康。

🐣 鸡蛋怎么吃更营养

　　鸡蛋中的营养和消化吸收率会随着烹饪方法的不同而改变：煮鸡蛋中的营养可以被新妈妈 100% 吸收，炒鸡蛋吸收率为 97%，煎鸡蛋为 98%，炸鸡蛋为 81%，生鸡蛋为 30%~50%。由此可见，煮鸡蛋是最佳的烹饪方法，但对于脾胃虚弱的新妈妈，可以改为蛋花汤或鸡蛋羹，更容易消化。

专家叮咛

　　新妈妈在产后数小时内最好不要吃鸡蛋。因为在分娩过程中，体力消耗大，出汗多，体内体液不足，消化能力随之下降，若产后立即吃鸡蛋，就难以消化吸收，增加胃肠负担，这时应以吃半流质或流质食物为宜。

食用味精易影响宝宝智力

食用味精本身是无害的，对新妈妈本身不会有影响，如果是人工喂养的新妈妈可不受限制，但母乳喂养的新妈妈则要注意，如果食用过量味精，可能会危害宝宝健康。

🐣 新妈妈吃味精可能导致宝宝缺锌

　　为促进乳汁分泌，新妈妈通常会补充高蛋白的食物。在食用高蛋白食物同时食用过多味精，味精中大量的谷氨酸钠会通过乳汁进入宝宝体内，与宝宝血液中的锌发生特异性结合，形成不能被身体吸收的锌化合物而随尿排出，导致宝宝缺锌。

🐣 宝宝缺锌有什么危害

　　宝宝缺锌不仅会出现味觉差、厌食等状况，先天体质较虚弱的宝宝还可能有智力减退、发育迟缓以及性晚熟等不良后遗症。可见，过量的谷氨酸钠对宝宝，尤其是 1~2 周宝宝的发育有严重影响。

　　所以，新妈妈如果需要母乳喂养宝宝，那么至少在产后 3 个月内应少吃或不吃味精。

专家叮咛

　　近年来市场上出现了一种味精的替代品——鸡精，其实鸡精并没有脱离味精，它不是从鸡身上提取的，而是在味精的基础上加入助鲜的化学调料制成的，由于其带有鸡肉的鲜味，故称鸡精，与味精一样，鸡精对人体本身无害，但是新妈妈也同样不能过多食用。

进补人参需适量

人参是一种大补元气的药物，适量地进补有助于分娩后新妈妈恢复体力，但需要注意的是，绝不能在产后就立即吃人参。

过早服人参的危害

人参具有补气止血的功效，刚生产完的头几天，产妇还在排恶露，若此时服人参，会使得恶露难以排出，导致血块瘀滞子宫，引起腹痛，严重的还会有胎盘剥落不完全，引发大出血。

此外，人参中所含的人参皂苷成分会作用于中枢神经系统和心脏、血管，使人产生兴奋，出现失眠、烦躁、心神不宁等现象。刚分娩完的新妈妈十分疲累，宜静养。如果立即服用人参，必将使新妈妈不能很好地休息，甚至失眠，反而影响产后的恢复。

人参是一种大补元气的药物，中医认为，"气行则血行，气足则血畅"，服用过多，可加速血液循环。而新妈妈在分娩的过程中，内外生殖器的血管多有损伤，若服用人参，不仅妨碍受损血管的自行愈合，而且还会加重出血状况。

何时服用人参

一般来说，新妈妈可在产后2~3周服用人参，那时产伤已经愈合，恶露明显减少，但仍需注意不可大量使用，以每天3克左右为宜。产后2个月新妈妈如还有气虚症状，可每天服食人参3~5克，连服1个月就可以了，千万不要过量。

新妈妈刚从产房出来的时候，可以适量喝一些红糖水来代替人参补充体力。

新妈妈服用补药要谨慎

月子里应该适当进补，但新妈妈服用补药需小心，那么哪些补药需要谨慎选用呢？

1 太补的中药。刚生产后，不宜服用太过补益作用的中药，如人参。这类补药反而会不利身体恢复，甚至加重恶露。

2 寒凉泻下的中药。过于寒凉泻下的药物不利于身体虚弱的新妈妈，所以产后一定要慎用此类中药。

3 热性的中药。一些温性药物可以益气养血、健脾暖胃、驱散风寒，很适宜新妈妈服用。但太过热性的药物，则会伤害新妈妈的身体。因为辛辣温燥药物可助内热，而使新妈妈上火，出现口舌生疮、大便秘结或痔疮等症状。

4 活血作用强的中药。在分娩过程中，内、外生殖器的血管多有损伤，服用活血作用强的药物易促进血液循环，加速血液的流动，有可能影响受损血管的自行愈合，造成流血不止，甚至大出血。产后新妈妈可用一些柔和的活血药，利于子宫收缩，帮助排出产后宫腔内的瘀血，促使子宫早日复原，当归、益母草都是很好的柔和的补血活血药。

5 太过滋腻的中药。太过滋腻的药物会影响新妈妈的脾胃功能，因此为了保障消化系统的正常工作，新妈妈应避开滋腻的中药。

专家叮咛

中药的配伍、成分以及作用原理非常复杂，一般情况下，健康的新妈妈都不必特别进补，如果确实有需要，也最好在医生的指导下服用。

月子里能吃蔬果吗 ········

传统习俗认为：月子里不能吃蔬菜水果，因为产妇脾胃虚弱，生冷的蔬菜水果会影响肠胃，还可能伤了牙齿。其实，从现代科学的角度来看，月子里营养均衡更为重要，而且蔬果的生冷可以通过烹调方式来改变，比如蔬菜煮汤，水果加热一下再吃等。

为什么新妈妈需要进食蔬果

1 补充维生素。产后各种维生素的需要量比平时增加 1 倍以上，而维生素 C 在新鲜蔬菜和水果中含量最丰富。

2 蔬菜和水果的膳食纤维可改善产妇肠胃功能。膳食纤维不能被人体直接消化、吸收，但它吸水性强，在肠胃里体积增大，可促进肠胃蠕动，有利于排便通畅，并且能防止废物在肠道存留过久。

3 补充矿物质。新妈妈的身体需要很多矿物质，而蔬菜水果的矿物质含量相对比较丰富，尤其是钙和铁，其他矿物质如钾、镁、锌、碘也含量丰富。

吃蔬菜水果的注意事项

1 采取循序渐进的方法，慢慢增加蔬菜水果的量。

2 不要吃过凉的蔬菜和水果。

3 凉性水果易引起宝宝和新妈妈腹泻，新妈妈要根据自己和宝宝的身体状况酌情食用。

4 注意清洁卫生，蔬菜要洗净，水果要去皮后食用。

专家叮咛

水果和蔬菜有共同之处，又各有特点，两者不能互相替换。蔬菜是维生素和矿物质的主要来源，可以每餐食用。水果含糖量高，不宜过量食用。

哪些水果可以吃

猕猴桃	猕猴桃有解热、止渴、利尿、通乳的功效，且对于剖宫产术后恢复有利。因其性冷，食用前用热水烫温。每日不超过 1 个
榴梿	味甘性热，有水果之王的美誉。对促进体温恢复、加强血液循环有良好的作用。榴梿性热，不易消化，多吃易上火，与山竹伴食，即可平定其热性。同时，剖宫产后有小肠粘连的新妈妈慎食
苹果	味甘、性平微凉，有生津、解暑、开胃的功效，含有丰富纤维素，可减少便秘
木瓜	木瓜中含有一种木瓜素，有高度分解蛋白质的能力，鱼肉、蛋品等食物可被它分解成人体容易吸收的养分，从而刺激母乳的分泌。产妇产后乳汁稀少或乳汁不下，可用木瓜与鱼同炖后食用
葡萄	味甘酸，性平。有补气血、强筋骨、利小便的功效。因其含铁量较高，所以可补血。产后失血过多，可以葡萄作为补血圣品
菠萝	有生津止渴、助消化、止泻、利尿的功效。富含维生素 B_1，可以消除疲劳、增进食欲，有益于产妇产后恢复
香蕉	香蕉中含有大量的纤维素和铁质，有通便补血的作用。需要注意的是，香蕉属于甘寒食品，不宜吃得太多，以半根为宜，特别是月子的前几天，可以先在水中温一温再吃
橘子	橘子含丰富的维生素 C 能增强血管壁的弹性和韧性，防止出血。新妈妈生孩子后子宫内膜有较大的创面，出血较多，吃橘子可防止产后继续出血。另外，橘核、橘络（橘子瓣上的白丝）有通乳作用
山楂	山楂中含有大量的山楂酸、柠檬酸，能够生津止渴、散瘀活血。新妈妈产后适当吃些山楂能够增进食欲、帮助消化，有利于身体康复和母乳喂养。另外，山楂有散瘀活血的作用，能够帮助恶露排除，减轻腹痛
龙眼	龙眼味甘、性平、无毒，入脾经心经，为补血益脾之佳果。产后体质虚弱的人，适当吃些龙眼，既能补脾胃之气，又能补心血不足。需要注意的是，龙眼不宜多吃

月子期间吃蔬菜有禁忌吗

前面说到，新妈妈产后应多吃蔬菜，那么，月子里吃蔬菜有没有什么讲究呢？蔬菜是日常生活中吃得很多的一类食物，产后吃蔬菜没有特别的禁忌，适宜新妈妈吃的蔬菜有很多，只要保证新鲜、多样化就可以了，蔬菜种类尽量丰富，经常更换。

🐸另外要注意以下几点

1 新妈妈的胃肠对冷刺激很敏感，不要吃过凉的蔬菜，如苦瓜、枸杞菜、萝卜缨等。

2 食用蔬菜时一定要注意食物是否清洁卫生，避免过多的农药残留。

3 多吃当季蔬菜，少吃反季节蔬菜。

4 有回奶作用的蔬菜不要频繁食用，可以间隔几天再吃或者一次少放一点，与其他食物搭配吃，比如韭菜、菌菇、茄子、莲藕、木耳、白萝卜、豆角、马兰头、南瓜、马齿苋、黄瓜、大白菜、冬瓜等。

5 一些调料类的新鲜食材比如葱、姜、大蒜、辣椒等过于刺激，新妈妈的食物中不能多放。

产后正确喝汤最养人

我们已经知道，很多汤含有丰富的营养，不仅利于体力恢复，而且有利于促进乳汁分泌，是新妈妈坐月子期间的最佳营养品，同时选择正确的汤对于防止产后肥胖，改善产后容颜都有极大的帮助。当然，不是所有的汤都适合产后喝，产后喝汤还需要注意时间、油腻度的问题。

🧒 产后应何时喝汤

肉汤中含有易于人体吸收的蛋白质、维生素、矿物质，对乳汁营养有很大的影响，新妈妈应注意喝汤时间。如果新妈妈乳汁分泌充分，就应该迟些喝汤，以免乳汁分泌过多造成乳汁淤滞；如果产后乳汁迟迟不下或者下得很少，就应早些喝点汤，以促使泌乳，满足宝宝的需要。

催乳类的汤千万不要急着喝，有的妈妈生完宝宝就开始喝催乳汤，其实新生儿吃得很少，并且吸吮母乳能力比较差，主要是在练习吸吮，并帮助妈妈疏通乳腺。一般催乳汤等到产后 1 周再喝比较妥当。

🧒 汤不宜太油腻

大家认为产妇喝汤应该越浓越好，油越多，营养就越丰富，因此把含有大量脂肪的猪脚汤、排骨汤、老母鸡汤等放在了重要位置。其实不然，新妈妈摄入的脂肪越多，乳汁中的脂肪含量也就越多。含有高脂肪的乳汁不易被新生儿吸收，往往引起新生儿腹泻。同时，产妇喝过多高脂肪的汤，也容易使身体发胖，还有可能使血脂升高。

因此，熬制肉汤不要过油，可以将熬制好后的汤放凉，等油凝固了，去除过多的油脂。新妈妈可以多喝一些富含蛋白质、维生素、钙、磷、铁、锌等营养的汤，如瘦肉汤、新鲜血汤、蔬菜汤和水果汁等，不但满足营养需要，还可防治产后便秘。

需要喝生化汤吗

生化汤是一种传统的产后方，有去旧生新的功效，具有活血化瘀、排出恶露的作用，可以帮助恶露排出，但是饮用要恰当，不能过量，否则有可能加大出血量，不利于子宫修复。

🧒 生化汤的做法

用煮过的挥发掉酒精的米酒水加几味中药煎成的中药汤，这些中药包括：当归 40 克（8 钱）、川芎 7.5 克（1.5 钱）、桃仁 7.5 克（1.5 钱）、炙甘草 7.5 克（1.5 钱）、炮姜 7.5 克（1.5 钱）、益母草 15 克（3 钱），可以去中药店配齐。

🧒 什么情况下可以服用生化汤

一般情况下，新妈妈无须服用生化汤，但如果出现下面的情况，可以征询医生的意见酌情食用：

如果新妈妈产后恶露不能排出或量少，或色紫暗夹有血块，或出现腹痛、发热等症，若经医生检查没有其他器质性病变，并经中医辨证属于血虚、血淤夹寒引起的产后腹痛，恶露不尽，可服用生化汤。

🍵 何时服用生化汤

一般自然分娩的新妈妈可以在产后3天开始服用，连服7~10帖，剖宫产新妈妈则建议最好推到产后7天以后再服用。连续5~7帖，每天1帖，每帖平均分成3份，在早、中、晚三餐前，温热服用。不要擅自加量或延长服用时间。

🍵 什么情况下不宜服用生化汤

生化汤虽有活血化瘀、排除恶露的作用，但其药性偏温，若新妈妈不分自身体质寒热虚实，盲目服用的话，很可能对身体不利。

1 恶露排出无异常的新妈妈则没有必要服用生化汤，否则会导致恶露排出不尽，不利于子宫的恢复。

2 当产后的恶露已经干净，没有血块时即可停止服用生化汤；新妈妈有感冒、发烧、乳腺炎等症状时也要停止服用。

3 分娩后，不宜立即服用生化汤，因为此时医生会开一些帮助子宫复原的药物，若同步饮用生化汤，会影响疗效并增加出血量。

产后何时喝姜汤

生姜是适宜新妈妈食用的，它可以驱除肠胃寒气，调理身体，促进恶露排出，但是喝姜汤应掌握好时机和度。

🍵 何时喝姜汤最合适

由于姜是辛温之物，可促进血液循环，过多食用会增加血性恶露，使恶露排不尽，子宫内膜修复不好，造成贫血，产后体弱，所以产后不能马上就吃姜或姜制品。一般产后10多天后才可食用。新妈妈可以自己观察，如果恶露转为颜色淡黄或白色，则此时是进食姜汤较理想的时机。

🍵 喝姜汤要有节制

要注意的是，姜汤不能食用过多，不能一天喝一大碗，通常隔天喝小半碗为宜；姜汤也不能太浓，每次放几片即可。如果感觉姜汤难喝，也可在熬鱼汤或肉汤时加入姜片。

饮用姜汤的时间不宜太长，一般可持续10天左右。新妈妈要注意随时观察恶露，如果恶露突然增多或颜色变鲜红，则应暂时停止或减少姜汤的分量。

此外，不宜晚上喝姜汤，古人云："早上吃姜，胜过吃参汤；晚上吃姜，等于吃砒霜。"因为姜有增强和加速血液循环、刺激胃液分泌、兴奋肠胃、促进消化等作用，早上吃一点姜，对健康有利，但晚上吃，会让人上火，劳命伤身。

🍵 专家叮咛

如果新妈妈是寒性体质，在做汤时少量放一点姜，可以起到活血暖身的作用。如果新妈妈正在风热感冒期，则应等感冒好了再喝。

坐月子吃海鲜辩证看

有的新妈妈本身比较喜欢吃海鲜，有的新妈妈是坐月子期间亲友送了不少海鲜，比如大闸蟹、大虾这类美味食物，这时新妈妈通常都会担心：坐月子期间能吃海鲜吗？

吃海鲜的情况要根据妈妈各自的情况来看，没有固定的标准答案。

1 有医生觉得海鲜属于凉性食品，在坐月子期间，最好少吃，甚至不吃。对于新妈妈来说，只要本身对海鲜不过敏就没有太大问题，如果新妈妈身体一直都很健康，可以适当吃一些海鲜。海鲜中含有丰富的蛋白质以及钙质，产妇吃是很有营养的，对乳汁质量及产后身体恢复没有什么影响。

2 吃过海鲜后，新妈妈一定要注意观察一下宝宝的排便情况或者身体有无起疹子等异常情况，如果宝宝出现过敏或者拉肚子的现象，表示新妈妈不适宜吃海鲜，新妈妈需要调整饮食，假如宝宝没有异常，新妈妈就不必过于担忧吃海鲜对宝宝的影响。

3 当然，即便可以吃海鲜，也不应该大吃特吃，宝宝吃奶后容易出现或者加重湿疹，再者新生儿体质弱，而海鲜属于发物，所以哺乳的新妈妈还是要有一个度，有些性质温和的海鲜，比如海鱼类，每周最多食用 1~2 次，每次 100 克以下，而且不要吃金枪鱼、剑鱼等含汞量高的海鱼。

4 因为各人体质不一样，若是过敏体质的新妈妈，最好还是别吃海鲜。虾蟹相对来说更容易引起过敏，即使是不过敏的体质，有的哺乳妈妈吃后也可能引起自己或者宝宝过敏。

有助于排出恶露的食物

宝宝出生后，胎盘也随之娩出，之后阴道会排出一些棕红色的液体，其中含有血液、坏死的蜕膜组织、细菌及黏液等，这就是常说的"恶露"。恶露排出后新妈妈的身体基本上也能恢复得差不多了，在坐月子期间可以通过吃某些食物来帮助尽早排出恶露。

1 山楂。山楂不仅能够帮助新妈妈增进食欲，促进消化，还可以散瘀血。

2 红糖。红糖有补血益血的功效，可以促进恶露不尽的新妈妈尽快化瘀，排尽恶露。

3 莲藕。藕具有清热凉血，活血止血的作用，适合产后恶露不尽的产妇食用，可以帮助改善症状。

 排恶露食谱

山楂粳米粥

材料 山楂 30 克，粳米 60 克。

做法

1 将山楂和粳米分别洗净待用。

图解坐月子与新生儿养育

2 锅中放入适量的水，加入山楂烧开，小火炖10分钟后取汁去渣。

3 加入粳米同煮成稀粥后即可。

功效 山楂中含有蛋白质、碳水化合物、粗纤维、钙、磷、铁、维生素C及胡萝卜素、尼克酸等营养成分，含钙量居鲜果榜首，对新妈妈产后滞血痛胀和产后腹痛，恶露不下，具有一定的缓解作用。

专家叮咛

　　如果新妈妈子宫收缩较好，恶露的颜色和量都正常的话，就要停止食用这类食材了，因为这些食物食用时间过长，会使恶露增多，导致慢性失血性贫血，而且会影响子宫恢复以及新妈妈自身的健康。

巧饮红酒可助身体恢复

红 酒酒精含量不高，且其中所含的一些有益的成分有利于新妈妈的身体恢复，新妈妈巧妙饮用，不仅对身体有益，还能起到美容养颜的作用。

饮用红酒的好处

1 优质的红葡萄酒中含有丰富的铁，可以起到补血的作用，使脸色变得红润。

2 红酒中的抗氧化剂可以防止脂肪的氧化堆积，对身材的恢复很有帮助。

3 适量的红葡萄酒具有健脾暖胃、活血化瘀的功效，有利于促进新妈妈产后子宫的收缩，恶露的排出。

4 红葡萄酒除富含人体所需的8种氨基酸外，还有丰富的原花青素和白黎芦醇。原花青素是保卫心血管的因子，白黎芦醇则是出色的癌细胞杀手，可以有效预防乳腺癌、胃癌等疾病。

新妈妈饮用红酒注意事项

1 每天不宜超过50毫升，而且最好分多次饮用。

2 酒精过敏体质的新妈妈不要喝。

3 尽量在给宝宝哺乳后才喝，这样到下次哺乳时，体内的酒精大部分已被代谢，对宝宝不会有很大影响。

4 购买红葡萄酒时，一定要选正规厂家生产的红葡萄酒。好的葡萄酒完全由葡萄发酵而成，味道甘酸、微甜，不含任何添加剂。那种喝起来比较甜的葡萄酒（除特殊工艺发酵的甜酒外），都加入了很多糖，新妈妈还是少喝为好。

搭配粗粮益处多

与精米精面相比，粗粮中的膳食纤维、B族维生素和矿物质的含量较高，不但有效地补充了营养，对排出毒素，保持肠道健康也同样有益。所以，根据产后妈妈的营养需求较高的特性，我们主张产后新妈妈不可偏食挑食，为了营养均衡，肠胃健康，一定要粗细粮搭配食用。

粗细粮如何搭配食用

粗细粮的搭配应以细粮为主，适当添加一定的粗粮，煮粥或者煲汤都不错。可以把粗粮与鱼、肉、蛋类一起煮成汤，如黄豆与猪蹄、玉米与排骨、黑豆与鲫鱼等，都是很好的产后饮食；也可以把大米与小米、红枣、红薯等搭配煮粥、煮饭等，也都能提高营养价值。

适宜新妈妈食用的粗粮

小米	小米含有丰富的蛋白质、脂肪、碳水化合物、多种维生素，是营养价值很高的粗粮，产后妈妈食用可以补血益气，调理脾胃
玉米	玉米含有的维生素 B_6 及盐酸成分，可以加速肠胃蠕动，能有效防止便秘。另外，玉米还含有丰富的维生素 C，这也是它能入选产后饮食的重要因素
薏米	薏米含有丰富的亚油酸、维生素，容易被人体消化吸收，可以减轻肠胃的负担，对产后妈妈脆弱的肠胃功能起很好的照顾，同时它有很好的美容效果，可助妈妈们肌肤光滑，爱美的妈妈不妨多吃
红小豆	红小豆富含铁质，是新妈妈产后补血的又一选择。另外，中医认为红小豆有健脾养胃、通乳的功效，而现代医学则发现它还有通便利尿的功效
黄豆	黄豆的钙含量非常丰富，是产后妈妈补钙的理想食品
黑豆	黑豆中微量元素如锌、铜、镁、钼、硒、氟等的含量都很高

专家可咛

粗粮虽好，也不是吃得越多越好，过多吃粗粮会影响人体对蛋白质、无机盐和某些微量元素的吸收。新妈妈每天摄入的粗粮量以30~60克为宜，大约为一小把的量。

口渴可适量饮水

产后喝水并非禁忌，分娩后机体需要通过排尿等方式恢复到正常的血容量，因此新妈妈往往尿量很多，但这并不意味着不需要喝水。因为血容量从大到小的恢复过程往往需要数周，它与机体代谢是同时进行的，还需要保持体液内环境（如pH值、离子浓度）稳定，此外受饮食、哺乳、出汗等影响，人体仍时常需要摄入水分。

至于何时喝水，喝多少水，则取决于口渴感，口渴是身体缺水的自然生理提示，感觉口渴就应该适量饮水，不过月子里喝水不能太猛，要考虑到身体的适应情况。

🍼 产后第1周要少量多次慢饮水

产后第1周，新妈妈不能一次喝太多水，以免给肠胃造成过量的负担。等到身体慢慢恢复正常，新妈妈可以每天喝6~10杯水，每杯250毫升，并注意保持"少量多次慢饮水"的原则。此外，新妈妈直接饮用的水最好是温白开水，这种水不需要经过消化就能直接被身体吸收利用，是最适合产后妈妈喝的水。

🍼 巧用饮食来改善口渴

用食物来改善口渴也是很好的方法，如喝小米粥，小米的营养价值很高，传统上认为有清热解渴、健胃除湿、和胃安眠等功效，内热者及脾胃虚弱者更适合食用，可以改善失眠、胃热、反胃作呕等症状，并对产后口渴有良效。

新妈妈也可以吃苹果，因为苹果有生津止渴的功效，适量食用可以改善产后口渴症状。不过，产后脾胃虚弱，不宜生吃苹果，最好蒸熟或煮熟了吃，也可榨汁后将其烧开饮用。

专家可咛

产后口渴比较严重且经久不愈的新妈妈，可以咨询医生调制中药药膳服用，以缓解口渴，如可以去中药店买观音串或荔枝壳50克（1两）加水煮，过滤后当水喝。

月子酒，真的这么神奇吗

有人认为：产后半个月内严禁喝水、饮料和汤，因为会喝成大水桶，会变胖，将来容易得风湿病或神经痛，可以用烧开的米酒来补足身体所需水分。这种观点是不科学的，只要注意喝水的方法，月子里完全可以直接喝水，没有必要用米酒或月子酒来代替，而且米酒以及月子酒对新妈妈和宝宝并没有太多益处。

首先，目前没有任何科学证据证明月子期间喝水会导致女性罹患风湿病和神经痛。风湿病常与自身免疫有千丝万缕的联系，虽然病名中有个"湿"字，却与饮水毫无瓜葛，至于神经痛就更是风马牛不相及了。

其次，月子里饮用米酒对宝宝是有害的。虽然米酒或者月子酒口味香甜，但并非是月子里的良好食物，它们是由稻米经发酵后的产物，其主要成分为水、酒精、糖类及氨基酸等，这其中的酒精成分是一种中枢神经毒性物质，可以进入乳汁，对宝宝神经系统发育造成影响。

米酒或者月子酒大火煮沸后，虽然酒精会蒸发掉，但是米酒随之转变为以糖水为主的液体混合物，大约等同于用糖煮的水，但是不一定有糖中的矿物质等成分。

专家叮咛

无论米酒或者月子酒如何饮用，煮开与否，其营养成分都并非是最适合月子饮食要求的，新妈妈最合适的饮品应该是温白开水，或者通过饮食来补充。

月子护理，健康清爽每一天

坐月子的三大原则

坐月子是女人一生中改善体质的最好时机，是为了让新妈妈更好地恢复身体，通过一些措施避免病痛有机可乘。如果没有坐好月子，将为以后的身体健康埋下隐患。中国人讲究坐月子，千万不要以为那是迷信，许多讲究都是有道理的。那么坐月子期间都要遵循哪些原则呢？

注意保温

随着气候与居住环境的温、湿度变化，新妈妈穿着的服装与室内使用的电器设备，应做好适当的调整，室内温度25~26℃，湿度50%~60%，穿着长裤、长袖、袜子，避免着凉感冒，或者使关节受到风、寒、湿的入侵。尤其在产后头几天，新妈妈汗多怕热，如果一味贪凉，容易患上产后风湿。

注意劳逸结合

适度的劳动与休息，对于恶露的排出、筋骨及身材的恢复很有帮助。产后初始，新妈妈觉得虚弱、头晕、乏力时，必须多卧床休息，起床的时间不要超过半小时，等体力逐渐恢复就可以将时间稍稍拉长些，时间还是以1~2小时为限，以避免长时间站立或坐姿导致腰酸、背痛、腿酸、膝踝关节的疼痛。

注意个人卫生

古代由于环境简陋，生活条件差，又没有电器设备，因此规定较严，而有1个月不能洗头、洗澡的限制。现代的新妈妈不必如此辛苦，头发、身体要经常清洗，以保持清洁，避免遭受细菌感染而发炎，洗头、洗澡时水温在40℃左右即可，注意保暖，洗完头后要及时用干毛巾擦干头发。

辣妈教室

月子期间的忧郁情绪也是需要新妈妈注意排解的，身体的卫生可以通过洗涤剂来清洁，但心理上的卫生就需要新妈妈通过倾吐来清理了，和家人多沟通，很多困扰你的事情就能够迎刃而解。

产后第1天：观察

生完宝宝后，医生会让妈妈看一眼宝宝，然后会将宝宝暂时抱开，这时新妈妈暂时还不能离开产房，接生的助产士或医生会继续观察新妈妈的健康情况，一般来说时长为2个小时，临床上把产后2小时作为第四产程来观察。

产后观察的必要性

产后2小时主要是观察产妇的血压，子宫收缩情况，阴道流血情况，伤口（顺产的产妇要观察会阴伤口，剖宫产的产妇要观察腹部伤口）是否有渗血，如果有输液还要观察输液是否通畅。根据母婴保健法的规定，要对产妇进行产后2小时的严密观察，因为产后2小时是最容易发生产后出血的时间。观察的目的是早发现异常情况早处理，尽管产后出血等异常情况很少发生，但密切观察仍是很重要的，如果出现意外，可以得到及时处理。

产后观察时新妈妈可以做什么

在医生还没允许新妈妈离开产房前，新妈妈要耐心等待，如果有不适要立马咨询医生。顺产的新妈妈产后就可以进食了，如果感觉疲惫，也可以小睡一会儿。

经医生观察后如无异常，新妈妈就可以回到产后病房了。

产后第1天：喂奶

分娩之后不少新妈妈都会感觉一身轻松，紧接着由于分娩的疲倦，睡意会不知不觉地袭来。这时，你可闭目养神或打个盹儿，但不要睡着了，因为紧接着就要开始给宝宝喂第一次奶，医护人员还要做产后处理，顺产的妈妈还要吃点东西。

为什么让宝宝吮吸

分娩后半小时就可以让宝宝吸吮乳头，短时间内没有奶水或者只出一点点奶水是正常的。此外，除了伤口的疼痛外，吮吸还会使初次生产的妈妈乳头产生疼痛感，但不可因此就轻易放弃，也不要急着找催奶师，重要的是要有耐心让宝宝吸吮，因为宝宝的吮吸可促进排乳反射，促进乳汁分泌，同时还有利于子宫收缩。

哺乳的频率

开奶之前，哺乳时间无须太长，以5~10分钟为宜。产后第1天可以每1~3小时哺乳1次，哺乳的时间和频率与宝宝的需求、作息时间以及产妇感到奶胀的情况有关。

放松心情

有的新妈妈听信别人的说法，认为母乳喂养很困难而产生畏难情绪。其实以现在的医学条件和营养水平，大部分妈妈都有母乳喂养的条件，新妈妈要提高自信。

产后第1天：排尿

下文所涉及的排尿问题主要是针对顺产妈妈的，因为剖宫产妈妈产后第1天通常还没拔掉导尿管，关于剖宫产妈妈的排尿内容将在本书稍后章节介绍。

产后及早排尿的重要性

产后产妇尿量增多，医生常常告诉产妇要尽早自解小便，一般在产后4小时让产妇小便。因为在分娩过程中，膀胱受压黏膜充血、肌张力降低以及会阴伤口疼痛，不习惯于卧床姿势排尿等原因，容易发生尿潴留，而尿潴留使膀胱胀大，妨碍子宫收缩，从而会引起产后出血，还易引起膀胱炎。因此，产后新妈妈要及时排尿，不要超过产后8小时。

无论新妈妈在什么时候有尿意，都要马上行动，虽然新妈妈此时还不能自行如厕，但这并不影响排尿，如果需要在床上或床边排尿，不要因为害羞而不做努力，如果需要家人或医护人员，也要勇敢表达出来。另外，排尿过程中会阴可能比较痛，但属于正常，新妈妈需要忍耐一下。

新妈妈可以适当多喝点水，促使尽快排第一次小便，千万不要让膀胱中的尿停留太久，憋尿时间太长，膀胱过度充盈会影响子宫收缩，严重的甚至导致产后出血。

不能顺利排尿怎么办

对产后6~8小时不能自解小便者，应积极采取措施协助排尿，以免尿潴留。可尝试下列方法：

1 新妈妈如不习惯在床上排尿，应在家人帮助下床排尿。

2 用温开水冲洗尿道口，并以流水声诱导排尿。

3 置热水袋于下腹部或用电动按摩仪刺激腹肌收缩，促使排尿。

如通过以上办法仍无法排尿，应及时征询医生。

侧切后如何护理会阴

在 顺产的过程中，为了让分娩过程顺利，一般医生会做一个会阴侧切术，防止妈妈阴道撕裂。然而，会阴侧切的伤口会给新妈妈带来不少烦恼。特别是夏天，天气热，细菌多，会阴侧切伤口更容易感染。所以产后会阴的护理就显得尤为重要。

1 产后用1:5000高锰酸钾液或0.1%新洁尔阴冲洗会阴，每天2~3次，尽量保护会阴部清洁及干燥。

2 会阴部有缝线者，应每天检查伤口周围有无红肿、硬结及分泌物。若伤口有感染，应及时去医院请医生处理，及早拆除缝线，创面应每天换药，并用红外线局部照射，尽量暴露伤口以保持表面干燥促进愈合。

3 生产后会阴伤口疼痛是正常的现象，一般在产后1~2周内疼痛会逐渐减

轻，但是若伤口疼痛有越来越严重的趋势，则要就医检查有无伤口感染情况。

4 会阴部肿胀者，可用50%硫酸镁溶液温热敷或75%酒精湿敷，平卧时应卧向伤口的对侧，以免恶露流向伤口，增加感染的机会。

5 使用消毒的卫生巾或其他卫生用品，内裤要勤洗、勤换、勤消毒。

6 为防止伤口再度裂开，不要做用力下蹲、大腿过度外展等动作。

产后第1天：休息

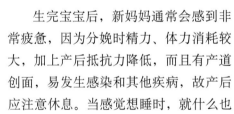

生完宝宝后，新妈妈通常会感到非常疲惫，因为分娩时精力、体力消耗较大，加上产后抵抗力降低，而且有产道创面，易发生感染和其他疾病，故产后应注意休息。当感觉想睡时，就什么也

不想闭上眼睛睡上一觉，这对产后恢复是非常有帮助的。

当然，也有一些新妈妈，可能产程比较顺利，没有经过太大的体力消耗，产后没有睡意，或者生完宝宝后心情兴奋，面对刚刚出生的可爱宝宝更是舍不得闭眼。这样是不好的，过于兴奋很容易导致体力透支，无法适应即将到来的育儿生活。新妈妈不妨让自己平静下来，强迫自己休息。

医院可能会比较吵，探视的人也比较多，该休息的时候，不妨将自己要休息的需求告诉周围的人，让他们配合，这对自己和宝宝都好。只有保证良好的睡眠和充足的营养才能为宝宝准备充足的乳汁，新妈妈的身体也才能恢复得快。

剖宫产后的护理要点

较之自然生产，剖宫产的恢复相对较慢，还容易出现泌尿、心血管、呼吸系统的并发症，所以产后一定要科学护理，小心调养。

1 注意多休息。由于术后创伤及麻醉药物的作用，新妈妈通常会感到非常疲劳，此时应注意卧床休息。采用硬膜外麻醉剖宫产的新妈妈术后应采用去枕平卧位姿势进行休息，大约6小时后才能改为半卧位。

2 忌躺着不动。一般来说，剖宫产手术后6个小时就可以运动了。不妨做做抬腿、手臂上举、抬高腰部等力所能及的动作，幅度以不拉扯到伤口为宜。如果身体允许，可以开始练习做翻身动作，以促进麻痹的肠道肌肉及早恢复功能，促使肠道内的气体尽快排出。

3 早下床活动。术后第2天，拔掉导尿管之后，为预防肠粘连，促进尽

早排尿及恶露的排出，新妈妈可尝试下床扶着床沿走动。术后下床伤口会比较疼痛，此时要注意动作要缓慢，最好有两个亲人在旁帮扶。如果出现发热等不适，应立即停止活动。

4 注意观察尿液。剖宫产术后常在新妈妈体内留置导尿管，这时要注意观察尿量和尿的颜色。如果出现血尿或尿量变少，应及时告诉医护人员。

5 尽早排尿，防止尿潴留。剖宫产妈妈在拔掉导尿管之后，就应该积极准备排尿，促进排尿的方式包括多喝水、多走动，用热毛巾或热水袋敷小腹、打开水龙头，利用水流声诱导排尿等。

剖宫产伤口的清洁与护理

剖宫产后，新妈妈的子宫和腹壁都留有伤口，一定要做好清洁和护理工作。

做好伤口消毒工作

定时更换刀口的纱布和药，更换时，要先用75%的酒精擦拭刀口周围，进行消毒。

洗浴后，新妈妈要用75%的酒精擦拭伤口进行清洁。

此外，刀口发痒是正常现象，不要用手去抓挠，也可以用无菌棉签蘸75%的酒精擦洗刀口周围止痒。

产后10天避免伤口沾水

产后头10天不能洗澡，以免水污染伤口，引起感染发炎。这期间新妈妈产后出汗较多，可采用擦浴、勤换衣服等方法保证清洁。10天后如果伤口已愈合，并且没有红肿、渗出等情况，新妈妈可以淋浴，但时间不要过长。

动作幅度不宜过大

现在剖宫产的刀口一般都是横切，

要避免剧烈运动、身体过度伸展，特别注意少做身体后仰等动作，咳嗽或大笑时要用手按住刀口两侧，休息时最好采取侧卧微屈体位。

需要警惕的情况

一般情况下，伤口并不会有太大的不适感，但如果出现渗液和疼痛，就需要及时处理。

1 渗液较多：产后如果刀口有较多渗液流出，要及时告知医护人员处理。如果已经出院，可以用高渗透性的盐水纱布引流，并用盐水冲洗，同时增加换药次数，渗液严重时，要去医院治疗。

2 刀口痛：刀口在麻醉药效过后开始疼痛，2~3 天后疼痛缓解，如果疼痛持续且有异常情况，如刀口红肿发热时，很可能是发炎了，需要及时请医生处理。

多吃有利于伤口恢复的食物

含优质蛋白质和 B 族维生素的鱼、鸡、鸡蛋，含锌丰富的海带、木耳，含丰富维生素 C 的苹果、橙子、草莓等都是有利于伤口恢复的食物。另外蜂胶胶囊和花粉片，也有利于刀口愈合，可以适当食用一些。

剖宫产后第 1 天的护理

剖 宫产后第 1 天的护理工作是很重要的，因为一不小心就可能让新妈妈发生剖宫产后遗症。

产后 6 小时内

1 产后卧床休息时头偏向一侧平卧，不要垫枕头，这样可以预防硬脊膜外腔麻醉方式带来的术后头痛，还可以预防呕吐物的误吸。

2 及早哺乳可以促进子宫收缩，减少子宫出血，使伤口尽快复原。

3 产后 6 小时应禁食，如果口渴严重可用棉签蘸水滋润嘴唇。

产后 6~24 小时

1 6 小时后可以枕枕头了，仍应采用侧卧位，感觉累时，可以将被子或毯子垫在背后，减轻身体移动对伤口的震动和牵拉痛。如果一定要仰卧，可以把双腿蜷曲，以免拉扯伤口。

2 麻药劲过了以后，腹部伤口会疼痛，可以请医生开些处方药，或者可以使用阵痛泵缓解痛苦。

3 12 小时后，应在家人或护士的帮助下改变体位，多翻身、多动腿。术后知觉恢复后，就应该进行肢体活动，24小时后应该练习翻身、坐起，并下床慢慢活动，促进伤口愈合，增强胃肠蠕动，尽早排气。

4 尽早排尿：剖宫产的妈妈在手术前插上的导尿管，一般在产后24小时拔掉，拔掉导尿管后3~4小时，新妈妈要尽量解小便，以尽快恢复身体相关肌肉群功能。

5 注意卫生：勤换卫生巾，保持清洁。外阴部要用开水烫过的毛巾擦拭，然后用75%的酒精消毒。产后汗多，还应用毛巾擦拭身体，更换衣服，以免因汗多和久卧引起皮肤红肿发炎。

亲友探望要照顾新妈妈情绪

分娩后，亲朋好友都会想要探望新妈妈，亲人的关怀会给新妈妈带来欣慰，但如果不注意，也可能带来不利影响。因此，在接受亲友探望时要注意到这样几个方面：

新妈妈不要过早接受探望

刚分娩后的产妇体力消耗太大，身体虚弱疲惫，需要静养以恢复身体。因此，在刚生完宝宝的1~2周，亲友最好不要来探望，若来探望，时间也不宜超过半小时，要给产妇尽量多的时间休息。

亲友不宜过多探望

新生儿的生活环境要安静舒适，过多的探望势必影响小宝宝休息。此外，成人呼吸道中的微生物，可能成为新生儿的致病菌。

婉拒患慢性病、传染病及感冒者探望

如果亲友自身患有慢性病或某些传染病，或者恰逢感冒期间，最好不要去探视产妇及新生儿，这样极容易引起交叉感染。尤其是春季，这个季节是传染病和小儿肺炎易发季节，产妇及家人也应礼貌性地拒绝探视，为了母婴健康着想，相信会得到人们的谅解。

探望时要注意卫生

探望产妇时，亲友应避免哄逗、触摸新生儿的面颊和肢体，尤其杜绝亲吻新生儿。家人在照料和护理产妇及新生儿时，也必须注意卫生，先用肥皂或洗手液清洗双手。

探望产妇时的说话艺术

产妇初为人母，有着特殊的心理状态，探视时要多说一些愉快、激励的话题，语调要适中，不要过于大声，评价宝宝时要顾及产妇的心理状态。尤其对于产后抑郁的新妈妈，家人不要谈论一些敏感话题。

什么时候可以下床

产后及时下床活动可减少膀胱和肠道疾病，有利于恶露的排出，子宫复旧，促进血液循环，防止下肢静脉血栓形成，改善生理功能，加快体力恢复，也可减少住院时间。

何时下床活动

顺产的新妈妈，如果产后身体没有异常，通常在产后 8 小时左右就可以下地行走；做过会阴切开术的新妈妈，在 12 小时后也可以开始下地；24 小时后，只要身体允许，基本上所有的新妈妈都可起床活动。

剖宫产的妈妈恢复较慢，最好卧床 24 小时，到第 2 天时可在床上活动，也可尝试下床，扶着床沿活动，但应以身体能承受为宜。第 3 天起可以在房内走走，第 4 天后逐渐加大活动范围和时间。

下床活动应注意什么

1 新妈妈第一次下床，可能因姿势性低血压、贫血或空腹造成血糖下降而头晕，应有家属或护理人员协助及陪伴。

2 下床动作要缓慢，先坐于床缘，无头晕再下床。

3 下床时，可以用手支托伤口，以减轻伤口疼痛。可在床边放置稳固的椅子，在伤口疼痛而无法动弹时，可以用来搁脚。

4 产后 6 周内，新妈妈应避免过度运动和重体力劳动，以防子宫脱垂。

适度运动有助于身体恢复

适度地进行产后运动，可以帮助新妈妈的骨盆、阴道恢复正常，有助于加快血液循环，促进身体恢复。

产后什么时候开始运动

开始锻炼的时间，要视个人身体情况而定，一般来说，自然分娩、没有产后大出血情况的妈妈，在生产后 2~3 天就可以下床自由走动，3~5 天后就可做一些收缩骨盆的简单运动，而在产后 1 周左右就可以做柔软体操或伸展运动，产后半月可做些轻便的家务，产褥期过后，一切便恢复正常。剖宫产的妈妈可适当推后些，但从术后第 2 天起，也应该努力下床活动。

产后运动原则

1 避免剧烈运动：有些爱美的新妈妈或者准备重返职场的新妈妈产后立即进行剧烈运动减肥，这是不可取的。过于剧烈的运动很可能影响子宫的康复并引起出血，严重时还会使生产时的手术创面或外阴切口再次遭受损伤。

新妈妈身体虚弱，最适合温和的有氧运动，比如散步、慢跑、快走、游泳、有氧舞蹈等，需要说明的是，无论是哪种运动，都应该是循序渐进，不可急进。

2 心态平和：产后健身的信念一旦树立，一方面不能半途而废，另一方面也不要急于成功，要心态平和地面对产后减肥。

产后运动的禁忌

1 前 6 周尽量避免采用趴着、膝盖和胸部着地的姿势，应该从最简单的动作开始。

2 运动量以不痛不累为准则，不能急于求成，使自己过于疲劳。

3 如果运动中出现流血量变大或血呈鲜红色的情况，要立即休息，并咨询医护人员。

4 注意保护关节，尽量不做单脚用力的动作，如跳跃。

5 饭后 1 个小时才能运动，运动后要及时补充水分。

6 注意不要站得过久，避免长时间蹲位及手提重物的劳动，以防发生子宫脱垂。

适宜产后做的运动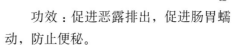

腿部滑动练习

时间：顺产 24 小时后，剖宫产 48 小时后。

功效：促进恶露排出，促进肠胃蠕动，防止便秘。

做法：仰卧，一侧腿平放在床上，在呼气的同时匀速而缓慢地屈另一侧膝关节，脚向身体滑近。滑动的距离和程度要视情况而定，不要有疼痛和不适。换另一侧腿做同样动作。如此重复 3~4 次为一组，每天做 2~3 组，在体力逐步恢复的同时增加动作幅度和重复次数，最后达到每组 12 次。3 周后如体力许可，可以改为举单侧腿。

仰卧挺背练习

时间：顺产 24 小时后，剖宫产 48 小时后。

功效：促进恶露排出，促进肠胃蠕动，防止便秘。

做法：仰卧，先吸气，然后在呼气的同时收紧背部肌肉，使上背部稍抬离床面，注意保持腰部不离开床面，坚持数秒钟，放松，重复。开始时每组 3~4 次，每天 2~3 组，在体力逐步恢复的同时增加重复次数，最后达到每组 12 次。

会阴收缩运动

时间：自产后第 1 天开始。

功效：促进阴道恢复和预防子宫脱垂。

做法：仰卧或侧卧吸气，紧缩阴道周围及肛门口肌肉，闭气，持续 1~3 秒再慢慢放松呼吸，重复 5 次。

扩胸运动

时间：自产后第 3 天开始。

功效：使乳房恢复弹性，预防松弛下垂。

做法：平躺，手平放两侧，将两手向前直举，双臂向左右伸直平放，然后上举至两掌相遇，再将双臂伸直平放，再回前胸后回原位，重复 5~10 次。

颈部运动

时间：产后第 4 天开始，每天 5~10 次。

功效：加强腹肌张力，使颈部和背部肌肉得到舒展。

做法：平躺仰卧于地面；低头，使下巴向胸部贴近，身体保持不动，眼睛直视腹部，再回到原来姿势。

臀部运动

时间：自产后第 7 天开始。

功效：促进臀部和大腿肌肉收缩。

做法：平躺，将左腿弯举至脚跟触及臀部，大腿靠近腹部，然后伸直放下，左右交替同样动作 5~10 次。

剖宫产后多久可以运动 ·········

原则上，新妈妈都应该尽早活动，但剖宫产妈妈由于手术的影响，产后头 1 周一般只能做轻微的运动。如果是伸展类运动，需要到产后 1 个月再进行，而产后 6~8 周才适合做锻炼腹肌的运动。

剖宫产后 1 周内

产后最初的 1~2 天，新妈妈基本都只能在床上躺着，此时可以多翻身，或者做做平躺着进行的轻微运动。若身体情况良好，剖宫产手术后 24 小时，新妈妈可下床活动，帮助肠蠕动，减轻腹胀及预防血管栓塞。

第 3 天起每天都应下床走动，活动时可以使用腹带或用手支托伤口，以减轻伤口疼痛。

剖宫产后 10 天左右

剖宫产术后 10 天左右，如果身体恢复良好，新妈妈可开始进行健身锻炼，做法为：

仰卧，两腿交替举起，先与身体垂直，后慢慢放下来，两腿分别做 5 次。

仰卧，两臂自然放在身体两侧，屈曲抬起右腿，并使其大腿尽力靠近腹部，脚跟尽力靠近臀部，左右腿交替做，各做 5 次。

剖宫产后 40 天左右

仰卧，两膝屈曲，两臂交叉合抱在胸前，后慢慢坐成半坐位，再恢复仰卧位。

仰卧，两膝屈曲，两臂上举伸直，做仰卧起坐。

俯位，两腿屈向胸部，大腿与床垂直并抬起臀，胸部与床贴紧，早晚各做 1 次，每次做时，从 2~3 分钟逐渐延长到 10 分钟。

需要说明的是，新妈妈无论采用哪种运动，如果感觉有不适，应立即停下来休息，千万不可逞强。

适合剖宫产妈妈的运动

剖宫产妈妈在运动时，一定要首先照顾身体恢复的情况，避免在运动中伤口疼痛或不小心扯裂。安全起见，最初的运动可以深呼吸运动为主，等到伤口愈合之后，再进行肢体伸展。

深呼吸运动

1 仰卧，两手贴着大腿，将体内的气缓缓吐出。

2 两手往体侧略张开平放，用力吸气。

3 一面吸气，一面将手臂贴着床抬高，与肩膀呈一直线。

4 两手继续上抬，至头顶合掌，暂时闭气。

5 接着，一面吐气，一面把手放在脸上方，做膜拜的姿势。

6 最后两手手掌互扣慢慢往下滑，同时吐气，手渐渐放开回复原姿势，反复做 5 次。

腰腹运动

1 平躺，家人辅助以左手扶住新妈妈的颈部下方。

2 辅助者将新妈妈的头抬起来，此时新妈妈暂时闭气，再缓缓吐气。

3 辅助者用力扶起新妈妈的上半身，新妈妈保持吐气。

4 最后，新妈妈上半身完全坐直，吐气休息，接着再一面吸气，一面慢慢由坐姿回到原来的姿势，重复做 5 次。

下半身伸展运动

1 仰卧，手掌相扣，放在胸上。

2 右脚不动，左膝弓起。

3 将左腿尽可能伸直上抬，之后换右脚，重复做 5 次。

恢复阴道弹性的运动

产后新妈妈的阴道肌肉常会发生松弛，不光影响夫妻生活质量，而且容易发生细菌感染。新妈妈可以通过做凯格尔运动来恢复阴道弹性。

什么是凯格尔运动

凯格尔运动又名骨盆底收缩运动，是一种专门锻炼女性骨盆底肌肉的运动。经常进行凯格尔运动锻炼的女性的阴道肌肉通常更有弹性和张力，也可预防尿失禁、子宫脱垂、小便失禁、性生活障碍及运动性膀胱症候群等。

凯格尔运动的方法

首先，排空小便，因为锻炼过程中可能压迫到膀胱。

仰卧在床上，双膝弯曲，双脚平放在床上，先调匀呼吸，使身体其他部位放松下来（可以将一只手放在腹部，如果感觉到腹部松软、不紧绷，说明自己已经处在了放松状态），然后收缩臀部的肌肉，向上提肛。接下来，新妈妈可以紧闭尿道、阴道及肛门，使自己产生一种类似尿急的感觉为度。尿道、阴道及肛门达到闭合状态后，新妈妈要尽量保持 5 秒钟，然后慢慢放松。等 5~10 秒后，就可以进行下一轮练习了。

做凯格尔运动的时间

顺产新妈妈可在产后 2 周以后做凯格尔运动，剖宫产则要 1 个月以后才能练习。

刚开始时，新妈妈可以在一天中分几次练习凯格尔运动，每次可以少做几组动作。随着盆底肌肉的不断增强，可以不断增加练习的次数，并延长每次收紧骨盆底肌肉的时间。

一般情况下，如能坚持每天做 3 次锻炼，每次锻炼做 3~4 组动作，每组进行 10 次收缩运动，就可以达到很好的锻炼效果。

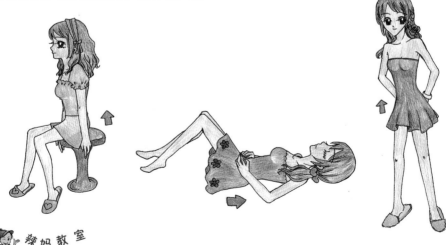

辣妈教室

可以利用零散时间进行凯格尔运动，如早上醒来、看电视时、午休前、晚上睡觉前等时间，新妈妈都可以进行一次凯格尔运动练习。只要坚持下去，它会带来意想不到的好处的。

春季坐月子注意事项

相对其他季节来讲，春季坐月子是最舒服的。但春季乍暖还寒，气候多变，新妈妈如不注意，也容易被风邪入侵，引起头痛、感冒、四肢关节痛。那么，春天坐月子的新妈妈需要注意些什么事项呢？

保持房间清爽

每天要定时开窗换气，保持室内空气流通。

室温一般应保持在 20℃ 上下，湿度在 60% 左右比较合适，但也要根据气候灵活掌握，新妈妈感到环境很舒服，宝宝也会感到舒服的。

保证充分休息和睡眠

新妈妈身体相对比较虚，加之夜间要频繁喂奶、照顾宝宝，缺乏睡眠，而且"春困秋乏"，春天更容易想睡觉，因此要抓紧一切可能的时间休息。

预防传染病

春季是传染病高发季节，新妈妈产后抵抗力低，属易感人群。同时，成人呼吸道中的微生物，可能成为新生儿的致病菌，使新生儿患呼吸道感染。所以，新妈妈和宝宝都要注意，避免过多接触外来人员。

适当外出活动

春季月子妈妈是否可以到室外活动，要根据产妇自身的体质而定，体质好的产妇可在产后 2 周后到室外走一走，但要在风和日丽的好天气时到室外活动一下，时间不宜过长，以不感到疲劳为度。

外出活动亦要注意，少去人多的场合，防止感染疾病。

春天的衣服

春季新妈妈穿得相对少了，喂奶比较方便了，但穿开身衣服还是比套头的好些，这样宝宝吃起奶来比较舒服，套头衣服有时会挡住孩子的面部，套头衣服还会挤压乳房，使乳房变形，宝宝吃起来也不舒服。

另外，春季气候多变，新妈妈应根据天气随时增减衣服。

春天里的饮食

春季空气比较干燥，尤其是北方，室内外湿度比较小，月子妈妈要注意补充水分，母乳喂养的妈妈更应保证充足的水分，这样不仅可补充由于空气干燥过多丢失的水分，还可以增加乳汁的分泌。

春季蔬菜水果都上市了，新妈妈可以适当吃些新鲜的蔬菜水果。

夏季坐月子防中暑

遇上热天坐月子，新妈妈的心情都很烦躁，再加上老人们常说的不能用空调、不能开门开窗、不能洗澡洗头、要躺着别动等老规矩，很多新妈妈容易中暑。其实，现在科技水平发达，坐月子只要注意不受凉，不过度劳累，科学护理即可。

夏天里的饮食

1 少食多餐。夏季一般食欲不高，尤其是产后新妈妈大部分时间都是躺在床上，因此每顿饭不宜吃太多，可以饿了再吃。

2 多喝温白开水。饮料和酒精类饮品不适合月子里的新妈妈饮用，应该多喝一些温热的白开水，补充大量出汗时体内丢失的水分。千万不要因为天气炎热或怕出汗而喝冰水或是大量食用冷饮。

3 瓜果太凉可榨汁饮用。月子里不应食用生冷的食物。蔬菜可以烫一烫或炒熟，水果可以榨成果汁后，将装有果汁的杯子放入热水里 5~10 分钟后再饮用。

夏装的选择

1 穿好长衣长裤和袜子，尤其是淋浴后或睡觉时。如果天气好，可以到户外晒太阳，外出时上衣可以选择半袖衫，同时做好防晒。

2 选择棉质衣服。产后最常见的身体现象就是出汗多，俗称为"褥汗"，尤其是以夜间入睡时最为明显，因此新妈妈的衣物一定要选择纯棉的、透气性好的。

3 勤洗勤换衣裤。产后多汗，有时不到半天衣服裤子已经湿透了，千万不要怕麻烦，要多准备一些内衣内裤和贴身的衣物，一旦感觉不舒服马上换下来。

秋季坐月子注意事项

秋季坐月子是较为舒适的，因为此时不但天气凉爽，应季的瓜果、蔬菜和谷物也多，可以尽情享受月子"营养餐"。但秋季坐月子并非无所顾忌。

注意防风

一般来说，秋天风比较大，刚生产后的妈妈由于身体较虚，应当避免在通风处乘凉，不能让风直接吹头，特别要避免门窗打开的过堂风，可以将一个方向的门窗打开，将对面门窗关闭。外出时一定要戴薄帽，以免受风感冒。

注意室内温度和湿度

秋季白天气温较高，室内的温度也会上升，如果温度在 25~26℃，可不必开空调；如果气温高于 28℃，就应当开窗通风或短时开空调以使室温合适。

适当的室内湿度不仅可以使妈妈舒适，对于新生儿更是重要，由于宝宝的皮肤很娇嫩，干燥的空气会对他造成伤害，适当的湿度对于宝宝的健康非常有益。

秋季穿着须知

秋天早晚温差较大，新妈妈应该注

意及时更换衣服，中午较热的时候不能捂太多而导致中暑，但仍应穿长裤和较薄的衣衫，穿布袜和平跟布鞋。

晚上温度比较低，注意加盖适当厚的被子，以保暖不过热为度，起来喂哺宝宝的时候，不要因为过急而不穿衣服，以防受凉。

注意滋补适宜

1 产后饮食不宜大补。秋季是滋补的季节，但对于新妈妈来说，滋补过量易患肥胖症，从而引发多种疾病。

2 新妈妈如果褥汗很多，就应适当增加食物中的盐含量，以保证体内电解质的平衡。

新妈妈如何温暖过冬

一些人认为冬天坐月子要比夏天坐月子轻松，虽然外面寒风刺骨，新妈妈却可以窝在屋里有人照顾着，可是冬天坐月子并非只需要注意保暖就可以了，要注意的事情也不少。

保持适宜的温度与湿度

冬天一般寒冷而干燥，对于新妈妈和宝宝来说，适宜的湿度要控制在55%~65%，室温要保持在22~24℃为好，因为太冷的话容易让产妇和宝宝着凉，患上感冒甚至肺炎，太热也不利于新妈妈身体恢复。

注意个人及环境卫生

1 勤洗头发、勤剪指甲：洗头时要用温热的水来洗，洗完后要注意及时擦干，以免着凉。

2 保证口腔的卫生：要用温水来刷牙漱口；使用的牙刷要选择软一点的；学会正确的刷牙方法，保护牙周健康。

3 注意室内通风透气：冬季空气干燥，容易引起过敏性疾病，所以要注意通风，即使天气寒冷也应每天开窗换气至少20分钟，尤其在房间里使用电或煤等取暖用品时，更需要经常开窗换气。开窗时新妈妈和宝宝可以先转移到别的房间里，待房内的温度回升后再回来。

注意劳逸结合

刚生产完的新妈妈们在产后需要进行适当的运动，保证气血流通。要注意卧床休养与适宜的活动相结合，在冬天不宜出门的话，可以选择在床边和房间内慢慢走动，并练习一些产后体操。

注意补钙

北方天气寒冷，在冬季坐月子不能开窗晒太阳，这样就不利于钙的吸收和利用。而妈妈缺钙不光影响自己的恢复，还会减少母乳喂养宝宝钙的摄取，影响宝宝牙齿、头发和骨骼的正常发育。哺乳期一旦母体钙代谢出现负平衡，而产后又不注意补钙，不良状况可延续到分娩后2年，对孩子的影响更加深远。

爸妈教室

在月子里，爸爸无论什么时候回到家，最好先脱掉外衣，洗干净手和脸再去接触妈妈和宝宝，以免把从外面带回来的细菌和病毒传染给他们。

布置一间舒适的月子房

坐月子主要是要让妈妈和宝宝休息好，因此月子期间，家人可以帮助新妈妈布置一间舒适而使用方便的月子房。

选择合适的房间

1 不宜住在敞、湿的房间里，由于妈妈的体质和抵抗力都比较低下，所以居室需要保温、舒适。

2 要选择阳光和坐向好的房间，这样夏天可以避免过热，冬天又能得到最大限度的阳光照射。

3 居室采光要明暗适中，最好有多重窗帘等遮挡物随时调节采光。

4 居室要通风效果好，不要接近厨房等多油烟的房间。

提前做好房屋清洁消毒

清洁卫生是防病保健的重要方法，所以家人需要在新妈妈回家之前的两三天，将坐月子房间打扫干净。

1 家里最好用 3% 的来苏水（200~300毫升 / 米）湿擦或喷洒地板、家具和2 米以下的墙壁，并彻底通风 2 小时。

2 卧具、家具也要消毒，阳光直射 5 小时可以达到消毒的目的。

3 保持卫生间的清洁卫生，要随时清除便池的污垢，排出臭气，以免污染室内空气。

4 不要在居室内吸烟。

月子房的布置

1 妈妈和宝宝的床都要不能正对窗户，以免受风。床上用品宜采用棉质材料，吸湿、透气性好。如果需要开空调，床不能正对着空调风口。

2 月子房色调要明亮，但是不能太花哨，颜色不能太强烈，因为此时孩子的视觉功能还不完善，太强烈的视觉刺激容易影响视力。房间里的用品颜色如窗帘以淡色为好，像浅粉、浅蓝等就不错。

3 月子房里不宜摆放植物，因为此时的孩子可能会对这些植物过敏，而且绿色植物在夜里会吸收氧气，放出二氧化碳，降低房间空气质量。

4 月子房里最好安置一个温湿度计，适时观察并控制室内温湿度，以冬季温度 18~22℃，夏季温度 24~26℃，湿度 60%~65% 为宜。

爹妈教室

房间里不妨准备 2 只专用的小箱子，分别放置干净的和用过的尿布，另外可以准备一个小桌子放在床头，放置妈妈经常要用到的东西。

月子期间不宜门窗紧闭

传统观点认为，生完孩子后一定要把门窗关得严严实实的，因为新妈妈身子虚，不能见风。其实以现在的条件看来，不清新的空气对产妇和新生儿都不利，再加上产后家里客人多，空气流通不好，更应该及时通风换气，以预防疾病的发生。

新妈妈睡的房间不论冬夏，窗户都要常开，使室内空气新鲜，但注意母婴不能置身于对流风中，不直接对着风吹。早晚比较凉时母婴可以先到其他房间待着，或者挡上一层窗帘，也可以打开隔壁房间的窗户，让有间隔的风吹过来。只要不是穿堂风，拐着弯进来的风，这种风对房间的清洁消除一些细菌的隐患都是有好处的。这样氧气充足的房间，宝宝待着也很舒服。

专家叮咛

新生儿新陈代谢较快，比大人怕热。一般在正常的温度下要比妈妈少穿一件，当大人在穿长袖的时候，宝宝有可能薄薄的一件就可以了；夏天大人很热就穿半袖，宝宝穿小兜兜就可以了，如果房间太热也要适当减衣服，室温20℃就可以了，不要贪凉，不要将空调打到16~17℃。

月子里开空调、电扇要注意

新妈妈可用空调、风扇降温

很多传统的说法认为，产后骨缝开了，吹电扇、开空调会影响产后恢复，甚至落下"月子病"。其实，这种说法并没有科学依据。新妈妈刚生完孩子汗腺分泌会比较旺盛，容易出汗，严重的甚至中暑。所以，月子里新妈妈不能捂得太厉害，空气流通是散热、降低环境温度的最好方法。可以适当开空调或者吹风扇，把房间温度降下来。

不可贪凉

吹风扇、开空调的目的是为了适度降温。新妈妈要注意不要让电扇和空调直接对着自己吹，因为直吹容易受凉，引发疾病。不妨让风扇对着墙吹，让风反弹回来，也可以把风扇调到柔风那一挡。开空调则要温度适宜，不要太凉，也不要太热。每个人对温度的敏感性不太一样，所以自己身体感觉舒适就可以了。

另外，无论是开空调，还是吹电扇，新妈妈最好穿长衣长裤、穿袜子，尽量在将所有部位遮住的情况下再吹，以防贪图凉快而受凉。

专家叮咛

坐月子的时候，妈妈对温度的感觉会比平时的感觉稍高1~2℃，因此一定要注意温度不能太低，只要不感觉热基本上就可以了。

选择几套舒适的月子服

月子里的穿戴应以舒适为主，那么，如何挑选合适的月子服呢?

月子服厚薄应与气温相宜

根据气温变化随时增减衣物，夏天穿着应单薄，为了避免吹风也可以穿长袖清凉衣物，睡觉时在身上盖毛巾被或床单，注意防风保暖即可，以防止长痱子或引起中暑。春秋季节产妇衣着较平常人稍厚，也要以无热感为好，冬天注意保暖。

款式宜宽大舒适

新妈妈的衣着首先要有好的保暖功能。新妈妈比较容易受寒的是肚子和脚，因此裤子选择高腰的，最好高过肚脐，给肚子妥帖的保暖。

其次衣裤穿着尽量宽松舒适，过紧的衣服不但让新妈妈感觉不舒服，还会影响全身血液循环，紧身衣服不利于血流通畅，特别是乳房受压迫极易患乳痛，严重的还会引起乳腺炎，也不利于保暖和健康。

新妈妈脚上应穿上舒适而吸汗性能好的带后跟的平底布鞋，但鞋底不要硬，袜子应选择纯棉线或毛线编织，避免寒凉从脚底侵入。不要穿塑料拖鞋，更不能穿高跟鞋，会引起足底、足跟或下腹酸痛。夏天不要赤脚，以免引起脚痛。

材质和颜色选择的讲究

新妈妈贴身衣服以棉制为好，增大吸汗透气性，不宜穿化纤或羊毛内衣。因为化纤布中的化学纤维或者微小羊毛，可以通过胸罩或者内衣，对乳头进行摩擦、压迫，然后逐渐进入乳腺管，使乳腺管堵塞，从而影响产后乳汁的分泌，不利母乳哺养，严重的话还会引起乳腺炎。

颜色方面可以选择浅色的，一是因为浅色不易脱色，可以避免妈妈因为出汗造成的衣服颜色脱落，形成色斑;二是因为这时候的宝宝视觉发育还不完善，不能过度刺激。

樊妈教室

清洗新妈妈的衣服时，可以用刺激性比较小的肥皂，也可以使用产妇专用的洗护液，这对新妈妈敏感的皮肤是一种保护，洗完之后多漂洗几遍，用开水消毒，然后放到太阳底下晾干，杀灭衣服上的细菌。

月子里需要捂得严严实实吗

传统的观念认为，产妇由于骨缝打开，风寒容易侵入身体，落下终身的"月子病"。因此，产妇在坐月子期间，需要把屋子关得严严实实，门窗紧闭，更有甚者把缝隙都糊起来。产妇也需要用围巾把头裹严实，还得穿上厚厚的衣服，盖上厚厚的被子。其实用现在的观念看，这种做法对母婴都是有害的。

"捂"月子的危害

1 产后体内发生许多变化，皮肤排泄功能变得特别旺盛，以排出体内过多的水分，产妇出汗特别多，如果产妇不管冷热，不分冬夏，都是一个劲地多穿多捂，身上过多的热不能散发出去，出汗过多，变得虚弱无力，盛暑时还会发生中暑，出现高热不退、昏迷不醒，甚至丧命。

2 身上汗液过多，容易患湿疹，尤其是如果乳房患湿疹的话，会影响给宝宝哺乳。

3 如果捂汗后不擦干直接吹风，或在穿堂风下，就更容易引起感冒等疾病。

4 月子里活动减少，心情容易烦躁，因此，保持身体的干净清爽和居室的通风透气很重要，如果新妈妈的身体总处于高温潮热的状态，会导致情绪的进一步恶化。

5 如果门窗紧闭，加之出门时，宝宝整天见不到阳光，就容易出现因维生素 D 缺乏而引起的佝偻病、软骨病。

辣妈教室

不提倡"捂"月子并不代表可以肆意贪凉，新妈妈一定要掌握好度，随时关注气温变化，并增减衣物。

选购一款好胸罩

产后，新妈妈的乳房会比以前大，而且会略有下垂，正确选择和佩戴胸罩会更有利于乳房的健美与恢复。

新妈妈如何选购胸罩

1 大小要合适。可根据最大胸围和胸底围之差确定乳房高，选择号码。胸罩应既能托住乳房，又不会把乳房压扁，也不会使两个乳房向中间紧靠为宜。

2 质地要好。要选择质地好的、柔软的棉织物或真丝织品，这些产品吸水性好，既可吸汗又可吸奶，对皮肤没刺激。不要选用化纤类胸罩，化纤胸罩透气性差，吸水性也差，化学纤维进入乳头可能阻塞乳腺导管，若被宝宝吸入体内，危害更大。化纤制品还易产生静电，会导致母婴不适。

3 肩带要结实。充满乳汁的乳房感觉沉甸甸的非常重，因此护理型胸罩需要较宽的、不会滑脱的肩带。

4 为了方便哺乳，胸罩杯应该可以通过拉链或者肩带上的钩子松开。

新妈妈如何正确配戴胸罩

1 戴胸罩时应轻轻将乳房托起，调节松紧度，以活动时乳房无明显跳动感，取下后皮肤上不会留有压迫痕迹为宜。

2 胸罩内层最好衬一层纱布，如果胸罩上没有，可自己加上或戴上防溢乳垫，以免漏奶。乳头内陷时，还可在胸罩内再垫一个凸起的奶罩，既防止压迫影响哺乳，又防止乳头摩擦而导致炎症。

3 胸罩要经常洗换，并且不要与其他衣服混合洗涤。

选用产妇专用卫生巾

对 于新妈妈来说，分娩后身体抵抗力下降，皮肤又高度敏感，若不注意清洁卫生极易引起感染，由此产生多种问题，因此产后除了保持清洁卫生，选择好卫生巾也至关重要。

为什么要选用产妇专用卫生巾

1 普通卫生巾使用化纤制成，含黏合剂、荧光增白剂等化学成分，不适合产妇高度敏感的皮肤，易产生刺激，引起感染。

2 普通卫生巾吸水性一般，易侧漏、回流，无法应对产后大量恶露。

3 很多卫生巾为提高防水性能，加大制品的压层厚度，但是防水性能过高，透气、透湿性则差，很容易导致对皮肤的刺激，会引起痱子、湿疹等问题。

产妇专用卫生巾可以最大限度避免感染

产妇卫生巾是专门针对女性产后而设计的卫生巾，是一种具有吸收力的物质，主要的材质为棉状纸浆和高分子吸收体，用来吸收恶露，它在消毒以及舒适度上都比普通卫生巾更适合产后新妈妈。

坐月子期间，新妈妈除了要应对持续2~4周的恶露，还要肩负起照料宝宝的责任，而体内激素的变化、分娩时所承受的恐慌都使新妈妈的生理、心理处于不稳定状态，使用高品质专用卫生巾可最大限度减少产妇的疼痛，给予脆弱的产后妈妈最切身的舒适感受，新妈妈最好在分娩后第一时间就垫上产妇专用卫生巾。

需要储备多少卫生巾

产妇专用卫生巾一般在医院才能买到，新妈妈可以根据自己的需求，购买L号2包，M号2包，S号3包备用；至少准备L号1包，M号2包，S号1包。有些新妈妈恶露量大，需要准备L号3包，M号3包，S号4包备用。

怎样卧床休息最好 ·········

月子期间，新妈妈有很大一部分时间需要在床上度过。产前发生位移的子宫、脏器、膈肌要回到原位，子宫要排除恶露，加之身体虚弱、气血不足，这些都需要正确的卧床、养息方法。

月子里不宜长时间仰卧

产后子宫韧带柔软、拉长，承托力较弱，而子宫重量相对高，如果长时间仰卧，容易造成子宫后倒，不利于恶露排出，并造成产后腰痛、白带增多等不良状况。因此，休息时要时不时地换姿势，侧卧、仰卧轮换交替，不要长时间保持仰卧姿势。

适当选用半坐卧姿势

半坐卧是指刚分娩头几天，新妈妈应先闭目养神，稍坐片刻，再上床背靠被褥，竖足屈膝，呈半坐卧状态，不可骤然睡倒平卧。这样做的好处是可使气血下行，有利于排除恶露，使膈肌下降，子宫及脏器恢复到原来位置。

在半坐卧的同时，还须用手轻轻揉按腹部，方法是以两手掌从心下擀至脐部，在脐部停留做旋转式揉按片刻，再往下擀至小腹，仍做旋转式揉按，揉按时间应比脐部稍长。如此反复下擀、揉按10余次，每日2~3遍，可使气血流通，脏腑得以温煦濡养，恶露、瘀血不停滞积于体中，还可避免腹痛、产后子宫出血，帮助子宫尽快复原。

 专家叮咛

分娩2周后，新妈妈可以尝试俯卧，每天1~2次，每次15分钟左右，让子宫向前倾，能有效避免其后倒，俯卧以没有不适感为宜。

充分休息不等于完全卧床 ·········

传统观点认为月子里要卧床休息，1个月内最好别下地，多躺多睡，才能恢复元气。事实上现代科学已经证实，休息好不代表一直躺在床上，适当的活动反而对身体有利。

月子里可以逐步展开产后活动

身体好的新妈妈，如果感觉疲劳已经消除，产后24小时就可起床，睡多了反而会给产妇带来负面影响，如导致脂肪堆积，腰酸背痛，易生痔疮、便秘等，反而影响了产后的身体健康。

产后3天，新妈妈可以适当下床活动了，但仅限于慢慢地走走，也可在床上休息的时候，多翻身、抬胳膊、仰头，这些也是运动。

产后 2 周,新妈妈可以做一些简单的家务活,虽然月子里家人一般包揽了所有的家务活,但新妈妈还是可以做做如擦擦窗台、抹抹桌子、叠叠衣服这样的事情,只要避免重体力活即可。但要注意少弯腰,并且不要碰冷凉的东西,洗抹布、擦桌子、做完家务洗手都要用热水。

产妇不宜睡软床

有人认为产妇带孩子本来就比较辛苦,更需要休息好,而席梦思等软床床垫舒服又惬意,最适合产妇睡。其实这种观点是不对的。

睡软床不利于骨盆的恢复

妊娠晚期,卵巢分泌一种特殊的激素,称为松弛素,这种激素有松弛生殖器官及各种韧带与关节的作用,可以帮助产道张开,有利于分娩。由于松弛素的作用,产后的骨盆失去完整性、稳固性,而软软的骨盆,加上太软的弹簧床的松泡性、弹力性好,压力之下,重力移动又弹起,左右活动都有一定阻力,很不利于新妈妈翻身坐起。如欲急速起床或翻身,新妈妈很容易造成骨盆损伤。

因此,刚生产后的女性,最好能改睡一段时间的木板床,等身体复原后再睡席梦思床。睡席梦思床的新妈妈可以让家人事先去掉席梦思垫,睡硬床的新妈妈也要保证棉絮不要垫得特别厚,以免过于柔软。

新妈妈如果实在不习惯睡硬床可以使用棕绷垫,睡前可以由家人先体验一下,做一下调整。

产后要注意保护腰部

为什么产后易腰痛

产后腰痛是很多新妈妈经常遇到的问题,引起产后腰痛的原因很多。激素分泌尚未调整过来,加之骨盆韧带还处于松弛状态,腹部肌肉也较为松弛,另外产后照料新生儿需要经常弯腰,如果再遇到恶露排出不畅,腰痛就会加剧,所以产后新妈妈需要格外注意护腰。

新妈妈应怎样护腰

1 产后保持充分睡眠,经常更换卧床姿势,睡觉时采取仰卧姿势或侧睡,另外床垫不宜太软。

2 活动时,动作不要过猛过大。取或拿东西时要靠近物体,避免姿势不当闪伤腰肌。避免提过重或举过高的物体。拿东西时,尽量利用手臂和腿的力量,腰部少用力。

3 每天起床后做 2~3 分钟的腰部运动,身体恢复良好时,可多散步。如果感到腰部不适,可按摩、热敷疼痛处或洗热水澡。

4 尽量少弯腰,最好能在台子上给宝宝换尿布、洗澡,可以把经常换洗的衣物放在衣橱适宜高度的抽屉里,以伸手可及为度。

5 产后不要过早穿高跟鞋,以免增加脊柱压力,以穿布鞋为好,鞋底要柔软。

6 平时注意腰部保暖,特别是天气变化时及时添加衣物,晚上睡觉应盖好被子,避免受冷风吹袭,因为受凉会加重疼痛。

7 无法避免久站时,交替性让一条腿的膝盖略微弯曲,让腰部得到休息。

8 吸烟可引起腰椎骨质疏松,是慢性腰痛的发病原因之一,所以产后千万不要吸烟,家人也要避免在产妇面前抽烟。

9 保持快乐的心情。研究证明,紧张情绪会使血中激素增多,促发腰椎间盘肿大而致腰痛,而愉快心情则有助于防止腰痛发生。

10 饮食上多吃牛奶、胡萝卜等富含维生素 C、维生素 D 和 B 族维生素的食物,还要增加钙质在饮食中的比例,避免骨质疏松而引起腰痛。

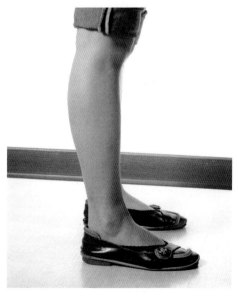

 樊妈教室

一般倡导新妈妈产后做一些简单的运动来活动身体,但是一些幅度和强度稍微大的运动则不宜贸然进行。

适合护腰的体操

在 产后新妈妈可做一些护腰的体操来防止腰痛。

改善腰部功能的运动

1 两腿稍微分开，一边呼气，一边将腰部慢慢向前弯曲，双手碰到地板上。

2 起身，一边吸气，一边将上身慢慢向后仰。

3 坐在椅子上分开双膝，将头伸入两膝之间似的慢慢弯曲上身。

4 两腿分开站立，用双手拿一块 1~2 千克的东西。

5 胳膊肘弯曲，从肩的高度开始向前方放下，同时弯腰，在腰部充分弯曲时，胳膊肘不伸直。

6 向左或向右转动上半身，将手举过头顶，再向相反的方向转动上半身。

7 仰卧，抱膝，抬起上半身，维持这一姿势回到仰卧状态，像摇椅一样，时起时落。

8 仰卧，双手扶住床沿，扭动腰部，把左腿伸向床的右侧，脸转向左侧，上半身尽量平放在床上，两腿交替做。

强健腰肌的运动

1 俯卧，手放在身体上，上半身和腿向后抬起，坚持 5 秒钟。

2 站立，使身体向后仰，用力持续 5 秒钟。

腹部及腰骶部的肌肉力量锻炼

1 站立，双腿分开与肩同宽，深呼吸。

2 双手前后做类似划船的摆动，动作应不急不缓。

专家叮咛

　　大多数产妇产后体重都有明显的增加，腰椎的负担就会加重，成为腰痛的诱因，因此新妈妈适当控制体重，也能有效保护腰部。

坐月子要注意护眼

产 后容易肝虚，眼睛与肝脏互为表里，也会随着肝虚变得虚弱。如果月子期间用眼不当，特别容易损害眼睛，使眼睛模糊、干涩、肿胀或疼痛，严重的时候还会导致视力下降、迎风流泪、过早老花等。

产后不要哭泣

　　生完宝宝后，新妈妈由于身体劳累等许多原因，情绪波动比较大，如果患了产后抑郁，情绪更加不易控制，往往不经意间便会眼泪长流。但是，妈妈要知道哭泣虽然暂时缓解了你的压抑，但是哭泣同样伤害了你的眼睛。因此，产后的妈妈要学会调节自己的情绪，多跟家人朋友交流，用积极乐观的心态面对产后生活，保持好心情，不要哭泣。

避免用眼过度

产后妈妈与外界的接触少了，以前丰富多彩的生活被枯燥单一的育儿生活所替代，有时难免感到百无聊赖。这时候就想看看书报、电视等。其实，产后也不是绝对不可以用眼，只是不要过度即可。只要妈妈感觉不到疲劳，是可以看一些书报读物、电视等，但是要掌握好度，每次连续用眼最好不要超过2个小时。

另外，妈妈看书、看电视、用电脑或手机等，应该在光线柔和的地方，并且要保持正确的坐姿，不能躺着看。

如果感到眼睛不适，就马上停止，或远眺一下，或做做眼睛保健操，以缓解疲劳。

应对产后头几天多汗

分娩后新妈妈通常会出很多的汗，尤其在饭后、活动后、睡觉时汗更多，被称为"褥汗"，遇到夏天甚至会大汗淋漓，湿透衣服甚至被褥，严重影响新妈妈的心情。

产后为何会出汗

女性怀孕后体内血容量增加，这其中大部分都是水分。分娩以后，身体的新陈代谢和内分泌活动降低，体内潴留的水分必须排出体外，才能减轻心脏负担，有利于产后机体的康复。另外产后许多新妈妈喝红糖水、热汤、热粥较多也是产后出汗的原因之一。

一般新妈妈在产后头1~3天出汗较为明显，产后1周左右则自行好转，约需2周能恢复到孕前水平。新妈妈会发现，自己的体重在产后1周内会有所减轻，这是体内多余水分排出的缘故。

产后出汗的护理

虽然产后出汗多是正常的生理现象，但对新妈妈的身体清洁和心情舒畅，却有负面的影响。所以新妈妈需要加强护理，多注意卫生，预防感冒，做好休养。

1 新妈妈室内温度不要过高，冬春秋季在20℃左右，夏季在28℃以下为好。

2 每天要开窗通风，保持室内空气流通、新鲜，但新妈妈不要对着窗口吹凉风。

3 新妈妈穿盖要合适，不要穿戴过多，盖的被子不要过厚。

4 出汗时用毛巾随时擦干，勤换衣服，尤其新妈妈的内衣内裤要及时更换。

5 自然分娩的妈妈产后第2天即可淋浴，但每次不超过5分钟。剖宫产的妈妈应每天用热毛巾擦洗身体，等腹部切口完全愈合后可进行淋浴。

注意补钙

出汗多会带走盐分，同时还会带走钙质，每1000毫升汗液中大约含钙1毫克，大量出汗可能会带走过多的钙质，很容易导致低钙血症，表现为手足抽筋、肌肉抽搐、腿部疼痛，特别是被宝宝摄取了很多钙的新妈妈，应当注意在饮食中多摄取钙质，含钙丰富的食物有牛奶、乳制品、绿叶蔬菜、鱼类、海产品等，同时要适当晒晒太阳。

用温水还是冷水洗脸

产后可以洗脸，但是要注意水温。

温水和冷水交替洗脸

在春秋或冬季，产后应避免接触太凉的水，而热水洗脸会使皮肤干裂粗糙，所以新妈妈最好用温水和冷水交替洗脸的方法，即用温水洗脸后再用经冷水浸过的毛巾敷脸。

冷水有刺激细胞、补充水分的作用，而温水则能使多余的皮脂、化妆品中的油质和油性污物附到皮肤表面易于清除。所以应先用温水将附着于皮肤上的污垢清洗干净，再用冷水补充皮肤所失去的水分，冷、热水分开洗，这是正确洗脸之关键。

油性皮肤宜用温水洗脸

油性或干性皮肤的人最好用温水洗脸，因为对油性皮肤者来说，温水能使皮肤的毛细血管扩张、毛孔开放，促进代谢物排出，利于清洁皮肤；对干性皮肤的人来说，温水也可使其避免冷或热对皮肤的刺激。

夏天可以用冷水洗脸

冷水可以使皮肤毛孔收缩，达到恢复肤色、细腻皮肤的目的。冬天严寒，冷水可能过于刺激，在夏季或者天气暖和的时间里，新妈妈用冷水洗脸，能使脸部皮肤弹性增强，皱纹减少，并能预防感冒。

用冷水洗脸还可刺激脸部皮肤及鼻腔里的血管收缩，当冷刺激消失后，这些血管又很快扩张起来，使得血液循环旺盛，营养供应充分。

冷水洗脸还可防治皮下脂肪堆积、肌肉松弛造成的面部皮肤松弛下垂，因为冷水对皮肤和肌肉有一定的按摩作用。

月子里可以洗澡

过去家里没有空调、取暖器，也没有淋浴器，卫生条件也相对差，所以洗澡容易着凉或感染，所以有"月子里不能洗澡"的说法，而现在家里条件都好转了，以前所担心的问题基本都不存在了，所以洗澡是没有问题的。

产后洗澡的好处

产后洗澡可清洁皮肤，促进气血流通，毛窍通利，排除秽浊、病菌，有利于产后康复，有利于乳汁分泌，促进伤口愈合，防止皮肤感染。

什么时候可以洗澡

顺产妈妈在能够下地走路、活动时，如果不出现头晕虚脱的情况，就可以洗澡了。

剖宫产的妈妈，一般术后10~14天

伤口就能完全愈合好，在伤口无红肿、渗出的情况下，就可以淋浴。

掌握水温和室温

妈妈在月子里洗澡，要有良好的浴室及取暖设施，室温26℃最为适宜，洗澡水温宜保持在37~40℃，并要讲究"冬防寒、夏防暑、春秋防风"的说法。

不宜盆浴

产褥期间洗盆浴时，寄生在皮肤或阴道的细菌和洗澡用具沾染的细菌，都能随洗澡水进入产道，增加感染机会，轻者会阴伤口发炎、子宫内膜发炎，重则向子宫旁组织、盆腔、腹腔、静脉扩散，甚至细菌在血液内繁殖引起败血症，所以产后禁止盆浴，应选择淋浴。

月子洗澡的细节问题

1 浴后要擦干身体后尽快穿上御寒的衣服后再走出浴室，避免身体着凉或被风吹着。

2 浴后若头发未干，不可辫结，不可立即就睡。要用吹风机吹干头发，否则湿邪易侵袭而致头痛。

3 饥饿时不可浴、饮食后不可浴，浴毕宜进少许饮食补充耗损的气血。

4 洗澡时间不宜过长，每次淋浴5~10分钟。

5 在产后头几次洗澡的时候，可以由家人陪伴在身边，避免因为没有完全恢复好，身体比较虚而出现意外的情况。

6 剖宫产的新妈妈或分娩不顺利，出血过多，平时体质比较差的新妈妈不能过早淋浴，但应该用温开水擦洗全身。

月子里不洗头易患病

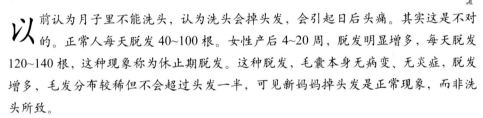

以前认为月子里不能洗头，认为洗头会掉头发，会引起日后头痛。其实这是不对的。正常人每天脱发40~100根。女性产后4~20周，脱发明显增多，每天脱发120~140根，这种现象称为休止期脱发。这种脱发，毛囊本身无病变、无炎症，脱发增多，毛发分布较稀但不会超过头发一半，可见新妈妈掉头发是正常现象，而非洗头所致。

不洗头害处多

长时间不洗头，头皮不清洁，会影响毛囊细胞呼吸，从而会脱发或加重脱发。相反，新妈妈新陈代谢旺盛、汗多，适时洗头，对于促进头皮局部血液循环，保护头发是非常重要的。

月子里洗头的讲究

1 洗头时的水温要适宜，最好保持在37℃左右。

2 洗完后立即用吹风机吹干，避免受冷气吹袭。

3 洗头时可用指腹按摩头皮，不要使用太刺激的洗发用品。

4 洗完头后，在头发未干时不要扎头发，也不可马上睡觉，避免湿邪侵入体内。

5 勤梳头。新妈妈多气虚，血流不畅，勤梳头能使气血流通，既能保持头皮清洁，又能加速血液循环和营养供应，达到防止脱发的目的。梳理头发时，最好用木梳，避免产生静电刺激头皮。

月子里如何刷牙 ··············

怀孕期间在内分泌激素的作用下，牙齿出现牙龈充血、水肿、易出血的现象，而刷牙时出血更厉害；此外，由于产后缺钙，使很多人在生完孩子后牙齿变坏了，刷牙会使牙齿更加松动。所以，新妈妈刷牙不可大意。

产后必须刷牙

如果产后不刷牙，就会使食物的残渣留在牙缝中，在细菌作用下发酵、产酸、导致牙齿脱钙，容易形成龋齿或牙周病，并引起口臭、口腔溃疡、牙齿松动甚至脱落等口腔疾病。这不仅影响牙齿本身的健康，还可能成为潜在的病原菌的隐藏处，身体抵抗力减弱时，就会引起全身感染。

新妈妈分娩时，体力消耗很大，身体虚弱，体质下降，抵抗力降低，口腔内的致病菌容易侵入机体致病。

为了身体康复，新妈妈吃的都是富含维生素、高糖、高蛋白的营养食物，而且大多细软，本来就失去了咀嚼过程中的自洁作用，容易为牙菌斑形成提供条件。

所以，只要体力允许，产后第 2 天就应该开始刷牙，最好不超过 3 天。

刷牙要注意的细节

1 牙刷应选用小头、软毛、刷柄长短适宜的保健牙刷。

2 正确的刷牙方法为"竖刷法"，上牙从上往下刷，下牙从下往上刷，咬合面要来回刷，里里外外都刷到，仔细地清理齿间积食。

3 产妇身体较虚弱，正处于调整中，对寒冷刺激较敏感，因此切记要用温水刷牙，并在刷牙前最好先将牙刷用温水泡软。

4 每天早晚和睡前各刷一遍，如果有吃夜宵的习惯，吃完夜宵后再刷一遍。

5 如果妈妈牙齿过于敏感，可在产后 3 天采用指漱，即把食指洗净或在食指上缠上纱布，把牙膏挤于手指上并充当刷头，在牙齿上来回、上下擦拭，再用手指按压齿龈数遍。这种方法可活血通络，坚固牙齿，避免牙齿松动。

新妈妈应远离化妆品

生产后，新妈妈气血不足，抵抗力低下，各种皮肤问题相继而来，那么，爱美的妈妈们，到底能不能化妆呢？

1 新妈妈体质虚弱，皮肤功能与产前相比有较大改变，通透性增加，对化妆品的吸收性也增加，而化妆品几乎都是化学成分，有的更是含有有毒的化学物质，使用后增加了新妈妈潜在中毒的危险性。

2 化妆品都有防腐剂，而且大都有一定的毒性，在使用色底、色霜、粉底等时还形成遮盖层，不利于皮肤排汗，可干扰产后恢复。

3 化妆品中的毒性物质还能通过乳汁传给宝宝，影响宝宝健康成长，有时还会造成新生儿过敏。由于新生儿的解毒能力和耐受性比成人低得多，所以危险性更大。

4 新妈妈的气味对宝宝影响特别大，新生儿出生 50 个小时后，就能对各种气味做出反应，绝大多数新生儿能将其头部准确地转向有母亲气味的地方，并能唤起愉快情绪，增进食欲。新妈妈若化妆，浓郁的化妆品香味和各种挥发性物质就会掩盖自己原来的气味，新生儿辨认及情绪都会受到干扰，影响哺乳。

5 此外，有些护肤品，虽然新妈妈也可以使用，但要注意不要让宝宝接触到。比如如果新妈妈涂了唇膏，千万不要亲吻宝宝，也不要用涂抹过护手霜的手去抚摸宝宝。

观恶露知健康

产妇分娩后随子宫蜕膜特别是胎盘附着物处蜕膜的脱落，含有血液、坏死蜕膜等组织经阴道排出称为恶露。恶露是反映健康的一个标准，新妈妈可以通过观察恶露来检查自己的恢复情况。

正常的恶露

正常恶露持续 4~6 周，大致分为以下三个阶段：

阶段	恶露	排出时间	恶露的特征
一	血性恶露	产后 1~3 天	量多、色鲜红，含有大量血液、黏液及坏死的蜕膜组织，有血腥味
二	浆液性恶露	产后 4~10 天	随着子宫内膜的修复，出血量逐渐减少，颜色转为暗红色与棕红之间，子宫颈黏液相对增多，且含坏死蜕膜组织及阴道分泌物和细菌，无味
三	白恶露	产后 1~2 周	恶露转变为白色或淡黄色，量更少，早晨的排出量较晚上多，一般持续 3 周左右停止

恶露异常的情况

恶露异常增多是某种疾病的表现，恶露排出期间，新妈妈要注意观察恶露是否正常。如果新妈妈恶露淋漓不尽，到满月时还有较多的血性分泌物，有臭味，有可能是子宫恢复不全。如果发生血性恶露持续2周以上、量多或脓性、有臭味；恶露量太多（半个小时浸湿2片卫生垫）、血块太大或血流不止等情况时，要及时就诊，以免发生危险。

产后不清洁处理，可引起产褥感染。此外，病菌可在产前房事或坐浴时进入阴道，或孕妇患有慢性疾病，在严重贫血、营养不良、妊娠高血压综合征、产时产后出血过多、胎盘组织残留等情况下降低了产妇抵抗力，破坏了阴道内的生态平衡，原寄生在阴道里的正常菌群，此时可活跃起来引起自体感染。表现为恶露量多，有恶臭，颜色呈土褐色，并且混浊、污秽，伴有下腹隐痛（或压痛）及发热，这就可能是厌氧菌感染引起的急性子宫内膜炎和子宫肌炎，应立即到医院诊治，以防感染扩散致使病情加重。此时，严重时可形成腹膜炎，甚至败血症、中毒性休克等。

产后何时恢复月经

产后月经恢复的时间因个体情况不同而异，但普遍与哺乳与否有关系，一般来说，母乳喂养的妈妈相对来说月经恢复得较迟一些。

产后月经来潮的时间

产后来月经的时间和是否母乳喂养，以及母乳喂养的次数与时间都有关，大致上呈现这样一个时间规律：

1 母乳喂养：母乳喂养的妈妈可能最长要半年到1年的时间才会来月经；如果一段时间之后宝宝晚上不会醒来吃奶，恢复月经的时间就会稍稍提前一些，通常会在3~8个月。

2 没有哺乳：没有哺乳的妈妈最快在生产后1个月就可能恢复月经了，不过也有可能会延迟到3个月左右才来月经。

月经期间需要停止哺乳吗

当月经来潮时，哺乳妈妈的乳量一般会有所减少，乳汁中所含蛋白质及脂肪的质量也稍有变化，蛋白质的含量偏高些，脂肪的含量偏低些。这种乳汁有时会引起宝宝消化不良的症状，但这是暂时的现象，待经期过后就会恢复正常。因此无论是处在经期或经期后，新妈妈都无须停止喂哺。

月经没有来潮也要注意避孕

新妈妈需要注意的是，月经没有来潮并不意味着没有排卵，排卵的恢复不一定是与月经的恢复同步的。因此，产后新妈妈无论何时进行性生活，都要注意避孕。

产后月经不规律正常吗

产后许多新妈妈发现原来准时造访的月经突然变得没有规律了，要么间隔很短时间就来了，要么1~2个月甚至更长时间都不来。而且月经量也会发生变化，有时候量很大，持续时间很长；有时候量很少，甚至仅表现为一些褐色分泌物。新妈妈往往很担心自己是否有疾病，其实这都是正常的，产后恢复规律月经需要一段时间。

为什么产后月经不规律

生完宝宝后，产妇的内分泌系统有一些紊乱，这个时候体内的雌激素是比较低的，所以月经会不正常。月经是子宫内膜周期性脱落及出血的表现，子宫内膜周期性变化是由卵巢周期性变化引起的，月经周期受复杂的神经内分泌系统调节，所以任何一个环节出问题，都会影响月经周期。

产后月经周期的变化

生完孩子后，新妈妈的月经周期以及月经量也许会跟以前不太一样了，比如月经周期延长或月经量比以前多等，这种状况是暂时的，会随着时间推移逐渐得到改善。产后月经刚恢复的头几次出现这种情况暂时不用治疗，新妈妈也不要过于担心，保持平和心态和良好的生活习惯，减轻思想压力。

当然，如果月经一直不正常，需要及时去检查一下。

因为产后月经周期和排卵周期可能都会与产前不一样，所以通过月经周期和排卵周期推算安全期的方法，可能有很大偏差，新妈妈在产后进行性生活，一定要采取安全可靠的避孕措施。

产后检查要及时做

经过产褥期的休息和调养，新妈妈大部分都已经恢复得很好了，但还是应去医院做全面的检查。

产后检查何时做

一般产后检查在分娩后42~56天进行，医生会结合新妈妈的实际情况做全面的检查，以确定新妈妈产后的恢复状况，以便及时发现异常情况。

产后检查项目

1 称体重：体重是最便于自测的健康标准，新妈妈亦可在家备一个方便秤，随时关注自己的体重，均衡自己的膳食。

2 测血压：成人的正常血压应该是收缩压＜140mmHg，舒张压＜90mmHg。妈妈在怀孕期间血压是和以前不大一样的，而产后一般血压都会恢复到孕前水平，如果血压尚未恢复正常，应该及时查明原因，对症治疗。

3 尿常规：患妊娠高血压综合征与小便不适的妈妈，需要做尿常规检查。一方面看看妊娠高血压综合征是否已经恢复正常，另一方面可检查出小便不适的妈妈是否有尿路感染等。

4 血常规：妊娠合并贫血及产后出血的产妇，要复查血常规，如有贫血，应及时治疗。若出现高热等症状的妈妈也需要进行血常规的检查，便于确定身体是否有炎症。

5 盆腔器官检查：盆腔器官检查，是产后检查中最为重要、最能看出妈妈产后恢复情况的一项。

6 避孕指导：这一项是产后检查中特有的，哺乳期并非安全期，妈妈一定要采取有效的避孕措施，再次怀孕对于正在恢复中的身体来说是十分有害的。至

于采取什么样的避孕措施，可以充分利用检查的机会向医生咨询，采用最适合自己的方式来避孕。

7 乳房检查：产后乳胀、乳房疼痛、乳腺炎等常常会来困扰新妈妈，不仅威胁乳房健康，还会影响泌乳系统。

8 腹部检查：通过腹部检查可以进一步了解子宫的复位情况，以及生产后腹腔内其他器官的情况。对于剖宫产的新妈妈来说，进行腹部检查就更为重要了。剖宫产会对腹腔内的器官带来非正常的挤压，复位较正常生产要难些。而且，剖宫时的刀口愈合情况也非常重要。

产后第一次性生活须知

何时恢复性生活

通常情况下，顺产新妈妈在产后6周，经医生检查，子宫及内生殖道基本恢复正常后，可逐步恢复夫妻生活。而剖宫产的新妈妈一般需在产后3个月才能开始性生活。

当然，何时恢复性生活因人而异，如果新妈妈感觉到身体不适，那么需要等待的时间更长一点。

产后"第一次"要注意的事情

1 动作轻柔、缓慢。新爸爸长时间没有性生活，"第一次"难免会比较强烈，但不能不顾及新妈妈的感受。新爸爸对于产后"第一次"一定不要过于"勇猛"，动作应轻柔、缓慢，否则容易给新妈妈薄弱的阴道造成裂伤。另外，当新妈妈有生理、心理上的排斥性生活时，新爸爸要理解、体贴，并一起讨论如何解决

这个问题。

2 外阴干燥要多抚摸。一般产后新妈妈外阴会比较干燥，容易造成行房困难，这时新爸爸要多爱抚新妈妈，绝对不要强行进行性生活，否则容易造成伤害或对"第一次"不满，而影响之后的性生活。建议新爸爸或新妈妈在"第一次"时准备阴道润滑剂。

另外，治疗外阴干燥，可以通过外用或口服一些雌激素制剂来改善症状。

3 第一次性生活时间不宜过长。为了保证妈妈的休息，建议每次性生活时间不要超过30分钟，尽量配合新妈妈的感觉，以新妈妈感觉舒服的方式进行。当然爸爸也可以提出自己的要求，但不能强求。

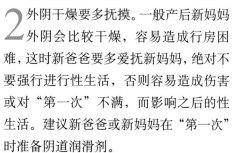

母乳喂养，重在增强自信

新妈妈要增强母乳喂养信心

分娩后的头几天，不少新妈妈因分娩时疲劳未完全恢复，下奶少或晚，新生儿体重下降，往往会出现烦躁、紧张、焦虑的心情，疑虑自己是否能承担哺育宝宝的任务。

一般来说以现在的营养条件，只要新妈妈身体健康，很少会出现奶量不足的情况。新妈妈出现奶少，极大部分原因都是因为对自己的不自信。母乳喂养其实就是信心游戏，当没有足够信心时，很可能就会"被奶少"。

按需哺乳是催奶的关键

奶水是越吃越多的。如果怀疑自己奶水少，可以按需哺乳。做到这四个字，奶不会不够的。按需哺乳就是宝宝想吃就喂，不想吃就不喂。什么时候吃，吃多少，吃多久，都让宝宝说了算。

坚信哺乳是对母婴最好的方式

哺乳是对乳房最好的生理运动，坚持正确哺乳能带走新妈妈多余的热量，使新妈妈在哺乳期结束后基本保持产前体形，乳房更丰满。

新妈妈应该做好母乳喂养的心理准备，相信自己的奶水能够满足宝宝需要，不要轻信不利于母乳喂养的传言，排除哺乳影响形体美的想法。

家人的语言和行动的支持

家人的语言和行动的支持，可以防止新妈妈不良心理的产生。不要轻易质疑新妈妈的奶水少。新爸爸更应该多给予新妈妈鼓励和支持，多和她一起了解早期母乳喂养的一些常见问题，给母乳喂养奠定一个良好的基础。

宝宝的吮吸是最好的催乳法

早吸吮可促进排乳反射

寻找乳头并吮吸是宝宝的本能，一般宝宝出生10~15分钟后就会自发地吸吮乳头。所以，分娩后半小时就可以让宝宝吮乳头，最晚也不要超过6小时。虽然此时可能没有乳汁，或者乳汁较少，但可以尽早建立催乳和排乳反射，促进乳汁分泌。

所以，在宝宝出生后的半小时内，要让他裸体趴在母亲的胸前（背部要覆盖干毛巾，以防受寒）。静伏数分钟后，宝宝会抬起头来寻找母亲的乳头，这个时候，医护人员会帮助孩子含住母亲的整个乳头及乳晕。这就是一般所称的早吸吮，这样的接触和吸吮，最好能持续30分钟以上。

宝宝的吮吸是改善奶量不足的良方

实现纯母乳喂养的过程是件辛苦的事，许多妈妈总是怀疑自己奶量少而被迫放弃。妈妈可以尝试把喂奶间距缩短，多喂几次，要相信母乳是越吸越多的。如已增加配方奶，也可以把配方奶的量一点一点减下来，但要注意不可猛然断掉配方奶，要循序渐进。

乳头平坦怎么哺乳

很多新妈妈在生产以后才发现，乳头平坦、乳头内翻或乳头内陷严重影响哺乳。由于乳头没有凸出外露，婴儿要含住内缩的乳头和乳晕很困难，母亲无法哺乳，婴儿吸不出乳汁。新妈妈需采取一些办法纠正乳头平坦或内陷。

哺乳前

1 取舒适松弛的坐位姿势。

2 用毛巾热敷乳房3~5分钟，同时按摩乳房以刺激排乳反射。

3 挤出一些乳汁，使乳晕变软，继而用拇指和四指分别放在乳房的上下方，向乳头方向挤捏，使乳头周围的乳房组织松弛，使乳头相对凸出。

哺乳时

1 用乳头刺激婴儿口唇，诱发觅食反射，当婴儿口张大，舌向下的一瞬间，即将婴儿靠向母亲，使其大口将乳晕也吸入口内。吸吮成功后，挤捏乳房不能松开。

2 在宝宝饥饿时，让宝宝先吸吮平坦的一侧乳头。此时，吸吮力强，易吸住乳头和大部分乳晕。

3 取环抱式或侧坐式喂哺宝宝，以便较好地控制其头部，易于固定吸吮部位。

4 若吸吮未成功，可用抽吸法使乳头突出，并再次吸吮。

哺乳后

乳头内陷的妈妈应特别注意乳头处的清洁，哺乳后应将乳头拉出清洗，然后佩戴乳头罩。

乳头牵拉练习

乳头平坦或乳头内陷程度较浅的妈妈，可以进行乳头伸展练习，每天坚持乳头拉升练习两次，每次 5 分钟，即可很大程度改善平坦内陷。

练习方法是：将两拇指平行地放在乳头两侧，慢慢地由乳头向两侧外方拉开，牵拉乳晕皮肤及皮下组织，使乳头向外突出，重复多次。随后，将两拇指分别放在乳头上下侧，由乳头向上下纵形拉开。

专家叮咛

1. 对暂时吸吮未成功的宝宝，切忌应用橡皮乳头，以免引起乳头错觉，给吸吮成功带来更大困难。

2. 乳头平坦内陷的妈妈要特别注意不要等到胀奶后才给宝宝吮吸。因为乳胀后，乳房结实饱满，乳房组织紧张，平坦的乳头更加平坦，宝宝就更难吃到奶。

不宜过早催乳

相 信能给予自己宝宝天然的奶水，是每个妈妈都希望的事情。加之传统观念的影响，新妈妈一分娩完，老人就开始催促妈妈催乳。其实，过早催乳对下奶并无益处，妈妈没开奶前，就急着喝各种汤，容易引起乳腺堵塞从而引起乳腺管发炎、结块。妈妈的乳汁一般在产后 3~4 天才开始增多，这时催奶才合适。

何时开始喝催乳汤

一般来说，分娩后的第 3 天可以开始给产妇喝鲤鱼汤、猪蹄汤之类，既能为初乳过后分泌大量乳汁做好准备，又可使产妇根据下乳情况，随时进行控制进汤量，乳汁少可多喝，乳汁多可少喝。因此，产后第 3 天开始喝催乳汤是比较合适的。

催乳时间因人而异

新妈妈的身体状况也是一个参考条件，若是身体健壮、营养好、初乳分泌量较多的新妈妈，可适当推迟喝汤时间，喝的量也可相对减少，以免乳房过度充盈、淤积而不适。如新妈妈各方面情况都比较差，就早吃些，吃的量也多些，但也要根据耐受力而定，以免增加胃肠的负担而出现消化不良，走向另一个极端。

不宜用催乳药代替催乳汤

有的新妈妈贪图方便而要求服催乳药来代替催乳汤，这是不恰当的。药免不了有些副作用，对母婴都不利，汤既无副作用又提供营养成分，还是以喝汤为佳。

母乳少不轻易放弃

一般来说，大多数自认为"没有奶"的新妈妈并非真正母乳不足，正常情况下应积极寻找原因，排除障碍，并采取积极的催乳办法，千万不要轻易放弃母乳喂养。

如何判断母乳不足

如果以下这些情况有几种同时出现，说明母乳有可能不足：

1 妈妈感觉乳房空，宝宝吃奶时咬着乳头拉得很长，妈妈乳房还会有干痛的感觉。

2 宝宝吃奶时间长，用力吸吮却听不到其连续的吞咽声，有时突然放开奶头啼哭不止。

3 宝宝睡不香甜，出现吃完奶不久就哭闹，来回转头寻找奶头。

4 宝宝大小便次数少，量也少。

5 宝宝体重不增加或相较同月龄孩子增加缓慢。

母乳不足怎么办

确实母乳不足时，需给宝宝加配方奶进行混合喂养。混合喂养虽不如母乳喂养效果好，但要比完全人工喂养好得多。根据所需添加配方奶的量，可以将混合喂养分为两种方法：

一种是补授法。即在混合喂养时，每次先哺母乳，等孩子将乳房吸空后，再辅之以配方奶。这样的好处是将乳房吸空，有利于刺激乳汁的再分泌。补授开始需观察几天，以便掌握每次补授的奶量及孩子有无消化异常现象以及腹泻、吐奶等情况。

还有一种是代授法。如果奶水太少，就用配方奶喂养宝宝。采用这种方法每天仍应坚持不少于3次的母乳喂养。

无论采取哪种方法，妈妈还是要坚持催奶，一方面，积极调养身体，补充营养；另一方面，要增加母乳喂养的次数，让宝宝多吮吸，使母乳分泌量逐渐增加，这样就可逐渐取代配方奶。

专家叮咛

如果不得已需要给宝宝喂配方奶了，那么妈妈别忘了给宝宝适当喂点水，喂水时间在两次喂奶之间最好。

公鸡更适合催乳

鸡汤是传统的催乳利器，许多新妈妈坐月子都会被要求饮用鸡汤。鸡肉营养丰富，适宜新妈妈强身健体食用，但喝鸡汤也有需要注意的地方。

吃公鸡可以催乳

跟母鸡相比，产后1周内更适合吃炖公鸡，因为公鸡体内所含的雄激素有对抗雌激素的作用，因此会使乳汁增多。且公鸡所含脂肪较母鸡少，不易导致发胖，婴儿也不会因为乳汁中脂肪含量多而引起消化不良、腹泻。此外尚需注意的是，若发现有乳汁不通、乳房胀痛的现象时，不宜吃公鸡发奶，而应先设法疏通乳腺管，以免引起乳腺炎。

吃母鸡易回奶

虽然母鸡肉富含各种营养，很容易被人体吸收利用，有增强体力、强身健体的作用，但是产后1周不宜吃老母鸡。这是因为产妇分娩后由于血液中雌激素和孕激素的浓度大大降低，催乳素才会发挥促进泌乳的作用，促使乳汁分泌。相信很多人都会以为炖母鸡更适合产妇，但是刚分娩不久的产妇吃了炖母鸡往往会有回奶的作用。在新妈妈分娩10天以后，在乳汁比较充足的情况下，可适当吃些老母鸡，对增加新妈妈营养，增强体质是大有好处的。

专家叮咛

无论公鸡母鸡，新妈妈都不宜饮用过于油腻的汤，可以把煮好的鸡汤盛入小碗后放凉，等油凝固后撇去，再加热食用。

这些情况会减少乳汁分泌

哺乳期间，新妈妈要留心观察减少自己乳汁分泌的原因，从而更好地规避它们。一般来说，影响乳汁分泌的主要原因有：

营养不均衡

新妈妈营养摄入不足，会导致乳汁的分泌量少，质量也不高。所以，新妈妈营养摄入要全面、均衡，不可偏食。

精神状况不佳

不良的精神状态会影响乳汁的质和量，惊恐、忧虑、疲乏、情绪低落等都能使乳汁的分泌大受影响，所以新妈妈要保持精神愉快。

另外，新妈妈要充分的休息，保证睡眠。过分的疲劳和睡眠不足，会导致乳汁分泌减少。

药品与疾病因素

1 新妈妈常吸烟且量过大者，可使乳汁分泌明显减少。

2 新妈妈所摄入的药物，一般都可从乳汁中排出而影响到宝宝，但各种药物在乳汁中的比例及对宝宝的影响不同，可分为哺乳母亲禁用、慎用、暂停哺乳及短期可应用的正常剂量几大类。产妇用药不可不慎重，用药前一定要请教医生。

3 哺乳的母亲轻度患病会使乳汁减少，有些疾病还会使脂肪减低而蛋白质增高。患某些疾病的母亲，乳汁内可有致病的细菌。所以哺乳母亲有急性传染性疾病时，是否还可以哺乳，最好请医生指导。

月经来潮的影响

一般来说，月经期间乳汁的分泌会有所减少，并且营养成分也会略有变化，所含脂肪会减少而蛋白质会增多。月经期间妈妈可以增加宝宝吮吸的次数，或者搭配配方奶。

哺乳不当的因素

哺乳不当会影响乳汁的分泌。比如每次哺乳不能完全排空，会使乳房内乳汁淤积，抑制乳汁分泌。另外，每日哺乳次数太少，也会使乳房收到宝宝需奶量较少的信号反馈，从而减少分泌量。

素食妈妈如何保证营养均衡

素食的妈妈只要保证摄入充分的营养，同样也能保证奶水的质和量。

素食妈妈需要什么营养

1 蛋白质。建议新妈妈此时采用蛋奶素饮食（即不严格素食，饮食中有奶和蛋），以满足此阶段的蛋白质需求。

2 钙。素食新妈妈要多补充豆类及豆制品、芝麻酱等。膳食摄入钙不足时可用钙制剂等。

3 维生素。适当吃一些粗粮、蘑菇、紫菜等，以补充B族维生素。蔬菜类选用苋菜、西蓝花、菠菜、玉米、红萝卜、黄瓜、豆类，可用麻油炒。水果类可吃猕猴桃、鲜枣、山里红、樱桃等。汤水类可食用豆腐汤、青菜汤、酒酿、红糖莲藕汤等。

4 水分。哺乳妈妈常会在喂奶时感到口渴，这是正常的现象，妈妈在喂奶时要注意补充水分，或是多喝豆浆、小米粥、芝麻糊、果汁、原味蔬菜汤等，这样乳汁的供给才会既充足又富含营养。

素食哺乳妈妈食谱推荐

 ## 山楂莲藕薏米汤

材料 山楂15克，莲藕100克，薏米50克。
做法

1 薏米用清水泡几个小时；山楂洗净去籽切薄片；莲藕洗净，削去外皮切片。

2 将薏米、莲藕片和山楂片放入炖锅，加上适量的清水，水沸之后转小火炖20~30分钟。

花生红枣桂圆汤

(材料) 花生、红枣、桂圆、红糖各适量。

(做法)

1 花生提前浸泡数小时，桂圆剥去外壳。

2 锅中加入清水煮开，先放花生小火煮约30分钟，再放入红枣和桂圆煮至丰满，最后加入红糖煮化。

乳房很脆弱需小心呵护 ·····

新妈妈的乳房受到新生儿的吸吮，容易引起乳头皲裂甚至感染，所以新妈妈需要特别注意保护乳房。

1 保持乳房清洁，每次喂奶前要用温水洗手、洗乳头，喂奶后要用清洁的小毛巾保护奶头。需要注意的是，新妈妈清洁乳房最好用温开水，尽量不用香皂，更不要用酒精之类的化学性刺激物质。因为哺乳期妈妈使用香皂擦洗乳房，会因乳房局部防御能力下降，乳头容易干裂而招致细菌感染。

2 喂奶前可以对乳房做一些柔和的按摩，这样有利于刺激泌乳反射。

3 喂奶时要让宝宝含住乳头和大部分乳晕，每次哺乳，应两侧乳房交替进行。在夜晚不要让宝宝含着乳头睡觉，以免乳头浸软、皲裂而使细菌侵入。

4 每次喂奶时，要让宝宝将乳汁完全吸尽，如果宝宝食量小、乳汁多，一次吸不完，就需用吸奶器吸尽，或用手挤出来，但要注意手要轻、要慢。哺乳结束后不要强行用力拉出乳头，以免引起乳头损伤。

5 哺乳期的妈妈，要尽量避免对乳房造成挤压。因为哺乳期乳腺腺泡、腺管细胞都处于增生发育状态，血液循环丰富，如果受到较强的外力挤压，容易出现组织挫伤，或引起内部增生，还较容易改变乳房外部形状，乳房下垂。

6 如果乳头有裂伤或感觉疼痛，就该减少哺乳次数或暂停哺乳，保持患侧乳头干燥与清洁，并将乳汁用吸奶器吸出来喂宝宝，不让乳汁淤积是防止乳腺炎的一个重要方法。乳头裂开涂以清鱼肝油、10%复方苯甲酸酊或50%鱼肝油铋剂，在下次哺乳或挤奶前擦去。

7 乳房有硬块时，一般均是隐性乳腺炎，可局部用鲜葱水热敷，使其软化，再用手或吸乳器将乳汁挤、吸出。在挤乳时可能有些疼痛，但要忍受一些，否则挤不尽，很可能使乳腺炎加重。

8 选择质地柔软、吸水性能强、大小合适的胸罩，以防止乳房下垂。

哺乳后及时挤出多余乳汁 ·····

在产后第 1~2 周内，除了及早让宝宝吸吮自己的乳房外，妈妈还要做早期乳房排空，即妈妈在每次充分哺乳后，要把剩余的奶水挤出来，以保证产奶量，也预防乳汁淤积堵塞乳腺管形成炎症或增生。

为什么要及时排空乳房

每次哺乳后进行乳房排空，可使乳腺导管始终保持通畅，乳汁排出无阻，使乳房内张力降低，局部血液供应良好，并避免了乳导管内过高压力对乳腺细胞和肌细胞的损伤，从而有利于泌乳。

通过挤出乳房中多余的奶水，能使乳汁抑制因子随乳汁排出体外，从而避免其积蓄而使乳汁分泌受到抑制，这也就是乳汁越吸越多、乳房越排空乳汁越

多的原因。有些宝宝可能在出生最初几天吸吮乏力，或者吸吮次数不足，此时及时排空乳房中的余奶更显得必要。

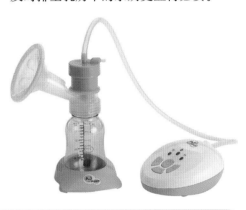

辣妈教室

对于打算母乳喂养且产后没有上班计划的妈妈来说，以后用吸奶器的机会较少，购买比较浪费，可以尝试热瓶挤奶法：取一个容量为 1 升的大口瓶，用开水将瓶装满，数分钟后倒掉开水。用毛巾包住瓶子，将瓶口在冷水中冷却一下后套在乳头上，不要漏气。瓶内逐渐形成负压，乳头被吸进瓶内，慢慢地将奶吸进瓶中。待乳汁停止流出后轻轻压迫瓶子周围的皮肤，取下瓶子。

如何防止胀奶 ·····

有的新妈妈产后头几天双乳胀满，出现硬结、疼痛，甚至延至腋窝部的副乳腺，伴有低热，这是乳腺淋巴潴留、静脉充盈和间质水肿及乳腺导管不畅所致。一般至产后 7 天乳汁畅流后，痛感多能消退。

如何预防胀奶

1 产后早开奶、勤哺乳，使乳腺管疏通，促进乳汁的排出。

2 积极排空乳房。尽量让孩子把乳房内的奶汁吸干净。如果吃奶量太少，可用手挤奶，使乳房变软。新妈妈在挤奶时注意手指要固定，禁止挤压乳头和牵拉乳头。

3 开奶前减少食用鱼汤、肉汤大补的汤。

4 哺乳前热敷乳房，并可做些轻柔按摩，用手由四周向乳头方向轻轻按摩，以促进乳汁畅通。

5 佩戴合适的乳罩，将乳房托起，有利于乳房的血液循环，从而可减轻疼痛。

6 如果乳房胀痛严重或出现红、肿、热、痛等，请医生来帮助治疗。

如何缓解胀痛不适感

1 热敷。胀奶时，妈妈可自行热敷乳房，使阻塞在乳腺中的乳块变得通畅。热敷时，注意避开乳晕和乳头部位，因为这两处的皮肤较嫩，容易烫伤。

2 按摩。当热敷过乳房，使血液流通后，即可按摩乳房。乳房按摩的方式一般是双手托住单边乳房，并从乳房底部交替按摩至乳头，再将乳汁挤到容器中。

3 借助吸奶器。妈妈若感到奶胀且疼得厉害时，可使用手动或电动吸奶器来辅助挤奶，效果也是不错的。

4 如果奶胀疼痛的情形非常严重的话，不妨以冷敷的方式止痛。一定要记住先将奶汁挤出后再进行冷敷。

吸奶器的使用 ·····················

吸 奶器是把乳汁从乳房中吸出的工具，它的一端是一个可以罩在乳头上的玻璃罩；另一端是一个只能排气不能进气的橡皮球，橡皮球压缩复原时的负压可以将乳汁吸出。

需要使用吸奶器的情况

1 产后头几天，宝宝已吃饱而乳房中的乳汁尚未排空时，为防止胀奶和促进泌乳，应用吸奶器将多余的乳汁吸净。

2 宝宝太小或体力太弱不能吮吸乳头时，可用吸奶器吸出乳汁，然后用奶瓶或勺子喂养。

3 妈妈需要外出，不能按时哺乳时。

4 乳头破裂或皲裂而疼痛不能直接哺喂宝宝时。

5 妈妈服用某些可能对宝宝有害的药物期间需要停止哺乳时，应将乳汁吸出。

如何使用吸奶器

1 先用温水清洗乳房，并加以按摩。

2 把经过消毒的玻璃罩罩在乳晕上，使其严密封闭。

3 保持良好的密闭状态，利用负压把乳汁从乳房中吸出来。

4 将吸出的乳汁放入冰箱，冷藏或冰冻，直至需要时再取出。

辣妈教室

不要用微波炉解冻母乳或者直接加热母乳来喂哺宝宝，因为热量的分布不均，很容易烫伤宝宝。可以尝试用奶瓶取所需量的乳汁，然后将奶瓶放入开水中隔水烫热，注意适当晃动奶瓶，防止受热不均。

乳汁分泌过多的处理 ·····························

奶水不足固然辛苦，可乳汁过多也同样苦恼，不光宝宝吃奶困难，妈妈乳房胀痛，而且还可能引起乳房肿块等问题。那么哺乳期产乳量过剩该怎么办呢？

如何判断乳汁过多

母乳过多就是说妈妈的奶多得可能不是漏就是喷，通常还伴随乳房变硬，宝宝可能好不容易才含上奶头，但马上又挣扎着吐出来。另外，宝宝还经常会被奶呛得咳嗽或喷奶，导致不愿意吃奶，变得很烦躁。这些情况基本可以判断是母乳过多。

乳汁过多的原因

母乳的分泌量是根据宝宝的需求量来调节的。在母乳喂养早期，当新妈妈开始"下奶"时，乳房会分泌大量乳汁。不过，一旦宝宝开始充分而有效地吃奶了，下奶量应该就会开始调整到正好和宝宝需要的奶量吻合。

通常几个星期之后，随着母乳喂养形成规律，母乳过多的现象就会自行调节好了。但如果这种问题在很长时间后仍然存在，妈妈就要检查下是不是宝宝含乳头的方法不正确，因为宝宝含乳头方式不正确，无法有效地吃奶，就会需要吃更多次，从而刺激乳汁的分泌。

如何让宝宝正确含住乳头

1 每次喂奶前，用手或吸奶器挤出一些奶，让乳汁流的速度慢下来。注意在调整母乳量时，不要把奶挤出太多或在两次喂奶之间挤奶。因为，对乳房刺激得越多，流出的乳汁也越多，这样你就会下更多的奶来满足需求。

2 当宝宝开始吸吮并刺激新妈妈的泌乳反射时，要轻轻地让他停止吸吮，用毛巾接住最初喷出来的奶。等乳汁流得慢一些后，再让宝宝继续吸吮。

3 变换一下喂奶姿势。如果平时用的是摇篮式抱法，那现在不妨试试让宝宝坐起来，面向着妈妈吃奶，新姿势可改善宝宝含住乳头的方式。

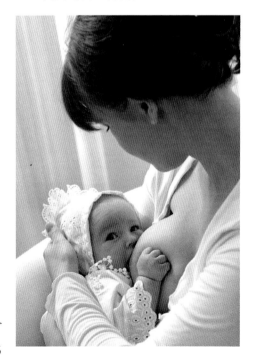

樊妈教室

过剩的乳汁需速冻保存。冷藏室可保存3~5天，若要保存久一点则要存于冰箱冷冻室内。

漏奶怎么办

漏奶多数发生在喷乳反射活跃的妈妈，通常发生在产后最初几个星期内，到了喂奶时间漏奶更明显。宝宝在吃一侧乳房时，另一侧乳房奶水也会流出来，甚至有些妈妈只是因为看到别人哺乳，也会产生条件反射，引起自己的乳汁漏出，非常烦恼。

漏奶的原因

从乳房结构上看，乳头位置较低的新妈妈会容易产生漏奶。

有些妈妈乳汁分泌多于宝宝需要，在没有及时吸奶的情况下，乳房充盈容易自溢。

还有一种是中医称之为"收不住奶而漏出"的情况。中医认为，分娩使得妈妈体力消耗很大，生产过程中失血较多，加之产后饮食不节，休息不足，极易造成气血虚弱，由此产生漏奶。

漏奶怎么办

1 有漏奶问题的妈妈，可以佩戴合适的乳罩，将乳房高高托起，注意乳头的位置不低于水平。

2 及时喂奶，如宝宝已吃饱，妈妈仍感觉乳房胀时，应将乳汁吸出。

3 事先准备些干净毛巾或防溢乳垫带在身边，以备擦拭或防衣物打湿，紧急情况下可以用双手交叉用劲按压胸部，可防止奶水很快流出。

4 如果是气虚引起的漏奶，应该调养气血，如果问题比较严重，可以咨询一下专家，做出相应治疗、调整。

走出母乳喂养的常见误区

误区一：母乳喂养会引起乳房下垂

女性怀孕以后，不管是否采取母乳喂养，乳房都会有所改变。而母乳喂养不但不会影响母亲的体形，还能促进母亲产后身体的复原，有利于减轻体重。新妈妈如果选戴合适的乳罩，断奶后乳房也会基本恢复到原来的形状。

误区二：分娩后妈妈很累，应休息一天再喂奶

应尽可能让宝宝出生后早吮吸母乳。这不仅能帮助母亲提早分泌乳汁，而且有利于母亲子宫的恢复。如果延迟开奶时间，即使仅几个小时，也可能导致回奶，导致母乳喂养失败。

误区三：按时喂奶，养成定时吃奶的习惯

每当宝宝啼哭或母亲觉得应该喂哺的时候，即抱起宝宝喂奶，这就是按需喂哺。宝宝刚开始时可能吃奶次数很多，时间也无规律，但一般经过一段时间便渐渐形成一定的规律。

误区四：一次喂哺时间不可过长

过去认为宝宝每次喂哺时间不宜过长，以5~10分钟为宜，否则吸吮时间过长会引起乳头疼痛。新的研究表明，乳头疼痛与喂哺时间无关，多因吸吮部位不对所致。宝宝吃奶速度的快慢决定一次喂哺的时间，但无论快慢均与摄入的总

奶量相同。有些宝宝吸吮慢，吃吃停停，但如果让他未吃完就停下来，就会影响宝宝的发育。

误区五：母乳量的多少与乳房大小、形状有关系。

每一位产后的母亲都有泌乳功能，无论乳房大小，只要认真哺喂宝宝，都能有足够的乳汁，可以满足宝宝的需要。

这样的姿势哺乳最省力

要保证母乳喂养顺利成功，正确的授乳姿势是新妈妈必须掌握的。

母乳喂养姿势要领

1 妈妈坐在有靠背椅子上，脚下放一个小凳子，抬高膝盖。

2 把宝宝放在膝盖上，让他和妈妈的乳房一样高，然后用手臂托住宝宝，让他的脖子靠在妈妈的肘弯处，用前臂托住宝宝的背部，手掌托牢小屁股，把宝宝的小身体整个侧过来，面对着妈妈。

3 注意用膝盖和枕头支撑宝宝的重量，而不是手臂。宝宝的身体与妈妈身体应相贴，腹部紧贴妈妈的腹部，胸部紧贴妈妈的胸部，嘴正对着乳头，自然地含住乳头及乳晕。

4 将拇指和四指分别放在乳房上、下方托起整个乳房喂哺。避免"剪刀式"夹托乳房（除非在奶流过急，宝宝有呛溢时），那样会反向推乳腺组织，阻碍宝宝将大部分乳晕含入口内，不利于充分挤压乳窦内的乳汁。

帮助宝宝含住乳晕

1 用手指或乳头轻触宝宝的嘴唇，他会本能地张大嘴巴，寻找乳头。

2 用拇指顶住乳晕上方，食指和中指分开夹住乳房，用其他手指以及手掌在乳晕下方托握住乳房。

3 趁着宝宝张大嘴巴，直接把乳头送进宝宝的嘴里，一旦确认宝宝含住了乳晕，就用手臂抱紧宝宝，使他紧紧贴着你。

4 稍稍松开手指，托握着乳房，确认宝宝开始吸吮。

姿势要点

1 防止宝宝鼻部受压：须保持宝宝头和颈略微伸展，以免鼻部压入弹性乳房而影响呼吸，但也要防止头部与颈部过度伸展造成吞咽困难。

2 注意让宝宝的头、脖子和身体成一线，吸吮、吞咽就会比较顺当。

3 注意将宝宝往上、往你乳房的位置抱，让宝宝整个身体靠着你，而不是你的身体往前倾。

专家叮咛

母乳喂养不会引起乳房、乳头出现持续性疼痛，如果妈妈感觉疼，可能是哺乳的姿势不正确，可以再尝试一次，不要强忍着疼痛，这很可能会导致妈妈畏惧哺乳。

剖宫产妈妈也要坚持哺乳

剖宫产的新妈妈尽管伤口疼痛，也应该尽量早给宝宝哺乳。正确的哺乳姿势可以保护刀口不受到拉扯，为此妈妈要调整自己的姿势，使自己处于舒适的状态。

剖宫产妈妈哺乳的姿势

剖宫产的妈妈哺乳时，要选择好姿势，头几天一般可采取躺喂或在床上坐喂，几天后可以下床坐喂，伤口不痛后可以采取正常姿势。

躺喂：妈妈侧卧，把枕头、棉被等叠放在身体一侧，高度靠近乳房下缘，让宝宝躺在棉被上，腿向后、头向前，妈妈用胳膊夹抱宝宝上身，让他胸部紧贴妈妈胸部，嘴巴含住乳晕就可以开始哺乳。

床上坐喂：妈妈背靠床头坐或半坐卧，将背后垫靠舒服。把枕头或棉被叠放在身体一侧，其高度约在乳房下边缘。将宝宝的臀部放在垫高的枕头或棉被上，腿朝向妈妈身后，妈妈用胳膊抱住宝宝，使他的胸部紧贴妈妈的胸部。妈妈用一只手以"C"字形托住乳房给宝宝哺乳。

床下坐喂：哺乳妈妈坐在床边的椅子上，尽量坐得舒服，身体靠近床缘，并与床缘成一夹角。把宝宝放在床上，用枕头或棉被把他垫到适当的高度，使他的嘴能刚好含住乳头。妈妈就可以环抱住宝宝，用一只手呈"C"字形托住乳房给宝宝哺乳。

需要注意的是，哺乳时很多妈妈的身体会下意识地向前倾斜，这常常会导致产后肩膀、后背受累而酸痛，妈妈要注意避免。

什么时候应停止哺乳

母乳喂养具有人工喂养无可替代的优越性，对于一对健康的母婴来说，不能哺乳的情况是非常少见的。但在妈妈患有下列疾病时，需要避免母乳喂养。

1 乙肝。在通常的肝炎检验中，医生经常进行"两对半"检验（即肝炎5项），如果发现有"三阳"或者"双阳"的母亲，其乳汁中带病毒的可能性很大，就不宜哺乳。同时，也要给孩子做好防护，避免孩子感染病毒。

2 精神病。患这种病的母亲由于不能像正常人那样爱抚和照看孩子，宝宝饥一顿饱一餐，容易患营养素乱病，而且智力开发也会受影响，因此不适合母乳喂养。

3 心脏病。有心衰及重症心脏病的母亲喂乳会增加自己的身体负担，威胁母亲的健康。

4 结核。患结核的母亲应接受适宜的抗结核治疗，直到痊愈前，不宜照看和喂养宝宝。宝宝必须立即接种卡介苗，至少应与母亲隔离6周。如条件所限不能彻底隔离时，要定期为宝宝做身体检查。

5 甲状腺功能亢进。抗甲亢的药如硫氧嘧啶等都可随乳汁分泌出来，如宝宝长期食用这种母乳，可引起甲状腺肿和甲状腺功能低下。

6 严重的肾脏病和糖尿病。新妈妈如患糖尿病，经饮食及胰岛素治疗，病情已趋稳定时，可以用母乳喂养宝宝。

7 急性感染病。如肺炎等经抗生素治疗能很快治愈，因此仅需终止数天哺乳。

8 如果乳头有裂口或乳腺发炎化脓，妈妈患感冒发烧，宝宝呕血、便血或喂奶后严重呕吐者，也应暂停哺乳。在停止哺乳期间要注意按时将奶汁吸出来，不要使乳房过胀，不然就会反射性地引起乳汁分泌减少或回奶。

在上述情况下，如果母亲坚持哺乳，便会加重机体的负担，不利疾病的痊愈，甚至引起严重的并发症，对宝宝和妈妈的健康都会产生不利影响，应遵医嘱暂停或中止哺乳。

生病了需要停止哺乳吗

妈 妈生病还能否继续哺乳，是大多数妈妈都会遇到的问题。应该根据新妈妈病情判断该继续哺乳、暂停哺乳、减少哺乳，还是终止哺乳。

可以继续哺乳

新妈妈如果患了感冒，或其他普通的非传染性疾病，都没有必要停止给宝宝喂奶，更不应该因此就给宝宝断奶。因为一般来说，在新妈妈发现疾病症状之前，宝宝多半就已经接触到新妈妈身上的病毒了。这时候新妈妈如果继续让宝宝吃母乳，他就能够从新妈妈的母乳中获得抗体，增强自身的抗病能力。

暂停哺乳

新妈妈一时患了急慢性传染病、败血症，或急性腹泻较重，或乳头开裂严重、乳腺炎、乳腺脓肿而无法哺乳，可在患病期间暂停哺乳，但每日应按时挤出乳汁，以免以后无奶。

需要注意的是，乳头开裂、乳腺炎或乳腺脓肿的新妈妈，最好稍一缓解后，即应尽早让宝宝吸吮乳汁，以免乳汁淤积加重乳腺炎症。因为宝宝频繁有力的吸吮或用吸乳器将乳房内的乳汁吸空，可以有效防治乳腺炎。

减少哺乳

对于患有较重贫血、消化吸收差的新妈妈来说，哺乳可能会增加自己身体的负担，此时如果加强营养还是不见效，脸很苍白、体弱无力，要适当考虑不哺乳或减少哺乳，给宝宝加以牛奶喂养，即采用混合喂养或人工喂养。

终止哺乳

如果新妈妈患有活动性肺结核、严重的心脏病或肾脏病、糖尿病、肝炎等消耗性疾病和严重急慢性疾病，均不宜给宝宝哺乳，只能放弃哺乳；患癌症、精神病也该终止哺乳；患有艾滋病或HIV抗原呈阳性的新妈妈，由于病毒可能会通过乳汁传染给宝宝，所以也必须禁止给宝宝哺乳。

乳头破损后如何哺乳

减轻疼痛

为了减轻宝宝吃奶时引起的疼痛，可以先让他吸吮没有破损或破损较轻的一侧乳头，等到宝宝进食了一定量的奶汁后，再吸吮另一侧乳头时用力相对就小了，从而能够减轻疼痛。

在哺乳前可先挤出少量乳汁，以湿润破损的乳头，然后再让宝宝吸吮，也能够减轻疼痛。当宝宝咬乳头时，用乳房挡住他的鼻孔，他便会松开嘴。

如果条件允许，在哺乳前先在乳头上涂些麻醉药普鲁卡因溶液，也能够减轻哺乳时引起的疼痛。但应注意必须将药液洗去之后方可给宝宝吸吮，以防宝宝发生过敏反应。

停止哺乳

如果乳头破损严重，哺乳时疼痛较为剧烈，应暂时停止让宝宝吸吮，但必须定时排空乳汁，以防因乳汁淤积引起急性乳腺炎。做法是洗净双手和乳房，用洗干净并消过毒的吸乳器吸出乳汁，装进奶瓶喂哺宝宝，然后在乳头破裂处涂

些金霉素眼膏或蓖麻油铋软膏。挤出的乳汁存放时间不可超过 6 小时，以防被细菌污染。

乳头破损的预防

1 哺乳时应注意清洁卫生，先洗净双手，并以消毒纱布蘸水或硼酸水洗净乳头。最好是坐着喂奶，并用中指和食指轻轻抵住乳头，稍稍用力挤压。

2 要让宝宝轮换吸吮双侧乳头，每次喂奶时间以 20~30 分钟为宜。

3 不要让宝宝含着乳头睡觉，以免因较长时间浸渍导致乳头破损或乳腺开口堵塞。

来月经不影响哺乳

产后新妈妈的月经或早或晚渐渐开始恢复了，这是一个自然的生理现象。早的可在宝宝满月后即来月经，晚的到宝宝 1 岁左右也基本恢复了。

月经期间乳汁的变化

月经来潮时，一般乳汁分泌量减少，同时乳汁中所含蛋白质及脂肪的质量也稍有变化，蛋白质的含量偏高些，脂肪的含量偏低些。

月经恢复与母乳喂养的关系

一般说来，产后月经的恢复与母亲是否坚持母乳喂养有一定关系。哺乳时期越长，吸吮乳头的次数越多，或宝宝刺激乳头的吸吮力越强，都有利于血浆内催乳激素的水平增高，这对抑制月经恢复最

能起作用。如果较早停止哺母乳，血浆内催乳激素的水平降低，抑制月经的作用减退，月经也就很快恢复。

月经来潮无须停止喂哺

月经期间乳汁的分泌量减少，妈妈要注意观察宝宝的情况来确定宝宝是否吃饱，如果没有吃饱，还需要搭配配方奶。

另外，月经来潮时乳汁的营养成分发生改变，可能导致宝宝出现消化不良症状，但这是暂时的现象，待经期过后，就会恢复正常。因此无论是处在经期或经期后，新妈妈都无须停止喂哺，还应坚持一定阶段的母乳喂养。

必须当众哺乳时怎么办

大部分妈妈都不愿意当众哺乳，不仅自己不好意思，被陌生异性看到更是尴尬，但有时候宝宝哭闹得厉害，怎么哄也无济于事，紧急情况下，一时又找不到专门的哺乳室或者相对私密的空间，这时候该怎么办呢？

1 在带宝宝外出前事先做好准备，比如喂饱宝宝、带上冲调好的奶粉等。如果遇上紧急情况，可以选择立即回家，或者选择去商场、超市或者车站等特设的哺乳室。

2 不妨穿一件宽松的、可以掀起来的上衣，或在肩膀上搭一条围巾或披肩，把乳房遮上，减少喂奶时的暴露部位。另

外，常外出爱美的妈妈，可以买一件专门的喂奶衣，新妈妈选择一件好的喂奶衣穿着完全看不出来是喂小宝宝的人。

3 注意宝宝饥饿的暗示，别等宝宝大哭大闹了才喂奶，这样就不会让哺乳妈妈成为众人注目的焦点。

4 宝宝含住乳房的那一刹那可能会短暂地露出乳房，此时可以将身体背对他人，或者利用衣物等东西遮住。

5 当宝宝大一些了，喝奶不容易专心了，很可能会在喝奶中途松开乳房对着妈妈微笑，此时穿容易遮掩的衣服是比较好的选择。

6 有些宝宝在喝奶时喜欢推高妈妈的衣服，这时妈妈可以握着宝宝的手，或是抓好自己的衣服确保不会被宝宝掀开，平时在家喂奶时不要纵容宝宝的坏习惯，比如宝宝乱掀衣服时可以暂停喂奶。

7 以上技巧可能需要多次练习才不至于失手，所以妈妈在家时不妨多做做练习，以免实际需要时造成不必要的尴尬。

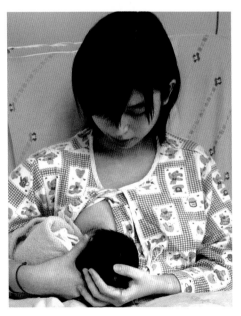

乳头消毒不可取

很多新妈妈担心直接给宝宝哺乳会造成宝宝吃入不洁的东西，应常用消毒用品清洁乳头，或者将最开始的几滴乳汁丢弃再喂养。事实上，这种担心是完全没有必要的。

母乳喂养是有菌过程

俗话说"不干不净吃了没病"。这并不是说让我们不讲卫生，而是我们生活在一个有菌的环境中，人类有免疫力、抵抗力，而且许多细菌是人类不能缺少的。如果完全无菌，人就没有了抵抗的能力。

细菌对免疫功能的发育起着至关重要的作用，如果宝宝平时不接触细菌、周围的环境太干净，肠道就无法发育成熟。想要维持宝宝正常的肠道功能，应让宝宝适量接触细菌，少菌而非无菌的生活环境很重要。

母乳喂养对宝宝的先天免疫有重要影响，对母乳的研究显示，妈妈乳腺内产生乳汁的小体周围会看到细菌，这些细菌是妈妈在生宝宝之前就准备好的。因为妈妈在生育之前的几十年间乳管里有很多菌群，这些菌群在宝宝出生后通过正常的母乳喂养可输送给宝宝，这些最初的乳汁有助于新生儿建立平衡的免疫系统。

频繁使用消毒剂不可取

频繁消毒乳房的行为不可取。消毒乳房所使用的慢性消毒剂不但让宝宝接触不到有益细菌，而且消毒剂会残留在新妈妈的乳房上，如果被宝宝食用，会导致肠道内的细菌平衡被打乱，引起免疫功能受损。

过量滥用消毒剂，除了降低宝宝肠道免疫力之外，还可能会引起过敏性鼻炎、咳嗽、流鼻涕、哮喘、过敏性结膜炎等疾病。

如何清洁乳头

其实，妈妈只需勤洗澡勤换衣服，并在每次喂完奶前后洗干净双手，然后用干净的热毛巾轻轻擦拭一下自己的乳头，就足以保证宝宝的"食品安全"。

辣妈教室

如果宝宝免疫性疾病增多，除了与母乳喂养不到位有关，很可能还与环境中消毒剂的使用有关，因此建议家庭中应停止滥用化学消毒剂或消毒成分，特别是要避免慢性消毒剂的使用。

哺乳期间要禁茶

茶 能养肝护胆、清毒排废，还能预防癌症，但是新妈妈在哺乳期不宜喝茶，尤其浓茶更要严格禁止。除了茶以外，哺乳期的妈妈对于含咖啡因的咖啡、软饮料、巧克力以及某些感冒药物都要谨慎食用。

喝茶对母婴的影响

1 影响宝宝健康。妈妈喝下茶之后，茶中的咖啡因通过乳汁被宝宝吸入后，可兴奋其肺、肠胃等未发育完全的器官，从而使呼吸加快、胃肠痉挛，宝宝发生无故的哭闹或者少眠。

2 引起新妈妈贫血。新妈妈在分娩时失去了不少含铁成分和血，正需要补充铁质，而茶叶中所含的鞣酸会与食物中的铁相结合，影响人体对铁的吸收。新妈妈这时候喝茶，容易造成缺铁性贫血。茶水浓度越大，鞣酸含量越高，对铁的吸收影响越严重。

3 减少乳汁分泌。哺乳妈妈喝茶后，茶中高浓度的鞣酸会被黏膜吸收，进而影响乳腺的血液循环，会抑制乳汁的分泌，造成奶水分泌不足。

4 影响妈妈休息。茶叶中还含有咖啡因，喝茶后易使人精神振奋，不易入睡，影响妈妈的休息和体力的恢复。

辣妈教室

虽然在哺乳期不能喝茶，但妈妈可以使用茶水漱口，茶水能预防牙龈出血，同时杀灭口腔中的细菌，保持口腔中的清洁。

哺乳期用药要遵医嘱

哺乳的妈妈用药要谨慎，但并不意味着生病了还要硬扛，实际上如果生病仍然不采取治疗措施，反而会影响到宝宝。

哺乳期间用药总原则：遵医嘱

如果需要用药，一切都要遵医嘱，有一部分药是对宝宝无害的，对于可能影响宝宝的药物，医生也会根据妈妈的实际情况给出几种方法：或错开哺乳与妈妈吃药的时间；或中止哺乳，等治疗结束之后，再行哺乳；或停止母乳喂养，改为人工喂养。

什么情况下需要用药

如果身体轻微不适，有产后痛、头痛、失眠、抑郁、腰酸背痛、贫血等症状时，通过食疗或其他方法可以缓解，无须用药。

但是，有些病难以自行痊愈，如重感冒、发热、乳腺发炎、宫腔感染等，就一定要及时治疗，以免贻误病情。

新妈妈应禁用的药物

1 抑制泌乳药物：如溴隐亭等。

2 抗癌药物：可抑制宝宝免疫力，引起白细胞减少症，如环磷酰胺、阿霉素等。

3 抗凝药物：如阿司匹林，可引起小儿出血、呕吐、腹泻、惊厥。

4 抗精神病药：如奋乃静，可影响小儿智力发育。

5 抗甲状腺药：可引起小儿甲状腺功能低下，影响发育、智力低下。

6 氨基糖苷类抗生素：如链霉素、卡那霉素、庆大霉素可损伤听神经、肾脏。

7 酰胺醇类抗生素：如氯霉素，乳儿吸乳后可出现腹泻、黄疸等。

8 喹诺酮类：如诺氟沙星等，可影响小儿骨骼发育。

9 磺胺类：早产儿和葡萄糖-6-磷酸脱氢酶缺乏的新生儿有导致溶血性贫血发生的可能。

10 巴比妥类：如苯巴比妥，可引起宝宝的中枢神经系统抑制，出现镇静状态，应禁用。

11 其他类：抗生素类药、降血压类药、抗疟疾类药、解热止痛类药、避孕类药、抗结核类药、镇静安眠类药等，这些也都是哺乳期间不宜服用的药。

岁家叮咛

服药前哺乳要比服药后哺乳好，在哺乳后立即用药，并适当延迟下次哺乳时间，有利于宝宝吸吮乳汁时避开血药浓度的高峰期。

第 1 篇 调理身心，轻松坐月子

85

新爸爸的帮助很重要

新妈妈开始哺乳时会遇到很多困难和压力，这时候新爸爸的关心和帮助就显得尤为重要。有研究表明，得到伴侣支持的新妈妈可以更顺利、更愉快地进行母乳喂养，并能把母乳喂养坚持更长时间。此外，新爸爸参与母乳喂养有利于建立亲密的亲子关系，也对夫妻关系有利。

鼓励新妈妈

母乳喂养是一个艰难的过程，所以新爸爸要帮助新妈妈树立信心，凡事多为新妈妈考虑，多用积极的言语和行动鼓励她。比如在新妈妈给宝宝喂奶时，为她垫上一个枕头、递上一杯水，在她胀奶或乳房胀痛时递上热毛巾，或是在喂完奶后为宝宝拍嗝等。新爸爸的关心会让新妈妈感觉非常安慰。

多亲近宝宝

新爸爸要多抱抱宝宝，和宝宝聊天，给宝宝唱歌或坐在椅子上看书读报时，把宝宝拥在怀里小憩一会儿，这都会极大地增进父子之间的感情。而且这样做也会使新爸爸和宝宝建立一种近似于母乳喂养的身体上的亲密接触。

为新妈妈按摩松筋骨

哺乳是一项辛苦的工作，所以当新妈妈疲惫时，不时给她按摩肩膀，揉揉脖子、后背，都可以让她解除一些疲乏，从而提高母乳的产量和质量。

辣妈教室

初为人父，所有的爸爸心情都是一样激动而茫然的，虽然他很想要帮忙，却经常因为紧张而手忙脚乱，新妈妈不要为此责备他，同样也要予以鼓励和指导。

适合催乳的食谱

葱鱼汤

材料 鲫鱼 1 条（400 克左右），小葱 1 把（100 克左右），姜、蒜各适量。

调料 酱油、白糖、料酒、精盐各适量。

做法

1 将鲫鱼除去鳞、鳃、内脏，用清水洗净；小葱择洗干净，每三四根一把打成结子，塞进鱼腹内；蒜切片，姜切末。

2 锅中加入花生油，烧至九成热，放入鲫鱼煎透，捞出来控干油。

3 锅中加少量花生油烧热，下入姜末、蒜片炒香，加入白糖、酱油、料酒、盐和适量清水烧开。

4 把鱼放进去，用小火炖 30 分钟即可出锅。

功效 鲫鱼营养丰富，可用于产后脾胃虚弱，少食乏力，脾虚水肿，小便不利，气血虚弱，乳汁减少等症状。

奶汤鲫鱼

材料 活鲫鱼 1 条（约 400 克），牛奶、高汤、葱段、姜片各适量。

调料 料酒、精盐各适量。

做法

1 将活鲫鱼宰杀，去鳞、腮和内脏，洗净，在鱼身两侧剞花刀。

2 净锅上火，加少许植物油烧热，下入葱段、姜片爆香，倒入高汤烹入料酒。

3 放入鱼，烧沸后打去浮沫，调入精盐，中火煨炖 20 分钟，加入牛奶，烧沸即可。

功效 牛奶不但含有组成人体蛋白质的氨基酸，而且矿物质种类也非常丰富，如钙、磷、铁、锌、铜、锰、钼的含量都很多，与鲫鱼同炖，不但可以为新妈妈滋补身体，在提高母乳质量，满足新生儿生长发育需求方面也有很好的效果。

清炖鲫鱼汤

材料 鲫鱼 1 条（约 400 克），葱段、姜片、香菜各适量。

调料 胡椒粉、精盐、香油、米醋各适量。

做法

1 鲫鱼宰杀干净，在两侧斜切几刀。

2 净锅上火，倒油烧热，放葱段、姜片炝香，放入鲫鱼两面稍煎。

3 注入水，煲熟后调入精盐、米醋、胡椒粉，淋入香油，撒入香菜段即可。

功效 鲫鱼性平，有健脾利湿、活血通络、通乳催奶的功效，是常见的催乳食材。

木瓜烧带鱼

材料 带鱼 300 克，木瓜 100 克，姜丝、葱花各适量。

调料 精盐、醋、酱油、料酒各适量。

做法

1 带鱼去头、尾、内脏，洗净，切 3 厘米长的段；木瓜去皮、瓤，切成长 3 厘米、厚 2 厘米的块。

2 将带鱼段和木瓜块一同放入锅内，加入姜丝、葱花、醋、精盐、酱油、料酒和适量清水，置大火上烧沸，改小火炖至鱼肉熟即成。

功效 木瓜中含有大量水分、碳水化合物、蛋白质、脂肪、多种维生素及多种人体必需的氨基酸，可有效补充人体的养分，增强机体的抗病能力，木瓜中的凝乳酶还具有通乳作用。

茭白煮鲜鱼

材料 茭白 300 克，鲜鱼 200 克，高汤适量。

调料 精盐适量。

做法

1 茭白去皮，洗净切片；鲜鱼洗净切块。

2 起锅放油烧热，放入茭白、鱼块翻炒几下，加入盐及高汤，待汤汁收干即可。

功效 茭白含较多的碳水化合物、蛋白质、脂肪等，能补充人体的营养物质，还有催乳的功效；鱼类所含的高蛋白，有利于提高母乳的质量。

豆腐泥鳅汤

材料 泥鳅 300 克，豆腐 200 克，小白菜 150 克，葱段、姜片各适量。

调料 精盐适量。

做法

1 将泥鳅放入清水内，吐净泥沙，宰杀，去腮、内脏，洗净。

2 小白菜洗净，入沸水中焯一下，捞出沥水；豆腐洗净，切 4 厘米见方的块。

3 净锅置武火上，加入植物油烧到六成热，下入葱段、姜片爆香。

4 倒入 500 毫升清水烧沸，下入泥鳅、豆腐块，煮 25 分钟，加入小白菜，调入精盐即成。

功效 豆腐营养丰富，尤其含钙高；泥鳅肉质细嫩，营养价值很高，具有暖中益气、清利小便的功效。

鲫鱼豆腐汤

材料 净鲫鱼 1 条（约 400 克），豆腐 50 克，姜片 5 克，葱花适量。

调料 料酒、精盐各适量。

做法

1 将净鲫鱼洗净，腹内抹上料酒和精盐，腌 10 分钟左右；豆腐切厚片，入沸水中烫 5 分钟，捞出来沥干水。

2 锅中加入植物油，下入姜片爆香，将鱼放进去煎至两面发黄，加入适量清水，先用大火烧开，再用小火炖 20 分钟左右。

3 放入豆腐片，煮 10 分钟左右，撒上葱花即可。

功效 此汤营养丰富，尤以热量、蛋白质和维生素最为丰富，具有通乳、提高母乳质量的效果，是传统的催乳汤。

🍵 鲫鱼菜花羹

(材料) 鲫鱼2条（约800克），菜花100
克，香葱末、生姜各适量。

(调料) 胡椒粉、精盐、香油各适量。

(做法)

1 将鲫鱼宰杀，用盐水浸泡5分钟，去鳞、鳃及内脏，洗净；菜花去杂质，洗净，切成小块；生姜去皮，洗净后切片。

2 炒锅上火，加油烧热，下姜片炝锅，放入鲫鱼煎至两面微黄，加适量开水煮半小时。

3 下香油、菜花煮熟，加胡椒粉、精盐调味，撒香葱末即成。

(功效) 菜花富含维生素C，具有提高人体免疫功能，促进肝脏解毒，促进伤口恢复，增加抗病能力等作用。

🍵 软烂猪肘

(材料) 大枣500克，猪肘100克，黑木耳20克，鲜汤适量。

(调料) 精盐适量。

(做法)

1 将猪肘刮去毛洗净；将洗净的猪肘放入水中煮开，除去腥味，取出。

2 取砂锅，放入猪肘，加水适量，放入大枣及浸发的黑木耳。

3 小火煨煮，待猪肘熟烂，汤汁稠浓时，加入盐、鲜汤即可。

(功效) 黑木耳含有丰富的铁质、纤维素等。此汤能够给新妈妈提供全面的营养，还能补气血，固表止汗，缓解产后腰腹坠胀、通乳。

猪手茭白汤

材料 猪手 200 克，茭白 100 克，姜片、葱段各适量。

调料 料酒、精盐各适量。

做法

1 猪手用沸水汆烫后刮去浮皮，拔去毛，洗净；茭白削去粗皮，切片。

2 汤锅置火上，加适量清水，放入猪手，加入料酒、姜片、葱段各适量，大火煮沸，撇去浮沫，改用小火炖至猪手酥烂，最后投入茭白片，再煮 5 分钟，加入精盐即可。

功效 猪手有强腰、通乳的功效，可用于肾虚所致的腰膝酸软和产妇产后缺少乳汁之症。猪手与茭白搭配通乳效果更好。

猪蹄通草粥

材料 猪蹄 500 克，粳米 100 克，通草、漏芦各 3 克，葱白适量。

调料 香油、精盐各适量。

做法

1 将通草和漏芦一起放入砂锅，加适量清水煎出 200 毫升左右的药汁，去渣取汁备用。猪蹄去毛洗净，切成小块。葱白洗净，切小块备用。

2 将猪蹄块、葱白块、粳米一起放入锅中，加入煎好的药汁，按常法煮成粥。

3 滴入香油，加入盐调味，即可食用。

功效 通草具有清势利水的功效，主治产后乳少，乳汁不下；猪蹄有壮腰补膝和通乳之功，可用于肾虚所致的腰膝酸软和产妇产后缺少乳汁之症。因此，新妈妈可常吃此粥，至乳多为止。

百合猪脚汤

材料 猪蹄 500 克，百合 50 克，枸杞 10 克，清汤、葱段、姜片各适量。

调料 盐适量。

做法

1 猪蹄洗净剁块，入开水余烫后洗净；百合洗净，掰成小块；枸杞用温水洗净。

2 锅至火上，倒入清汤，下猪蹄、葱段、姜片、枸杞、百合，煲至猪蹄熟烂。

3 调入盐，继续烧煮至入味即可。

功效 百合不仅营养丰富，还有催乳补血、安神、增强体质的功效；猪蹄也是新妈妈很好的补益食物，有催乳的作用。

莴笋炒肉片

材料 猪瘦肉 200 克，莴笋 50 克，姜片 5 克。

调料 料酒、淀粉及盐适量。

做法

1 将莴笋去叶，去皮，洗干净，切成片状；猪肉切片，加入淀粉及盐腌一下。

2 锅中加油烧热，下姜片，炒出香味后下肉片煸炒。

3 放入料酒、盐，加入笋片，不停地翻炒，待笋片熟后加入溶于水的淀粉收汁，即可装盘食用。

功效 莴笋性味苦寒，有通乳功效，产妇乳少时可食用莴笋炒肉片。

花生大枣粥

材料 粳米 100 克，花生仁、大枣各 50 克。

调料 冰糖适量。

做法

1 花生浸泡 5 小时，大枣洗净去核，粳米淘洗干净。

2 将所有材料加适量水以大火煮沸，转小火煮至花生熟软。

3 加冰糖续煮 5 分钟即可。

功效 花生仁有增强记忆力、抗老化、止血的作用，其性平，味甘，入脾、肺经，具有醒脾和胃，润肺化痰，滋养调气，清咽止咳之功效。枣有提高人体免疫力，安心宁神等作用。病后体虚的人食用此粥也有很好的滋补作用。

茭白炒肉丝

材料 茭白 300 克，肉丝 100 克，辣椒 2 个，葱丝、高汤各适量。

调料 胡椒粉、淀粉、精盐各适量。

做法

1 茭白削去粗皮，切成片，用开水余一下，去除多余的草酸；辣椒切成段待用。

2 胡椒粉、高汤、淀粉调成芡汁待用。

3 坐上炒锅，中火烧热，下油烧至五成热，放入茭白片、肉丝炒一下，再加精盐炒匀，而后放入辣椒段、葱丝炒匀，烹入芡汁，收汁亮油，掂匀起锅即成。

功效 茭白具有解热毒、除烦渴、利二便的功效，主治乳汁不下。因此，这道菜能防治便秘，还具有催乳的功效。

黄花熘猪腰

材料 猪腰 200 克，干黄花菜 100 克，葱、姜、蒜各适量。

调料 水淀粉、精盐、白糖各适量。

做法

1 将猪腰剔去筋膜和臊腺，洗净，切成小块，剞上花刀。

2 黄花菜用水泡发，撕成小条备用；葱洗净切段，姜切丝，蒜切片备用。

3 锅内加入植物油烧热，放入葱段、姜丝、蒜片爆香，再倒入腰花，煸炒至变色。

4 加入黄花菜、白糖、盐，煸炒片刻，用水淀粉勾芡即可。

功效 黄花菜具有清热利尿、养血平肝、利水通乳等功效，猪腰中含有丰富的蛋白质、维生素和矿物质，两者搭配食用，能够为妈妈补充丰富的营养，还能提高母乳的质量。

黄芪炖鸡汤

材料 黄芪 50 克，枸杞 15 克，红枣 10 枚，生姜 2 片，母鸡 1 只（1000 克左右）。

调料 盐适量。

做法

1 黄芪、枸杞、姜片放滤袋内做成药包，母鸡洗净后用开水氽烫，然后冲凉、切块备用。

2 将母鸡块、药包与红枣一起放锅内，加入清水。

3 小火炖焖 1 小时后，加盐即可。

功效 黄芪可补气健脾、益肺止汗，民间常用于治疗产后乳汁缺少。母鸡性味甘温，能温中健脾、补益气血。此汤适用产后体虚、面色萎黄、乳汁过少、易出虚汗等症，要注意等恶露排尽再食用此汤。

木瓜枸杞茶

材料 木瓜 200 克,枸杞、葡萄干各 6 粒,黄精 1 克,大枣 2 枚。

做法

1 木瓜去皮和籽后切块,其他材料洗净。

2 将所有材料混合后用沸水冲泡 5 分钟即成。

功效 木瓜有消暑解渴、润肺止咳的功效,木瓜中的凝乳酶还有通乳作用。枸杞子具有增强机体免疫功能、降血糖、降血脂、抗疲劳等功能作用。

甜酒蛋包汤圆

材料 无馅汤圆 60 克,鸡蛋 1 个 (约 60 克),酒酿 50 毫升。

调料 白糖适量。

做法

1 锅中加清水 400 毫升煮滚,放入汤圆。

2 待汤圆煮至开始上浮时加酒酿,打蛋下去,再烧滚即可放糖,熄火闷 2 分钟即成。

功效 江米酒甘甜芳醇,能刺激消化腺的分泌,增进食欲,有助消化。江米经过酿制,营养成分更易于人体吸收,是产妇补气养血之佳品,加入鸡蛋更有利于增加母乳的营养含量。

茼蒿蛋白汤

材料 新鲜茼蒿 250 克,鸡蛋 2 个 (约 120 克)。

调料 精盐适量。

做法

1 茼蒿洗净切段;鸡蛋磕开,取蛋清,打匀。

2 茼蒿加适量水煎煮,快熟时,加入鸡蛋清煮片刻,调入植物油、精盐即可。

功效 鸡蛋营养丰富,有利于提高母乳的质量。茼蒿有养心、润肺的作用,富含粗纤维,粗纤维能防治新妈妈便秘和睡眠不宁。

凉拌羊肉

材料 羊肉 250 克,大葱 100 克。

调料 胡椒粉、精盐、醋、香油各适量。

做法

1 将羊肉煮熟,切片;大葱洗净切丝。

2 将熟羊肉片、大葱丝放入大碗内,调入精盐、胡椒粉、醋、香油拌匀即可。

功效 羊肉是食补佳品,具有暖中补虚、补中益气、开胃健脾、治虚劳寒冷的功效,羊肉对于产后肾虚腰痛、形瘦怕冷、气虚或腹痛、出血等症效果明显。

黄花菜炒瘦牛肉

材料 黄花菜 150 克,瘦牛肉 50 克,红、绿甜椒各 30 克。

调料 白糖、精盐各适量。

做法

1 牛肉切条,以调味料腌 30 分钟入味;甜椒洗净,去籽,切长条。

2 炒锅点火,倒油烧至五六成热,下牛肉炒 2 分钟取出,将黄花菜、甜椒下入原油锅炒匀,再放入牛肉炒熟,加糖、盐调味即可。

功效 牛肉含人体所需多种必需氨基酸、蛋白质、脂肪、糖类、维生素 B_1、维生素 B_2、尼克酸、钙、铁、磷等成分,对于提高母乳质量有很好的效果。

🧑 羊肉当归汤

材料 羊肉 400 克，当归 20 克，生姜片适量。

调料 盐、料酒、酱油各适量。

做法

1 把当归洗净，切成片。羊肉剔去筋膜，剁成小块放入沸水中焯去血水。

2 在砂锅中加入适量清水，放入当归片、羊肉块、生姜片、料酒、酱油，用大火煮沸，去浮沫，改用中火煲至羊肉熟烂，加盐调味。

功效 当归性温，有滋阴补血，润肠通便的作用。羊肉中含有丰富的蛋白质、脂肪、碳水化合物、钙、磷、铁、胡萝卜素及 B 族维生素。此汤适合妈妈们分娩后血虚乳少，恶露不止等症状。

🧑 三鲜豆腐

材料 豆腐、蘑菇各 250 克，胡萝卜、油菜各 100 克，海米 10 克，姜、葱、高汤各适量。

调料 水淀粉、酱油、精盐各适量。

做法

1 将海米用温水泡发，洗干净泥沙；豆腐洗净切片，投入沸水中余烫一下捞出，沥干水备用。

2 将蘑菇洗净，放到开水锅里焯一下，捞出来切片；胡萝卜洗净切片；油菜洗净，沥干水；葱切丝、姜切末。

3 锅内加花生油烧热，下入海米、葱丝、姜末、胡萝卜片煸炒出香味，加入酱油、盐、蘑菇片翻炒几下，加入高汤。

4 放入豆腐，烧开，加油菜，烧沸后用水淀粉勾芡即可。

功效 豆腐和海米都是含钙丰富的食物，胡萝卜、油菜则可以为妈妈补充丰富的维生素。豆腐中的植物蛋白和海米中的动物蛋白搭配，能够提高两者的吸收利用率。

虾肉丝瓜汤

(材料) 鲜虾 100 克，丝瓜 150 克，姜丝、葱末各适量。

(调料) 精盐适量。

(做法)

1 将鲜虾去须及足，洗净，加少许精盐拌匀，腌 10 分钟；丝瓜刨去外皮，洗净，切成斜片。

2 锅置火上，倒入植物油烧热，下姜丝、葱末爆香，再倒入鲜虾翻炒几下，加适量清水煮汤，待沸后，放入丝瓜片，加少许精盐，煮至虾、丝瓜片熟即可。

(功效) 虾肉营养价值极高，与丝瓜同煮，具有疏肝气、行血脉、下乳汁的功效，适于产后肝郁气滞所致乳汁不下的妈妈食用。

萝卜焖羊肉

(材料) 羊肉、萝卜各 500 克，陈皮 10 克，葱段、姜片各适量。

(调料) 胡椒粉、精盐、料酒各适量。

(做法)

1 将萝卜洗净，削去皮，切成块；羊肉洗净，切成块；陈皮洗净。

2 羊肉块、陈皮、葱段、姜片、料酒放入锅内，加适量清水，大火烧开，撇去浮沫，再放入萝卜块煮熟，加入胡椒粉、精盐调味，装碗即成。

(功效) 羊肉能御风寒，又可补身体，对气血两亏、产后身体虚亏等有治疗和补益效果，最适宜于冬季食用。但羊肉不好消化，搭配萝卜最好，因为萝卜中的芥子油和膳食纤维可促进胃肠蠕动。

猪肝黄花汤

材料 黄花菜 30 克，花生米 30 克，通草 6 克，猪肝 200 克。

做法

1 将黄花菜、通草加水煮汤，去渣取汁。

2 加入花生米、猪肝煲汤。以花生米熟烂为度。吃猪肝、花生米，饮汤，每日一剂，连服 3 天。

功效 乳汁为气血化生，气血不足，乳汁量少，黄花菜、花生米、猪肝均能补血益气，化生乳汁，通草一味通络下乳，全方补中有通，为又一帖下乳良方。适合产后乳汁量少，乳房柔软，食欲不振的产妇。

鲜虾娃娃菜

材料 鲜虾 250 克，娃娃菜 150 克。

调料 精盐、香油适量。

做法

1 将鲜虾剪去虾须洗净，娃娃菜洗净切条。

2 净锅上火，倒入植物油烧热，下入鲜虾烹炒，再加入娃娃菜稍炒，倒入水，烧沸至熟，调入精盐，淋入香油即可。

功效 此汤清淡开胃，营养丰富，具有通乳的功效。

草莓酱奶香鸡蛋

材料 草莓酱 100 克，鸡蛋 2 个（约 120 克），牛奶适量。

调料 精盐适量。

做法

1 将鸡蛋打入碗中，加入牛奶、精盐，用筷子搅打成糊。

2 炒锅上火，加植物油烧热，倒入蛋糊，摊成圆饼，待蛋糊将要全部凝结时，将草莓酱摊在中间，然后将两端折叠起，裹成椭圆状，翻过面，煎至两面呈金黄色即成。

功效 草莓营养价值高，含丰富的维生素 C，与含钙丰富的牛奶及鸡蛋同食，能大大提高母乳的质量。此外，这道菜香甜开胃，是哺乳妈妈喜爱的食物。

虾仁蒸豆腐

材料 豆腐 100 克，虾仁 50 克，青豆仁 10 克，蚝油适量。

调料 精盐适量。

做法

1 豆腐洗净，切成四方块，再挖去中间的部分。

2 虾仁洗净剁成泥状，加盐拌匀填塞在豆腐挖空的部分中间，并在豆腐上面摆上几个青豆仁做装饰。

3 将做好的豆腐放入蒸锅蒸熟。

4 蚝油加适量水在锅里熬成糊状，然后均匀淋在蒸好的豆腐上即可。

功效 虾仁则有健脾暖胃、补肾等功效。此菜可以辅助治疗产后血虚、无乳等症。过敏性体质的妈妈，建议用绞肉代替虾仁，减少过敏反应。

枸杞黄花蒸肉

材料 瘦猪肉 200 克，干黄花菜 15 克，枸杞 10 克。

调料 淀粉、料酒、酱油、香油、精盐各适量。

做法

1 将瘦猪肉洗净，切片；黄花菜用水泡发后，择洗干净，与瘦肉、枸杞一起剁成蓉。

2 将猪肉片、枸杞、黄花碎蓉放入盆内，加入料酒、酱油、淀粉、香油、精盐搅拌到黏，摊平，入锅内隔水蒸熟即可。

功效 枸杞具有滋补虚弱、益精气、去冷风、壮阳道、止泪、健腰脚的功效，黄花菜可催乳，这道菜对于产后乳汁不足，体力虚弱，有很好的食疗效果。

凉拌双笋

材料 竹笋 300 克，青笋 200 克，姜末适量。

调料 香油、料酒、精盐、白糖各适量。

做法

1 青笋、竹笋去皮，洗净，切成滚刀块。

2 把竹笋、青笋一起放入沸水锅焯一下，捞出沥水，装盘。

3 将精盐、姜末、料酒、白糖拌入竹笋、青笋块中，淋上香油即可。

功效 青笋可增进食欲，促进乳汁的分泌，它含有多种维生素和矿物质，具有调节神经系统功能的作用，其所含有机化合物中富含人体可吸收的铁元素，对有缺铁性贫血的产妇十分有利。

羊肉枸杞汤

材料 羊肉 350 克，枸杞 30 克，高汤、葱段各适量。

调料 精盐、香油各适量。

做法

1 将羊肉洗净，切片焯水；枸杞浸泡洗净。

2 净锅上火，倒入高汤，下入葱段、羊肉片、枸杞，煲至熟，调入盐，淋入香油即可。

功效 这道汤适用于产后缺乳、无乳等症状。

花生炖凤爪

材料 鸡爪 100 克，花生米 50 克，姜片适量。

调料 料酒、精盐、香油各适量。

做法

1 将鸡爪剪去爪尖，用清水洗净；花生米放入温水中泡 30 分钟，用清水洗净。

2 锅中加入适量清水烧开，放入鸡爪、花生米、料酒、姜片，用小火焖 2 小时左右，加入精盐，淋上香油即可。

功效 鸡爪的营养价值颇高，味甘，性平，无毒，含有丰富的钙质及胶原蛋白；花生米具有很高的营养价值，矿物质含量也很丰富，特别是含有人体必需的氨基酸，两者同食可提高乳汁营养。

雪耳木瓜鱼尾汤

材料 油适量，水 1500 毫升，沙参 25克，鲩鱼尾 1 条（约 500 克），木瓜 1 个（中等大小），雪耳 1 朵，姜 3 片。

调料 盐 1/2 汤匙。

做法

1 木瓜削皮去籽，切块；鱼尾洗净去鳞。

2 起热锅，倒油，放姜片和鱼尾，将鱼尾两面煎至金黄，放两碗水稍煮。

3 煮沸瓦煲内的水，放入木瓜、雪耳、沙参，再倒入鱼尾和汤，文火煲 1 小时，下盐调味。

功效 本菜润泽、消食、催奶，舒筋活络、强壮筋骨；对胸腹胀满有辅助疗效；适合产后哺乳妇女喝。

产后疾病，从容巧应对

"月子病"的家庭护理

"**坐**月子"是新妈妈产后恢复的重要时期，护理得当，可以有效改善新妈妈体质，如果护理不当，就容易使新妈妈受到外感或内伤而引起疾患，也就是俗称的"月子病"。

引起"月子病"的原因

新妈妈在生产后，筋骨腠理大开，身体虚弱，内外空疏，如若不慎，导致风寒侵入，引起全身疼痛、关节麻木，畏冷、惧风等。病情严重的人，当受到风寒的时候，甚至会有种痛入骨髓的感觉，即便在炎热的夏天也要盖棉被穿棉衣才能觉得舒服一些。一段时间后，筋骨腠理合闭，使风寒包入体内，导致"月子病"难治，治疗不及时或者医治不恰当，病痛就会滞于体内，长此以往就会留下病根。

"月子病"重在预防

根据"月子病"的病因，新妈妈在月子里应注意不要吹风和受凉。

"月子病"的主要症状以关节疼痛居多，不少新妈妈还会出现手腕、手指关节和足跟部麻木或疼痛等。因此，新妈妈不宜过早过多地从事家务劳动或过多地抱宝宝，否则会加重关节、肌腱和韧带的负担，使手腕、手指关节等部位发生劳损性疼痛。另外，坐月子的时候千万不能久坐久站，频繁弯腰，或长时间地保持一个姿势，这些都容易引起腰痛。

第 1 篇　调理身心，轻松坐月子

产后发热的自我治疗

<big>新</big>妈妈在刚生过孩子的一昼夜之内，体温可能略为升高，产后 3~4 天因乳房充盈，乳汁流通不畅，体温亦可升高，但一般不超过 38℃，很快就会恢复正常。除此之外的发热，都应视为异常。

产后发热的原因

1 受感染。新妈妈在产后3~5天忽然怕冷、发抖，接着发高烧、头痛、肚子痛、恶露有臭味，就可能得了产褥感染。如果治疗不及时，还会导致慢性盆腔炎，长期不愈，还可能引起危险的腹膜炎或败血症，以致危及生命。

2 产后受风寒。新妈妈在生产时，毛孔开得很大，生产后不少产妇出汗，汗腺腺口（汗毛眼）一直张开着。如果受风、着凉容易伤风感冒，引起发烧、头痛、全身不适等症状。由于产后体虚，感冒后很易并发支气管炎或肺炎等病。

3 乳腺炎。新妈妈乳汁过多，宝宝吃不了或乳汁过浓流出不畅，在乳腺管内淤积成块；或因宝宝吸吮时损伤了乳头，以致病菌侵入，在乳腺部位生长繁殖，引起急性乳腺炎。得了乳腺炎的新妈妈可发烧到 39℃ 以上，患侧乳房疼痛，发炎部位红肿变硬并有触痛，以后形成脓肿，时间愈久则乳腺小叶的损坏就愈多。未经及时治疗的乳房脓肿，最后穿破皮肤而流脓，有时也流乳汁，因此创口经久不愈，会给产妇带来痛苦，也不利于对新生儿的哺育。

4 排尿受阻。分娩期产程延长，因胎头先露的压迫，膀胱黏膜充血、水肿，如牵涉到三角区，可使排尿困难。尿潴留易引起泌尿系统感染，除有尿频、尿急、尿痛等膀胱刺激症状外，也常有高烧、寒战、头痛等表现。

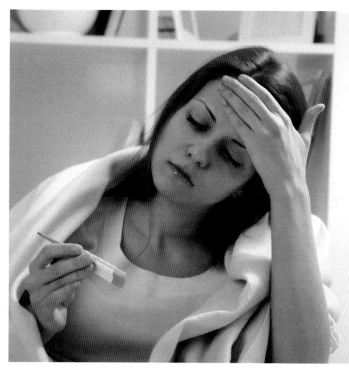

 岭家叮咛

　　新妈妈发热时不要在家自行吃药，一般没超过38℃，自己用冷水降温就好，降不下来时不要犹豫，直接去看医生。

乳房湿疹重防范

乳房湿疹指在乳头、乳晕及其周围出现棕红色的丘疹及红斑，表面覆盖一层较薄的痂皮及鳞屑，常继发糜烂、渗液，有疼痛及瘙痒感。这可能与婴儿吮吸奶头等物理刺激有关。发生于乳头及乳晕处，特别是乳房下部，有时累及乳头周围皮肤，常常反复发作而转成慢性。

乳房湿疹的防治

乳房湿疹的病因比较复杂，一般来说，新妈妈在日常生活中应调理适当，尽量做好预防工作，以减少湿疹的发病率。

1 保持乳房清洁干爽。经常用温开水清洗乳房皮肤，避免抓挠，不用过热的水及肥皂烫洗。选择吸湿性好，透气性强的衣服，勤洗勤换内衣，尤其出汗后应立即更换内衣，洗澡后要将乳房的水分擦拭干净后再穿衣服。

2 过敏体质减少进食鱼、虾、螃蟹等海鲜类食物及辣椒、大蒜、酒等辛辣刺激性食物。

3 养成良好的哺乳习惯，注意婴儿的口腔卫生，减少对乳头的物理性刺激，必要时停止哺乳。

4 积极治疗体内的原发性病灶，如内分泌功能紊乱、消化道疾病等。

5 乳房湿疹患者的身体素质对本病的发生起着主导作用，这种素质与体质强弱、遗传情况、工作和生活的影响有关。但身体素质不是一成不变的，可通过加强锻炼，逐步增强身体的适应力。

 专家叮咛

如已发生乳房湿疹，则应当看医生，不可盲目用药。

产后应谨防乳腺炎

产后乳腺炎最常见于初产妇，可发生于哺乳期的任何时间。通常产后1个月是乳腺炎的高发阶段，患乳腺炎的妈妈虽然很疼痛，但不必紧张，只要治疗及时，大部分会很快痊愈。

1 正确护理乳房。在首次哺乳前，用肥皂仔细清洁乳房，然后用毛巾对乳房热敷，这样可以帮助乳腺管畅通。此后每次哺乳时，都要用热毛巾清洁乳房。内衣要经常更换，以免不洁内衣污染乳头，进而感染乳腺。

2 正确佩戴文胸。不要佩戴有钢托的乳罩，以免钢托挤压乳房，造成局部乳腺乳汁淤积。乳房比较大的妈妈，可用宽布兜将乳房托起。

3 下奶前或乳汁过多时不要大量进补。不要无节制地进补高蛋白、高脂肪的食物，注意多喝水，保证乳汁的畅通。

4 学会正确的哺乳方法。给宝宝哺乳时，让宝宝把乳头及整个乳晕都含住，要吸空一侧乳房，再换另一侧；不让宝宝含着乳头睡觉，以免过度的用力吮吸，使乳头皲裂，细菌入侵。宝宝如果吸不完妈妈的乳汁，在哺乳后，可以用吸奶器把多余的奶水吸干。

5 及时处理乳头皮肤破损。乳头皮肤破损时，一般可涂1%紫药水。如有皲裂或小溃疡致吮吸疼痛者，可暂停哺乳数天，并用3%硼酸水洗奶头，或涂920软膏，或涂碱式碳酸铋蓖麻油。同时每日将奶挤出或用吸乳器吸出，也可以在乳头上套一个橡皮奶头再喂奶。

6 如果出现乳管不通、乳房发胀发硬、阵阵抽痛，可进行乳房按摩，将淤积的乳汁挤出。

7 治疗乳腺炎的方式以口服抗生素为主，平时的居家护理只需以消毒过的棉花棒蘸生理食盐水清洁乳头、乳晕、乳房即可。假使感染状况太严重，就得以外科手术治疗，切开乳房将化脓之处取出，清理干净。

8 如果一侧乳房患有乳腺炎，用另一侧的健康乳房给宝宝喂奶即可；如果两侧乳房均患有乳腺炎，则建议先暂停哺乳，并将多余乳汁挤出。

产后阴道炎的治疗

产 后阴道炎是几乎每个妈妈都会遇到的，问题不大烦恼不小。要注意的是，阴道炎易反复，因此预防和治疗同样重要。

产后阴道炎的原因

引起产后阴道炎的原因一般有三种：

1 非细菌性阴道炎是由生产时阴道出血刺激引起的，单纯地表现为红肿胀痛，这种阴道炎一般在恶露排尽以后，刺激减少时就会自愈。

2 细菌性阴道炎是由于产后阴道抵抗力偏低，被细菌感染所致，细菌性阴道炎需要彻底治疗。

滴虫性阴道炎由阴道毛滴虫引起，主要表现为外阴瘙痒、白带增多，白带为淡黄色泡沫状，严重时白带可混有血液。

霉菌性阴道炎由白色念珠球菌感染，主要表现为外阴瘙痒、白带增多、白带呈豆腐渣样。

3 剖宫产后阴道干涩，出血时间比较长，阴道激素水平下降，也可能诱发阴道炎。

阴道炎的预防

1 养成良好的卫生习惯，保持外阴清洁干燥；患病期间用过的浴巾、内裤等均应煮沸消毒。洗涤衣物时，用刺激性较小的肥皂，洗涤后放在阳光下晾晒干，并收到干燥、清洁的固定地方存放。

2 避免不洁性生活。

3 产后会阴有侧切刀口者尽量向对侧卧位，避免恶露流入刀口，平时保持表面清洁、干燥。此外，月经期间卫生巾要及时更换，以保持局部的干燥与清洁。

4 饮食宜清淡，忌辛辣刺激，以免发生湿热或耗伤阴血。

5 一般在体质弱时容易患阴道炎，因此新妈妈要加强锻炼，注意增强体质，以提高免疫力。

产后阴道炎的治疗

1 治疗期间禁止性交，或采用避孕套以防止交叉感染。

2 反复发作的妈妈应检查丈夫的小便及前列腺液，必要时反复多次检查，如为阳性应一并治疗。

3 不良情绪不利于阴道炎的恢复，妈妈应学会控制情绪，怡养性情，并根据自身的性格和发病诱因进行心理治疗。

产后盆腔炎的原因

产后盆腔炎主要包括子宫内膜炎、输卵管炎、输卵管卵巢脓肿、盆腔腹膜炎。产后新妈妈感染了盆腔炎，可能只有一个部位发炎，但也有可能几个部位同时发炎。

产后盆腔炎的症状

如果新妈妈觉得没有力气、腰痛，下腹疼痛，白带量多，呈脓性，严重时甚至高烧、寒战、头痛、食欲不振等，可能是感染了急性产后盆腔炎。

此时新妈妈应及时治疗，否则会转移为慢性产后盆腔炎，慢性产后盆腔炎痊愈需要的时间会更长，并且还容易反复发作。

产后盆腔炎的原因

1 产后宫颈口松弛，阴道要出血一段时间，加之新妈妈产后体质虚弱，抵抗力差，因此细菌容易上行感染，造成产后盆腔炎。

2 分娩时采取会阴侧切或其他介入式操作，这个过程容易受到细菌感染，引起产后盆腔炎。

3 产后子宫内有残留物，如胎盘、胎膜残留等，也会造成持续阴道出血以及感染产后盆腔炎。

4 产后急于瘦身，使用束腹带，会造成腹压增高，不仅影响伤口愈合，更会导致盆腔血流不畅。如果此时再加上饮食过少，营养不足，抵抗力下降，容易出现产后盆腔炎。

此外，造成产后盆腔炎的因素还有剖宫产、顺产产程延长、采用了产钳或胎头吸引器助产、胎膜早破、多次阴道检查，产妇肥胖、贫血、产前营养缺乏、产后过早恢复性生活等。

盆腔炎的防与治

产后盆腔炎应及时治疗，否则会引起细菌上行感染至宫颈，到达子宫以及输卵管，然后再经输卵管蔓延至整个盆腔。

🧒 产后盆腔炎的预防

1 进行良好的产前保健，如有妇科炎症，要及时治疗。

2 产后不宜过早进行性生活，一般来说，顺产后42天内，剖宫产后3个月内，应严格避免性生活。如果有医生认为该推迟的其他因素，则不能早于医生认为可以开始的时间。

3 产后瘦身要遵循科学规律，不能盲目节食减肥，更不能束紧腹部。腹肌和子宫的恢复与产妇的年龄、是否初次分娩都有一定关系，一般在产后6~28周都能自动恢复正常，靠绑腹带来改变腹部松弛是没有科学依据的。

4 注意增加营养，加强运动，保持积极乐观的情绪，以提高自身免疫力。此外，盆腔炎容易导致身体发热，所以要注意多喝水以降低体温。

5 如果新妈妈担心可能感染产后盆腔炎，可向医生咨询，是否能预防性地服用抗生素或者采取其他预防措施。

6 一定要做产后检查，产后检查一般在42天左右，医生会了解你有无产后盆腔炎感染并为你做相应指导。

🧒 产后盆腔炎有哪些治疗方法

盆腔炎的治疗方法主要有药物治疗、物理治疗、手术治疗。

1 中药治疗。慢性盆腔炎以湿热型居多，治则以清热利湿，活血化瘀为主。

2 其他药物治疗。主要是抗生素治疗，用药注意是否对哺乳有影响，必要时须暂停哺乳。

3 物理疗法。温热的良性刺激可促进盆腔局部血液循环，改善组织的营养状态，提高新陈代谢，以利炎症的吸收和消退，常用的有短波、超短波、离子透入（可加入各种药物如青霉素、链霉素等）、蜡疗等。

4 手术治疗。有肿块如输卵管积水或输卵管卵巢囊肿可行手术治疗；存在小的感染灶，反复引起炎症发作者亦宜手术治疗，手术以彻底治愈为原则，避免遗留病灶再有复发的机会。

当然，无论采用哪种方法治疗，新妈妈都要遵从医嘱，绝不可自行用药。

恶露不下的处理

胎儿娩出后，胞宫内的瘀血和血液滞留不下或下之甚少，并伴见小腹疼痛的病症，称之为恶露不下。

恶露不下的原因

1 宫缩乏力：宫缩的力量可使子宫内瘀血、子宫内膜蜕膜、创面出血等排出体外。如果宫缩乏力，这些物质就会留在子宫内，表现为恶露不下或恶露排出困难。

2 寒凉暑热使气血淤滞：如果妈妈产后不注意保暖防暑，受了寒凉、暑热时，容易气血淤滞。气血淤滞使血液循环变慢，营养供应不足，从而出现恶露无法排出的情况。

3 心情抑郁：妈妈产后心情抑郁时，也会使气血淤滞，降低身体新陈代谢速度，同样造成恶露不下。

恶露不下的危害

恶露不能及时排出，瘀血、黏液、子宫内膜蜕膜组织等就会淤积在子宫内，使子宫不能很好地收缩，而子宫内剥落了胎盘之后所留下的创面也不能及时愈合，则新妈妈身体恢复速度容易延缓，而恢复时间相应延长。

恶露不下会降低妈妈的血液循环和新陈代谢速度，从而影响营养消化吸收，有时还会引起妈妈腹痛。

恶露不下的应对

1 产后及早下床活动，可以加速血液循环，促进恶露排出。

2 注意保暖，同时避免食用生冷、寒凉食物。

3 加强营养，避免身体太弱，子宫收缩无力造成的恶露不下。

4 保证良好的休息，保持心情愉悦，帮助恶露早日排尽。

5 可以食用一些活血化瘀的温性食物，如红糖、小米、米酒、姜等。

如果通过上述办法仍无法改善，应及时看医生。

第1篇 调理身心，轻松坐月子

恶露不尽的处理

生产之后，许多新妈妈最烦恼的就是产后恶露不尽的问题。正常情况下，恶露一般在产后20天以内即可排除干净，如果超过这段时间仍然淋漓不绝，即为恶露不尽。

恶露不尽的原因

1 宫缩乏力：产后未能很好休息，或平素身体虚弱多病，或生产时间过长，耗伤气血，致使宫缩乏力，恶露不绝。

2 宫腔感染：产后洗盆浴，或卫生巾不洁，或过早行房事等原因都会导致宫腔感染。

3 组织物残留：因子宫畸形、子宫肌瘤等原因，也可因手术操作者技术不熟练，致使妊娠组织物未完全清除，导致部分组织物残留于宫腔内。

自我调理法

1 对于宫缩乏力引起的恶露不尽，产后应定期测量子宫收缩度，如果发现

收缩差，应该找医生开服宫缩剂。

2 保持阴道清洁，勤换卫生棉，恶露排出期间严禁性生活，防止宫腔感染。

3 有助恶露排出的食物：赤豆煎汤作茶饮用；藕节煨母鸡汤，服汤吃肉；山楂加红糖冲茶饮用。

4 分娩后要观察恶露。如果发现有臭味，则可能是子宫内有胎物残留，应立即咨询医生；如果血性恶露持续2周以上、量多，有可能是胎盘附着处复原不良或有胎盘胎膜残留；如果分娩1个月后恶露仍不净，同时伴有臭秽味或腐臭味，或伴有腹痛、发热，则可能是阴道、子宫、输卵管、卵巢有感染，应及时去医院就诊。

中医调理法

中医认为，恶露不尽主要因气虚，血热，或血瘀所致，主要治疗方法如下：

1 气虚引起的恶露不尽，主要症状为：恶露呈淡红色，质稀薄，无明显臭味，产妇少气懒言，脉缓弱，治疗应以补气摄血为主。

2 血热引起的恶露不尽，主要症状为：恶露色深红，质地黏稠，有秽臭味，产妇面色潮红，舌质红，脉虚细而数，治宜养阴清热凉血。

3 血瘀所致的恶露不止，主要症状为：恶露量少、色紫暗、夹有血块、小腹涩痛、舌紫暗、脉沉涩，治宜活血化瘀。

产后子宫脱垂要预防

长期子宫脱垂，会导致子宫受摩擦后肥大、发炎、溃烂、出血。如合并有膀胱或直肠膨出，还会发生尿频、尿急或排尿、排便困难，甚至引起输尿管积水、肾盂积水，反复发生尿路感染，危害非常大。

子宫脱垂的症状

1 轻度子宫脱垂：一般没有什么感觉，有的在长期站立或重体力劳动后感到腰酸下坠。

2 中度子宫脱垂：宫颈和部分宫体脱出于阴道口外，特别在用力屏气后明显。当大笑、剧烈咳嗽时，腹压突然增加，引起尿失禁而使尿液外溢。

3 重度子宫脱垂：整个宫颈和宫体全部暴露于阴道口之外。此型最容易发生感染，子宫充血、水肿，严重者甚至发热、口渴、便结等。

子宫脱垂以预防为主

1 月子里，子宫尚未复原时，妈妈要多卧床休息，不要过早地参加重体力劳动，不要过早地走远路或跑步，不可做上举劳动。

2 保持大便通畅，如有便秘，应多喝水，多食蔬菜瓜果，饮食不宜过分油腻，可早晚服蜂蜜1匙，以润肠通便。禁止用力大便。

3 注意保暖防寒，防止感冒咳嗽。患有慢性咳嗽者应积极治疗。

4 加强盆底肌和提肛肌的收缩运动。如抬臀运动，产妇仰卧屈腿，有节律地抬高臀部，使臀部离开床面，然后放下，每日2次，每次连做10~15下，能使盆底肌、提肛肌逐渐恢复其紧张度。

若已经发生子宫下垂，应去医院治疗。

产后便秘的防治

产后便秘的原因

1 怀孕期间腹壁扩张，产后腹壁松弛无力、腹压降低，加上不断扩张的子宫挤压直肠，使直肠的弯曲度增大，肠蠕动减慢，食物在结肠内停留时间过长，导致便秘。

2 分娩时，妈妈胃肠道受到压迫刺激，蠕动变缓，延长了肠道中的容留物的滞留时间，导致出现产后排便困难。

3 分娩后胎儿对直肠的压迫消失，肠腔反应性扩大，肠内容物滞留下来。

4 分娩过程中体力消耗大，腹部肌肉疲劳，腹股和盆底肌肉松弛。

5 产后卧床时间增加，活动少，肠道蠕动慢，加之产后饮食不当，吃过多精细食物，摄入膳食纤维较少，使得肠蠕动变慢，引发便秘。

便秘的治疗

若为血虚肠燥所致便秘，主要症状为产后大便干燥，数日不解，解时艰涩难下，肌肤不涸，舌淡，脉细弱，治宜养血润肠，方用四物汤。

若为阴虚火盛所致便秘，主要症状为产后便干，数日不行，口干口渴，胸满腹胀，舌红苔黄，脉细数，治宜润燥通便，兼清内热，方用麻仁丸。

若为气虚血亏所致的便秘，主要症状为产后大便艰难，临厕努则无力，便出量小不坚，气短，自汗，头晕目眩，脉大而虚，宜补气养血通便，用圣愈汤。

药膳调理，如柏子仁茶、萝卜陈皮饮、决明饮等。

预防便秘的方法

便秘不能一味依赖药物，治便秘主要还是以预防为主：

1 定时排便。产后第2天不管有无便意，都要如厕，进行大便，促进排便反射的形成，以后的排便就可以从中获益了。

2 注意饮食，忌辛辣香燥之品，及时补充水分，适当摄取含纤维素多的食物，像水果、蔬菜、粗粮等。这样的食物既能润滑肠道，增加肠道容留物的水分，又能增加其纤维残渣，有利于降低排便难度。

3 产后不宜大补，新妈妈产后应依照个人体质适度进补。

4 多活动，促进肠道蠕动，并加速肌肉群力量的恢复，另外可以练习提肛运动来恢复肌力。

产后痔疮的防治

产后新妈妈容易患痔疮，这是因为妊娠后随着子宫的增大腹压增加，特别是妊娠后期，下腔静脉充血扩张，尤其是分娩时宫缩逐渐加强，产妇屏气用力极易发生内痔脱出肛门外，括约肌痉挛不能自行复位而充血水肿，脱出的内核也刺激肛门周围的末梢神经，使之肿胀疼痛，严重者可发生缺血坏死。

产后痔疮的防治

1 保持开朗的心情，并注意劳逸结合，避免因为劳累而导致组织弹性张力下降，抵抗力下降，肛门处血管扩张瘀血而致病。

2 预防产后痔疮，妈妈要注意多喝水，多活动，增加肠道的蠕动，预防便秘；少食辛辣、精细食物，多食含纤维素丰富的食物；养成定时排便的习惯。

3 养成每天定时排便的习惯，保持大便通畅。

4 大便后清洗肛门，避免细小粪便残渣留在肛门周围的皮肤皱襞处，刺激并加重痔疮。

5 勤换内裤，保持肛门清洁干燥。可每晚用温水清洗肛门，洗完后用温湿的小方巾垫在肛门处用手指顺时针按摩。产后一段时间肛门感觉较为迟钝，水温30℃左右即可，不可过热，以免烫伤。

6 每日用1:5000高锰酸钾溶液清洗肛门或坐浴，治疗痔疮非常有效。为了减轻肛门疼痛，还可以局部冷敷或热敷，也可涂痔疮膏（由医生所开）。

7 坚持练习提肛运动（凯格尔运动），消除便秘，增强肌肉的力量，对防治痔疮非常有利。

产后排尿困难不用慌

许多新妈妈在分娩后一段时间内会出现小便困难，这是产后一种常见的正常反应，新妈妈不必着急，科学地应对便能除去排尿困难的烦恼。

了解产后排尿难的原因

生理因素：分娩时胎头先露部分对膀胱和尿道的压迫，引起了这些器官的充血、水肿，尿道变窄，妨碍排尿。

心理因素：排尿时需要增加腹压，增加腹压会使伤口疼痛，尤其是会阴侧切和剖宫产的产妇，容易产生畏惧心理，害怕排小便。

促进排尿的方法

1 产后及时排尿。一般来说，顺产新妈妈在产后 6~8 小时，剖宫产妈妈在拔去导尿管后 6~8 小时应主动排尿。排尿时要增加信心，放松精神。

2 如果在床上平卧时无法排出小便，妈妈最好下床排尿。如果不能走到厕所，可在家人协助下，在床边排尿。

3 用热水袋热敷下腹部或用温水熏洗外阴和尿道周围，刺激尿道周围神经感受器而促进排尿。

4 排尿时打开水龙头，以流水声诱导排尿，利用条件反射缓和排尿抑制，使新妈妈产生尿意，促使排尿。

5 如果实在无法排尿，医生可能会为妈妈做导尿，并将导尿管留置 24~48 小时，使膀胱充分休息，待其水肿、充血消失后，张力自然恢复，即可自行排尿。

产后尿失禁的自我治疗

产后尿失禁是一种张力性失禁，是肌肉组织松弛导致的。一般发生在产后 1 周左右，起初表现为尿频、小便疼痛、尿中夹杂血丝等，继而发展成尿失禁。虽然以后症状多会渐渐缓解，但是轻微者可能造成外阴部潮湿瘙痒，严重者有时候会有裤子湿透的现象，导致新妈妈尴尬。

产后尿失禁的原因

妈妈的盆底肌肉群在生产时过度扩张，导致提肛肌、骨盆肌松弛及萎缩，收缩力量变小，所以膀胱中的尿液受到压迫时，就毫无回旋余地地溢出了。

盆底肌肉群的松弛，还会导致膀胱颈下降和尿道膨出，尿液渗漏到体外的阻力相对更小。如果妈妈在生产时会阴部裂伤较严重，就会影响尿道外括约肌的功能，进而形成尿失禁。

尿失禁的饮食调理

1 益智仁研末，用米汤调服。每次 6克，每日 2 次。有补肾缩尿作用。

2 韭菜 150 克（洗净切段），入油锅炒，然后将鲜虾 250 克放入再炒片刻，加盐、胡椒粉。用于肾阳不足、尿失禁。

3 新鲜荠菜 240 克（洗净），加水 3 碗煎至 1 碗水时，放入鸡蛋 1 个拌匀煮熟，加盐，饮汤食菜和蛋。每日 1~2 次。用于小便淋漓不净，甚至小便失禁者。

改善尿失禁的运动

1 仰卧屈膝，双手放在大腿上，深吸一口气，呼出时收缩腹肌，将头及肩抬起，维持 5 秒后放松。

2 双臂放在身体两侧，举起左腿与躯干垂直，然后慢慢放下，右腿做同样动作，如此轮流交换举腿 5 次，每天 1~2 次。

3 双腿放平，双手托枕部，利用腹肌收缩的力量使身体慢慢坐起来，反复多次，促进子宫收缩及回位。

4 仰卧屈曲右膝，伸长左脚，收缩臀部及下肢肌肉，默数 5 下，然后放松，再做左脚。

爸妈教室

尿失禁一般会随着骨盆底肌的恢复而慢慢痊愈，如果在产后 3 个月后仍然没有得到改善，建议去医院诊治。

新妈妈颈背酸痛症

新妈妈在哺乳后，常感到颈背有些酸痛，随着喂奶时间的延长，症状愈加明显，这就是哺乳性颈背酸痛症。

哺乳性颈背酸痛症原因

1 引起颈背酸痛的主要原因是新妈妈不良的哺乳姿势。一般新妈妈在给婴儿喂奶时，都喜欢低头看着婴儿吮奶，看得入迷以致忘记了时间，由于每次喂奶的时间都达十数分钟以上，且每天数次，长期如此，就容易使颈背部的肌肉紧张而疲劳，产生酸痛不适感。

2 一些新妈妈由于乳头内陷，婴儿吮奶时常含不稳乳头，这就迫使妈妈必须要低头照看和随时调整婴儿的头部，加之哺乳时间较长，容易使颈背部肌肉出现劳损而感到疼痛或不适。

3 母婴同床的妈妈为了睡觉不压到婴儿，或为哺乳方便，习惯固定一个姿势睡觉，造成颈椎侧弯，引起单侧的颈

背肌肉紧张，导致颈背酸痛的产生。

4 未注意颈背部的保暖，受凉导致风寒入侵，产生疼痛。

5 职业的影响。长期从事低头伏案工作的女性本就易颈背部酸痛，如果再加上产前营养不足，休息不佳，平时身体素质较差，在哺乳时就更容易引起颈、背、肩的肌肉、韧带、结缔组织劳损而引发疼痛或酸胀不适。

预防哺乳性颈背酸痛症

在明白颈背酸痛的原因后，即可找出预防此痛的措施。

1 及时纠正自己哺乳时的不良姿势和习惯，避免长时间低头哺乳。

2 在给婴儿喂奶的过程中，可以间断性地做头往后仰，颈向左右转动的动作。

3 夜间不要习惯于单侧睡觉和哺乳，以减少颈背肌肉、韧带的紧张与疲劳。

4 平时注意适当的锻炼或活动。

5 另外，要防止乳头内陷、颈椎病等疾患，及时治疗。

6 最后，要注意颈背部的保暖，夏天避免电风扇直接吹头颈部，睡觉时盖好被子，天凉时最好戴上围巾。

7 同时，要加强营养，必要时可进行自我按摩，以改善颈部血液循环。

产后眩晕的调理

很多新妈妈在产后出现了眩晕，睁眼时有周围景物旋转、上下晃动或左右移动的错觉，而闭眼时则感觉自身旋转或晃动，还常伴有眼球震颤、平衡失调、头晕目眩以及恶心、呕吐、出汗、心动过缓、血压下降等植物神经功能紊乱症状，严重时还会晕厥。现代医学称为"产后体位性低血压"，中医则称之为"产后眩晕"。

产后眩晕的原因

产后眩晕多半与贫血有关，在怀孕时，体内增加羊水与胎儿的体液，冲淡了原本的血红素浓度，加上生产过程中失血，气血两亏，就可能会产生眩晕的情况。

产后眩晕怎么应对

1 多休息，静养以调理身心。

2 饮食方面，多吃一些营养丰富的热汤类食物，热量高一些；蛋白质、铁、维生素等尽量配合齐全；可食用老姜、红枣、枸杞等补血、补气食物；同时还应忌食生冷食物。

3 每天少食多餐为宜，避免引起胃部不适。

4 下床前，要先吃东西，恢复体力。下床时，先在床头坐5分钟，确定没有不舒服感觉后再缓慢起身，身旁要有人搀扶。

5 起床或从椅子上站起来的时候，动作要慢，不要突然站起来。如有眩晕现象，要立刻坐下来，扶住固定物，把头向前放低，在原地休息，然后喝点热水。

第1篇 调理身心，轻松坐月子

产后依然水肿怎么办

产后妈妈可以用手按压皮下脂肪较少的地方，如小腿前侧、手背、脚背等地方，如果形成明显凹坑，手收回后，需要3~4秒时间凹坑才能恢复，说明患上产后水肿了。

产后水肿的原因与症状

产后水肿的主要原因是体内水液潴留，不能顺利排出体外。根据水肿原因不同，其症状也是有一定的差别，主要有以下两种情况：

一部分妈妈产后水肿是孕期水肿问题的遗留，这种水肿是正常的，在生产后，随着排尿和汗液排出量的增加，水肿情况就会慢慢得到缓解，一般产后4周会恢复正常。

另一部分妈妈在产后较长的时间里，仍然无法消除水肿，甚至出现全身水肿的情况，并且伴有食欲不振、头晕眼花、尿涩疼痛的症状，这时就需要到医院检查治疗，检查心脏、肾脏、肝脏有无疾病，以及是否出现了凝血或静脉血栓的现象。

妈妈该如何消除水肿

产后妈妈如果出现了水肿，除了及时咨询医生治疗外，还可以在日常生活中进行调理。

1 不要保持一个姿势太久，久站或久坐都会形成水肿。休息时，适当抬高腿部，有利于缓解水肿。

2 饮食应以清淡少盐为主，如果盐的摄入过量，会使体液浓度增加，也增加了水分排出体外的难度，这样就造成了盐过量水肿。

3 适当食用利水消肿的食物，如薏米、红小豆、鲤鱼等。带皮的生姜，也可以起到消肿的作用。

产后腹痛怎么办

女性下腹部的盆腔内器官较多，出现异常时，容易引起产后腹痛。新妈妈分娩以后出现小腹疼痛的症状，在医学上被称为"产后腹痛"，又称"儿枕痛"，常常伴有恶露不下或恶露不尽的症状，手按小腹能摸到硬块（这是收缩中的子宫）。

产后腹痛的原因与症状

1 新妈妈在月子里受冷，或腹部触冒风寒，使寒邪乘虚而入，致血脉凝滞，气血运行不畅，不通则痛。

2 产后因过悲，过忧，过怒，使肝气不舒，肝郁气滞，则血流不畅，以致气血淤阻，也会造成腹痛。

3 产后站立、蹲下、坐、卧时间过长，持久不变换体位，引起瘀血停留，而致下腹疼痛坠胀。

4 宫缩痛：生产过后，留在子宫内的胎盘、胎膜、子宫内膜蜕膜、瘀血会随着宫缩陆续排出，每当宫缩时妈妈就会感觉小腹疼痛，所以这种疼痛往往是阵发性的，多出现在产程较短或生育次数较多的妈妈身上。

怎样应对产后腹痛

1 宫缩痛在宫缩停止后就会自行消失，一般需要2~3天的时间，妈妈可以不用太顾虑。保证充分睡眠，避免久站、久坐、久蹲，防止子宫下垂、脱肛等病的发生。如果腹痛过于剧烈，难以忍受，可以在医生的指导下服用一些止痛药。

2 远离寒凉。妈妈不要着凉，尤其需要注意腹部保暖。不要让腹部长时间地露在外面，裤子裤腰最好能盖住肚脐，睡觉时在腹部多搭一条毛巾或毛毯。

3 多活动，避免坐卧时间太长。妈妈如果可以下床，就多下床走走；如果不能下床，就多翻身，帮助气血运行，以免气血淤滞在体内，不能排出。

4 妈妈要保持开朗、乐观的心态，不要生气。

5 小腹疼痛时，妈妈可以对小腹进行热敷或做轻柔的按摩，帮助血液循环，减少淤滞。

6 食用活血化瘀的食物：用 100 克红糖与 10 克鲜姜加水煎服，活血化瘀。或用 20 克红糖与 10 克桂片用水煎服，也可缓解疼痛。

夏季防产褥中暑

产 褥中暑是指新妈妈在室内高温闷热的环境下，体内余热不能及时散发引起的中枢性体温调节功能障碍。产褥中暑常有先兆症状，如大量出汗、四肢乏力、口渴。当出现这些先兆症状而未及时处理时，就会发展成真正的中暑，症状为：体温升高、面色潮红、剧烈头痛、恶心、呕吐、胸闷加重、脉搏细数、血压下降等。严重者体温继续上升，可达 40℃ 以上，出现昏迷、抽搐，皮肤转为干燥，全身无汗。如不及时抢救，数小时即可因呼吸循环衰竭而死亡，即使幸存，也会遗留严重的神经系统后遗症。所以，新妈妈要注意预防产褥中暑，一旦有先兆症状，应赶紧采取措施，或请求医生的帮助。

产褥中暑的预防

1 保持室内通风。坐月子切不可将屋子里的窗户都关得死死的，要经常通风换气，保持室内清洁凉爽。

2 被褥不宜过厚。产后要注意被褥不宜过厚，衣着也要透气，以免捂得体温升高。尤其是夏天温度本来就比较高，再加上产褥期出汗较多，一定要注意及时更换衣物，经常用温水擦浴，勤换衣服，避免产褥中暑。

3 及时补充水分。水可以帮助减低体温，并补充汗液流失的水分。一天应摄取 2000~3000 毫升的水，且

第 1 篇 调理身心，轻松坐月子

要遵循少量多次慢饮的喝水原则。

4 保持清洁卫生。勤换卫生巾，如厕后用温水冲洗会阴部，以减少感染发生。

产褥中暑怎么办

如果身体出现了一些中暑的先兆，如口渴、多汗、恶心、头晕、心慌、胸闷等不适时，就应该立即离开高温环境，到通风较好的凉爽处休息。解开衣服，多饮些淡盐水或服十滴水、人丹、解暑片、藿香正气水等，并用力按摩四肢，以防止周围血循环的淤滞，短时间内即可好转。

如出现高烧、昏迷、抽搐等症状，应让新妈妈侧卧、头向后仰，保证呼吸道畅通。在呼叫救护车或通知急救中心的同时，可用湿毛巾或用 30%~50% 的酒精擦前胸、后背等处。

产褥感染防与治

产褥感染是指分娩及产褥期生殖道受病原体侵袭，进而引起局部或全身的感染，多发生在产后 2~5 天。

产褥感染的症状

开始出现发热、头痛、全身不适及下腹部压痛、恶露有臭味且增多等症状。如果蔓延成为子宫组织炎，将继续发热，子宫两旁存在压痛；如果发展为腹膜炎，除了高烧，还出现寒战、腹部压痛剧烈及腹胀等症状；假如发生菌血症或败血症，将会出现严重的中毒症状，危及新妈妈的生命。所以，新妈妈要提高警惕，尤其是产后发热的新妈妈，应考虑是否为产褥感染。

如何预防产褥感染

对于产褥感染，预防胜于治疗。

1 产前应加强营养，纠正贫血，治疗妊高征及其他并发症，预防和治疗滴虫性阴道炎或霉菌性阴道炎。

2 妊娠末期禁止性交和盆浴，也禁止一切阴道治疗，以免将病菌带到阴道和子宫里，产后引起感染。

3 临产时加强营养，注意休息，避免过度疲劳；接生器械要严格消毒；尽量减少出血及撕伤。

4 产后新妈妈要注意卫生，尤其是要保持会阴部的清洁；尽量早期起床，以促使恶露早排出；注意营养，增强身体抵抗力；产褥期要禁止性生活。

产褥感染的治疗

一旦患了产褥感染，一定要及时治疗，使用针对性强、敏感性高的抗生素，如青霉素、卡那霉素、庆大霉素、灭滴灵等。患产褥感染的新妈妈要充分休息。

走出产后抑郁，开心当新妈妈

测一测：你患产后抑郁了吗

产后新妈妈的情绪起伏波动较大，容易出现抑郁、悲伤、沮丧、哭泣、易激怒、烦躁等一系列症状为特征的心理障碍，是产褥期精神综合征中最常见的一种类型。通常在产后2周出现，其病因不明，可能与遗传、心理、分娩及社会因素有关。

下面是一套抑郁程度测试试题，如果新妈妈不知道自己是否出现产后常见的心理抑郁，可以简单测试下列试题，每一个项目都只需回答"是"或"否"。如果回答"是"的问题多于3个，新妈妈就有可能患上了轻度产后抑郁症。

1. 一点儿小事都会哭好久。

2. 以前根本不在乎的小事情，现在能一整天耿耿于怀。

3. 每天的大多数时间都感觉没有精神，很容易疲倦。

4. 白天情绪低落，夜晚情绪高涨，呈现昼夜颠倒的现象。

5. 对自己缺乏足够的信心，担心丈夫对自己感到厌烦。

6. 认为孩子如果没有我照顾会更好，更健康。

7. 认为孩子到来后，永远不可能再有属于自己的私人时间。

8. 经常无缘无故地对丈夫和孩子发火，虽然事后也后悔，但就是克制不住自己的情绪，常常有莫名其妙的怒火想发泄。

9. 精力总是不能集中，更别提一心一意地做一件事情。

10. 总觉得别的新妈妈都做得比自己好。

11. 害怕离开家或独自在家。

12. 好像对什么都提不起兴趣，以前非常感兴趣的事现在都感到很乏味。

13. 每天都处于焦躁不安，不能安静地待一会儿。

14. 食欲不振，吃不下东西或者吃一点儿东西就不想吃了。

15. 入睡很困难，翻来覆去好不容易睡着了，往往一有响动就惊醒了。

16. 经常想婚姻是否还有其他不妥的地方，或是对婚姻不满意。

17. 自从生了孩子以后，不愿和别人来往，即使跟好朋友也不愿联系。

🎖 专家叮咛

对大多数新妈妈来说，产后情绪波动只持续几天的时间，只要保持一颗乐观的心，很快会恢复到从前。若产后长期忧郁，应及时看心理医生。

第1篇 调理身心，轻松坐月子

产后抑郁损害母婴健康

产后抑郁症也叫产后忧郁症，是新妈妈在生产后由于生理、心理等多方面的原因引起的心理疾病，通常发生在产后数天内，持续时间短，且基本上都能自愈的轻微精神障碍，其主要症状是：烦闷、沮丧、哭啼、焦虑、失眠、食欲缺乏、易激怒。重者甚至出现幻觉或自杀等一系列症状为特征的精神紊乱，如不加以正确引导，可能导致严重后果。

产后抑郁对妈妈的危害

患了产后抑郁症的新妈妈通常会感到心情压抑、沮丧，不愿意见人，经常一个人偷偷地伤心、流泪，或经常产生焦虑、恐惧心理，性格也会变得暴躁、易怒。有些新妈妈会出现头晕、头痛、恶心、便秘、泌乳减少等躯体症状。

比较严重的产后抑郁症患者甚至会产生绝望、离家出走、伤害宝宝或自杀的想法和行动。家人需要给予新妈妈更多的关心。

产后抑郁对宝宝的危害

产后抑郁症会使宝宝得不到应有的照顾，会令妈妈不愿抱宝宝，或不能观察宝宝的反应，宝宝的啼哭或其他问题不能唤起妈妈的注意等。

妈妈的漠视或异常举动会令母婴的情感纽带联系不起来，从而影响宝宝发育，出现发育不良、动作发展不良、与母亲产生情感障碍、性格障碍等不良后果。有些病情严重的新妈妈还会产生伤害宝宝的念头和行为，对新生儿的成长更是危害巨大。

产后抑郁的原因

女性原本就感情比较细腻丰富，而分娩引起新妈妈内分泌环境的急剧变化而致内分泌的不平衡，产后身体和心理上的变化十分剧烈，是导致产后抑郁症的主要内因，而家人对新生儿及新妈妈的态度、丈夫的协作程度、新妈妈本身心理素质、社会的帮助等社会与环境因素，是不可忽视的诱因。

生理原因

分娩本身可使内分泌出现新的变动，从而伴发植物神经的功能紊乱。如在孕期增加的前列腺素水平，随分娩而下降，致使新妈妈普遍体验到情绪波动；而分娩时的出血又助长上述变化，使情绪剧烈波动。

生产使新妈妈经历了剧痛，产后伤口恢复需要较长的时间，新妈妈容易烦躁。如果在产后恢复不良，发生其他情况，如感染、发炎、伤口迸裂等情况，身体有更长时间的不适，新妈妈对健康的担忧加剧，容易引发产后抑郁。

育婴的压力

新妈妈在生产之后，伴随着精神紧张、身体疲劳，面临着婴儿的抚养重任，还有对经济、健康、作息及家庭人员关系考虑的加剧，一时间兼有妻子、母亲、女儿和媳妇的多重身份及面对多种需要，这种角色的改变及如何扮演好各个角色，就成为新妈妈心理上的极大负担。

另外，每天哺喂婴儿，观察婴儿健康状况，婴儿的哭闹常常耗费新妈妈大部分的精力，让新妈妈容易烦躁，也使新妈妈产生手足无措的感觉，这时候新妈妈容易产生挫败感，怀疑自己的能力，对自己能否胜任新妈妈的工作产生怀疑，这种怀疑的加深，容易带来产后抑郁。

家人没有照顾到新妈妈的情形

新妈妈在生产中付出很多，都希望得到家人更多的肯定和认可，如果新妈妈没有得到，就容易产生抑郁情绪。家人细微的情感表露，尤其是新爸爸的态度，都有可能让她情绪不稳，出现抑郁情绪，如果有责备、埋怨或其他表示不满的行为，更容易导致产后抑郁。

产后抑郁重在调理

产后的情绪障碍不单是一个医学问题，也是社会因素和人格倾向的综合问题，产后情绪差一般不用药物治疗，轻度的产后抑郁可以预防，重度抑郁通过调理也可以减轻症状。

自我调节法

新妈妈要学会自我调整，自我克制，多从积极的角度考虑问题。

饮食起居方面，多吃水果和粗纤维蔬菜，不要吃巧克力和甜食，少吃多餐。身体健康可使情绪稳定，要尽可能保证充分休息，适度运动，如散步、做较轻松的家务等，但避免进行重体力运动。

不要过度担忧，应学会放松，不要强迫自己做不想做或可能使你心烦的事。把你的感受和想法告诉你的家人，让他们与你共同承担并分享。这样你会渐渐恢复信心，增强体力，愉快地面对生活。

家人的帮助

新妈妈家属应了解产褥期这一特殊生理变化，体谅新妈妈，帮助调节新妈妈的情绪，对新妈妈给予照顾和关怀。特别是丈夫，应该抽出更多的时间来陪伴妻子，经常进行思想交流，设法转移新妈妈的注意力，帮助妻子料理家务或照顾宝宝，让新妈妈在分娩后有一个和谐、温暖的家庭环境。

 专家叮咛

妊娠、分娩、产褥是女性正常的生理过程，一旦妊娠，就要开始了解有关怀孕与产褥方面的知识，进行相应的检查和咨询，有充足的了解会令妈妈对自己更有信心。

保护新妈妈免受刺激

负面的情绪对坐月子非常不利，对于外界的精神刺激和蛊惑，新妈妈要平淡面对，调节自己的感情，不要大喜大悲，要节思虑，防惊恐，排除各种杂念，消除或减少不良情绪对心理和生理产生的影响。

每天留一点时间给自己

新妈妈经常面临的一个问题就是有了宝宝后就失去了自我，没有自由的时间。其实，新生儿一天大部分时间都是睡觉，新妈妈不妨好好利用这段时间，选择自己喜欢的方式，给身心放个小假，比如做个面膜，享受美丽，或者静思冥想，做回自己。

试着多克制自己的情绪

克制自己的情绪是人一生都需要练

习的一门生活艺术。新妈妈的情绪不稳定，一定要多鼓励自己克制，清心寡欲，恬淡静养，忌嗔怒以养性，守清静以养心，寡思虑以养神，寡嗜欲以养精，勿将往来刺激牵挂在心上。

如果产后的确面临严重的不愉快的生活事件，甚至问题棘手难以解决，不要让精力总是停滞在不良事件上，越想不愉快的事心情就会越不好，心情越不好越容易钻牛角尖，心情就会越发低落，陷入情感恶性循环的怪圈中。新妈妈可以用其他事情或兴趣爱好来转移自己对不愉快事情的注意力。

亲友不要给予新妈妈刺激

新妈妈的家属及亲友也要避免使用刺激性语言，不使新妈妈烦恼动怒，忧愁悲伤。家人不要用传统的方式来对待新妈妈，像不能洗澡、不能下床、不能出门等不必苛求，这些都会越发地使新妈妈感觉到生活乏味单调，加剧抑郁情绪的产生。家人不妨多顺从新妈妈的需求，如果感觉新妈妈的做法不妥当，可以用委婉的方式提点，或者默默给予适当的帮助，令新妈妈感到家人带来的温暖。

产后抑郁的中医疗法

中医认为产后抑郁的原因有肝气郁结、痰气郁结和阴虚火旺三种，治疗抑郁首先要辨明原因，然后分别选用不同的方药进行治疗。

种类	症状	药方	疗效
肝气郁结	精神抑郁，胸闷胁痛，腹胀嗳气，不思饮食	炙甘草、炙枳实、柴胡、白芍药各3克，粉碎为末，白开水调服，每天1剂，分3次服下	解郁热和疏肝理气
痰气郁结	咽喉似有东西梗阻，咳不出，咽不下	半夏、厚朴各10克，茯苓、生姜各15克，紫苏叶6克。每天1剂，水煎服	利气化痰，宽中解郁
阴虚火旺	眩晕心悸，心烦易怒，失眠	熟地、山药、山茱萸、茯苓、泽泻、柴胡、白芍、酸枣仁、当归各10克，牡丹皮、栀子各6克，水煎服，每天1剂	滋肾水，清肝火，养血，宁心安神

产后抑郁的自我调节法 ·····

如果只是出现轻微的产后抑郁症状，新妈妈不必进行治疗，可以尝试以下方法进行自我调节。

1 大胆向家人表达不希望受冷落的想法。生孩子后会产生一种错觉，就是身边所有人的关注点都转移到孩子身上，似乎自己不再是丈夫的娇妻，不再是父母的掌上明珠。虽然与孩子"吃醋"难以启齿，但新妈妈几乎无一例外都有一种失落感。其实，不妨在家人面前撒撒娇，得到他们的关爱，是最强有力的抗抑郁武器。

2 走出自我，多与其他妈妈沟通交流。不妨和已经做妈妈的人联系一下，彼此交流一下经验，一般来说有孩子的女性通常会对新妈妈的处境感同身受，她们的建议能够很大程度上直中新妈妈内心，给新妈妈带来借鉴和安慰。如果有要好的亲友，可以和他们聊一聊，与人交流可以在很大程度上消除新妈妈的孤独和无助感，消灭抑郁。

3 转移注意力：如果因为产后面临的生活困难或生活中发生的不愉快事件而感到难过，新妈妈可以去做一件自己喜欢的事，把自己的注意力从不愉快的事情上转移开。新妈妈如果学会了转移注意力，在受到委屈的时候，有意识地忘掉这件事，就能很快从不良情绪中脱身出来，避免因为委屈的情绪一直深入，最终导致这种委屈郁结在胸，无处释放。

4 行为调整：适当进行一些放松活动，例如播放一些舒缓的音乐，心情也会随着音乐放松下来；或者阅读一些幽默感较浓，积极向上的笑话书，这些书往往妙语连珠，新妈妈看了之后，心情大多数可以转好。此外，深呼吸、散步、打坐、冥想等活动都对帮助新妈妈走出阴霾、抵抗抑郁，具有不可否认的好处。

产后抑郁的食物疗法

许多食物具有舒缓紧张，放松心情，使人愉悦的功效。这类食物一般含有丰富的B族维生素、维生素C，矿物质如钾、镁、锌。如怀疑自己患产后抑郁，新妈妈可以多吃以下食物。

富含钾离子的食物

钾离子有稳定血压、情绪等作用。香蕉中含有一种称为生物碱的物质，可以振奋人的精神和提高信心。富含钾离子的食物有香蕉、瘦肉、坚果类、绿色蔬菜、番茄、酪梨等。

富含B族维生素的食物

鸡蛋、酵母粉、深绿色蔬菜、牛奶、优质肉类、谷类、南瓜子、芝麻富含B族维生素。B族维生素是维持神经系统健康及构成脑神经传导物质的必需物质，能减轻情绪波动，有效地预防疲劳、食欲不振、抑郁等。

含有丰富的维生素C的食物

维生素C具有消除紧张、安神、静心等作用。葡萄柚里高量的维生素C不仅可以维持红细胞的浓度，使身体有抵抗力，而且维生素C也可以抗压。最重要的是在制造多巴胺、肾上腺素时，维生素C是重要成分之一。新鲜蔬果、葡萄柚、柑橘类、木瓜、香瓜含有丰富的维生素C。

含有丰富镁的食物

空心菜、菠菜、豌豆、红豆这些食物含有丰富的镁，镁具有放松神经等作用。研究人员发现，缺乏叶酸会导致脑中的血清素减少，导致忧郁情绪，而菠菜是富含叶酸最著名的食材。

富含鱼油及 ω-3 脂肪酸的食物

深海鱼（如鲑鱼）含有丰富的鱼油及 ω-3 脂肪酸，海鱼中的 ω-3 脂肪酸与常用的抗抑郁药如碳酸锂有类似作用，能阻断神经传导路径，增加血清素的分泌量，可以部分缓解紧张的情绪，能明显舒解抑郁症状，包括焦虑、睡眠问题、沮丧等。

专家叮咛

产后抑郁症会给新妈妈和宝宝带来不良影响，家人一方面要注意安排好新妈妈的饮食，多给新妈妈吃抗抑郁的食物；另一方面要做好新妈妈的情绪安抚工作，改善新妈妈产后抑郁和焦虑的症状。

关注剖宫产妈妈的心理健康

剖宫产妈妈的心理比较特殊，伴随着程度不一的身体创伤，还有心理上的各种失落，较之自然生产的妈妈，更容易患产后抑郁。一般来说，剖宫产妈妈的心理存在一定的规律性，掌握这个规律，往往就能正确面对产后的种种问题，避免抑郁。

第一个阶段：很多原本想自然顺产的妈妈在不得已接受了手术后，很难接受这个事实，感觉宝宝很陌生，对即将开始的育儿生活感到迷茫。

第二个阶段：在生产后的第 1 个星期里，迷茫的感觉渐渐地消失了，取而代之的是失望的情绪。因为没有亲身经历孩子被娩出的过程，感到很遗憾，甚至自责，难以进入母亲的角色。这需要新妈妈及时调整，家人也应多抚慰。

第三个阶段：从生产后的第 8 周开始，许多妈妈把与宝宝相处时做得不够完美的原因都归结于是剖宫产惹的祸。在这个阶段，新妈妈可能会梦到分娩的过程，这种情况并不少见，而这些梦境有助于使她们重新理解自己的生产过程。

第四个阶段：与其他有类似分娩经历的妈妈相接触非常重要，有的时候通过剖宫产分娩的妈妈需要几个月的时间才愿意与同样是剖宫产生孩子的妈妈说话，当她们发现有很多类似的经历的时候，不再感到孤独，从而心情得到了极大的放松。

第五个阶段：身体的恢复以及与宝宝的亲密共处使分娩的痛苦经历被渐渐淡忘，新妈妈能够客观地对待剖宫产了。

剖宫产并没有绝对的好坏之分，它的出现是科技进步的体现，是辅助分娩的重要手段，妈妈无须过于敏感。

给朋友打个电话

心理学家认为，人的各种感情，一定要通过心理上的应激反应以各种形式表现出来，如果闷在心里郁郁不乐，将有损身心健康。

新妈妈如果有不良情绪，要及时宣泄出来。那些亲近、信任的朋友是最好的倾诉对象，新妈妈不要疏远了他们，多向他们倾诉自己的感受，取得他们的体谅和安慰，往往都能从中感受到莫大的关心和温暖，从而使自己的心情好起来。

新妈妈也许觉得跟别人倾诉育儿的烦琐的事会招人烦，不妨试着少抱怨，多以快乐的方式来倾诉，会让自己也不知不觉快乐起来。新妈妈也可以跟朋友聊聊育儿以外的事情，把自己从小圈子里解放出来，视界的开阔冲淡妈妈的忧郁。

无论高兴还是悲哀，尤其在感觉压抑的时候，都可以找出好朋友的电话，打给他，约他见面聊聊，或者在电话里倾诉自己的心情，将情绪宣泄出去，这样不良情绪才不会越积越多，更不会导致新妈妈产后抑郁。

另外，倾诉不但可以缓解自己的压力、调解情绪，还可以增加朋友之间的感情，深厚的友情也是人生中一件乐事。

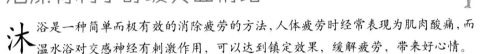

专家叮咛

如果有些事情不愿意向别人提起，新妈妈也可以自言自语倾诉，或者可以通过文字或图画的形式记录下来，这种办法可以取得内心感情和外界刺激的平衡，对预防抑郁都也有一定帮助。

泡澡有利于舒缓负面情绪

沐浴是一种简单而极有效的消除疲劳的方法，人体疲劳时经常表现为肌肉酸痛，而温水浴对交感神经有刺激作用，可以达到镇定效果，缓解疲劳，带来好心情。

掌握洗澡的时间和水温

达到缓解疲劳效果的洗澡时间一般为 10~15 分钟，最长不超过 20 分钟，每天最好不要超过 2 次，入浴时间过长、次数过频对消除疲劳的作用会适得其反。

洗澡水以 41~43℃的温水为宜，这个温度段的洗澡水最能消除身体疲劳。如果水温过高，消耗热量多，不但不会消除疲劳，反而会感到疲惫；水温过低，血管收缩，不易消除疲劳。

缓解疲劳的洗澡方法

首先浸泡到膝盖以下 3 分钟，双手及两肘可放入水中，按摩脚踝；然后坐下，让水淹过肚脐，大约浸泡 3 分钟；最后全身坐入浴缸，依照各人喜好浸泡。

按摩脸部有助于舒缓紧张

在疲劳时搓一搓脸，马上就能感觉神清气爽，因为面部分布着很多表情肌、穴位和敏感的神经，在热水的刺激下，血

液流动加快，如果这个时候配合搓脸能舒展表情肌，搓脸时可以先用手掌轻轻地由下向上搓，然后双手食指从额头开始，划拳式地向下依次轻轻揉按，一直按到下巴，整个脸部都会舒缓起来。

新爸爸的体贴是一剂良药

新爸爸要了解妻子的心理

生完孩子后，许多新爸爸手忙脚乱，尤其对于产后心理比较复杂的妻子，想要安慰却又不得其法。这时候新爸爸需要了解妻子的想法。

新妈妈对于别人尤其是丈夫的关心会有着很大的期待。宝宝出生后，新妈妈们似乎有意无意就陷入了"吃醋"的怪圈，总是感觉老公的爱意都转移到宝宝身上了，以前对自己百般宠溺的老公，现在只顾围着宝宝转……这个时候，丈夫不妨放下宝宝，多抱抱妻子。如果让

新妈妈感觉到，身边每一个人都把她生孩子当作一件很重要的事情来关心，她内心的期待就会得到很大的满足，也就不容易发生焦虑和产后抑郁症。

除了表示关心，丈夫还要积极为妻子提供切实的帮助。生孩子后，最容易让新妈妈产生焦虑的就是自己的乳汁不够多。看着嗷嗷待哺的孩子，很多初为人母的妈妈会急得掉眼泪，焦虑得晚上睡不着觉。但这样对增加乳汁分泌没有一点好处。这个时候丈夫可以学习哺乳的知识，帮助妻子通过按摩乳房、调理饮食等，来给她提供很实在的帮助。这些帮助是可以缓解她的焦虑甚至抑郁的情绪。

此外，新爸爸要改一改沉默是金的信条，学会赞美妻子。几乎所有的新妈妈都担心自己因为生育而失去了完美的身材，失去了白净无瑕的肌肤，不再具有往昔的魅力。此时，新爸爸应该毫不吝惜地赞美她，告诉她比之前更有魅力了。

新妈妈要体谅丈夫

宝宝的到来可能令夫妻之间暂时没有了从前自由的浪漫时光，但这并不表示没有浪漫了，妈妈要相信自己在丈夫心中的地位从来不曾因为宝宝的出现而改变，因为正是出于对自己的爱才有了对宝宝的爱。聪明妈妈应多给丈夫一点过渡的时间，让他充分体会初为人父的快乐。

如果妈妈感觉受冷落了，不要埋在心里，大胆地和丈夫说出来。此外，双方也可以抽出时间共度一下二人世界。

积极的心理暗示产生正能量

心理暗示的作用是巨大的，不但能影响人的心理与行为，还能影响到人体的生理机能。因此，消极的暗示能扰乱人的心理、行为以及人体的生理机能；而积极的暗示能起到增进和改善的作用。从心理学术语上讲，心理暗示分为自我暗示与他人暗示两种。

家人要多肯定新妈妈

他人的积极暗示有时候能让新妈妈自信满满，所以家人不妨偶尔不经意夸奖新妈妈，这对帮助新妈妈面对产后生活、远离产后抑郁是很有帮助的。此外，新妈妈学习育儿，以及在育儿后重新恢复自信，都需要一个过程，家人不可对新妈妈要求过于苛刻，否则也会让新妈妈产生挫败感。

学会自我欣赏

有的新妈妈本身会有自卑倾向，对自己是否能够带好宝宝，是否能够当一个合格的新妈妈也不自信。这个时候新妈妈要多看自己的优点，多欣赏自己，并且坚信自己有能力了解自己的宝宝，并能给他最好的照顾。

多想美好的事物

心理暗示在日常生活中随时随地都可以看到，它是用含蓄、间接的办法对人的心理状态产生迅速影响的过程，它用一种提示，让我们在不知不觉中接受影响。如果新妈妈想美好的事情，美好的心态就跟着来；如果想邪恶的事，邪恶的心态就会跟着来。所以，新妈妈要多想美好的事物，当新妈妈习惯地想象快乐的事，神经系统便会习惯地令新妈妈保持快乐的心态。

多鼓励自己

看到一件喜悦的事，它会做出喜悦的反应；看到忧愁的事，它会做出忧愁的反应。所以，我们只能输入积极的语言，比如"在我生活的每一方面，都一天天变得更美好""我的心情愉快""我一定能成功"等，语句简洁有力，不要含糊、脱离实际及与人攀比。永远不要对自己说"我不行""干不好""我会失败"等。

与宝宝的睡眠同步

保持充足的睡眠，赶走疲倦是新妈妈远离抑郁的必胜法宝。新妈妈分娩后，耗了很大的体力，加之出血，充足的休息十分必要，每天应保持安静睡眠8~10个小时。

配合宝宝的睡眠。新生儿的饮食作息规律还未养成，大部分新生儿2~3小时就需要吃一次奶，在晚上也需要喂乳，新妈妈尤其是人工喂养的必然感到疲惫。所以新妈妈必须在白天尽量休息，配合孩子的作息时间来休息，在他睡觉时，或是安静地玩耍时，新妈妈可以立即闭上眼睛休息，以保证身体健康。

有的新妈妈不习惯白天睡觉，因此在白天宝宝休息时必须强制自己即使不困也应该躺下闭目养神，逐渐把生物钟调整到与孩子同步。

不做影响睡眠的事情。在睡前最好用热水泡泡脚来放松心情，在睡觉时，新妈妈们应该做点能让自己放松的事，或者什么都不想，用数山羊这类有助催眠的方法来帮助自己入眠，尽可能不让自己过于紧张和劳累，影响来之不易的睡眠。

适应育儿生活节奏

宝宝的到来打乱了原来的生活秩序，不少新妈妈发现很难适应与新生儿在一起周而复始的生活，情绪也受到影响。

对妈妈来说，分娩后的最初几周内发生了巨大变化，首先就是晚上不可能再睡整夜觉，新生宝宝的睡眠周期只有2~3个小时，晚上不断地醒过来，有时候要喝奶，有时要换尿布，因此新妈妈常常感觉刚合眼就被宝宝吵醒了；其次是新生宝宝的睡眠规律没有建立，时常分不清白天黑夜，喜欢睡反觉，这对生物钟已经养成的成人是很难适应的；最后就是新生儿不会讲话，要花费时间去了解他的各种需要，常常让新妈妈摸不着头脑。

妈妈面对的是一种全新的生活，需要在短暂的时间内学习许多新东西，为此妈妈要付出几乎所有的精力，并花费全部时间来适应这段新生活，所以感到难以适应是很正常的现象，但这同时也是大自然赐予新妈妈的机会，让妈妈在忙碌的锻炼中快速地提升自己。

要相信无论是经验丰富还是缺乏经验，最终妈妈都会找到一种新的生活方式，既适合家庭又能给自己休息的时间。因为随着宝宝的长大，他的吃喝拉撒睡都会形成一定的规律，妈妈只要掌握了这种规律，抚养孩子就不再是负担，而且会变得轻松和充满乐趣。

"敏感"是天赐的育儿本能

由于产后生理机能的各项变化，每个妈妈或多或少都会有一些敏感、情绪低落、抑郁，这些只是暂时的，并不一定都是忧郁症前兆。相反，新妈妈变得敏感是与育儿需要相适应的。心理学家甚至认为产妇的极度敏感是大自然赋予她的倾听婴儿需要的功能，是一种适应新生儿的行为，令新妈妈能更好地理解自己的孩子。

产后抑郁症是一种心理的情绪反应，可以使母亲和婴儿"同病相怜"，保持在相同的频道上沟通，使母亲更细致准确地随时捕捉孩子的反应。脆弱、总想哭，这种感觉将新妈妈和宝宝放在接受外界事物的同一水平上。

20世纪初，英国的精神分析家韦尼科特就提出了这种看法，他认为母亲在分娩后最初几天会出现忧郁的情绪，他将这种情绪描述为母亲的"倒退状态"，这种状态使母亲完全与新生儿相同，以便知道婴儿的期望。

在这样的观点的基础上来看，新妈妈的极度敏感，甚至热泪滚滚常常使亲人感到不安，但宝宝对妈妈的敏感非常适应，产后的暂时敏感可能是让妈妈用来与宝宝沟通的。

所以，新妈妈不应将注意力过多集中于自己是否忧郁上，而是多关注宝宝。如果宝宝让你有哭的冲动，那就偶尔哭一下吧，事实上眼泪有极好的发泄作用，哭后会比哭前轻松很多。过不了多久，当可以用语言同婴儿沟通时，新妈妈的敏感度会降低，一切都将恢复正常。

爱妈教室

适当地放任一把自己的脆弱，甚至哭一下，对于舒缓紧张有很好的作用，但前面说过月子里不能哭泣，新妈妈注意不要放纵负面情绪的扩散。

与长辈观念分歧怎么办

由于社会经济和科技的迅速发展，现在带孩子的条件和观念与20年前差异很大，甚至否定了许多传统的观念。因此，新父母在养育宝宝的问题上与长辈有分歧是常有的事，解决和长辈照顾孩子的观念的分歧，关键在于事前进行沟通和协调。

1 以正确的心态看待育儿分歧。要理解长辈的出发点，同样是出于爱护宝宝的善意角度，尽管他们的观点可能不对，新妈妈也不要一味否认他们的好意，可以"动之以情，晓之以理"，一定能够取得长辈的认同。

2 虚心听取长辈的意见。因为许多传统的东西并不一定过时，新妈妈可以吸取所长，同时也能增加长辈帮忙带宝宝的信心和乐趣。

3 一起掌握育儿的知识。比起新妈妈单方面的灌输，对于长辈来说，一些诸如专家、电视节目或者育儿书刊的内容会让他们更有认同感。新妈妈不妨与他们一起阅读一些科学育儿的文章，有利于以后在教育的方式方法上达成一致，避免分歧。多看科学育儿的文章，经常和他们探讨，也利于增进感情。

4 事前统一教育方法。当宝宝犯错后，妈妈会对其进行教育，但常常出现老人干预的情况。因此新爸爸新妈妈要

和老人有必要在教育前进行思想上的统一，你们可以把目的、原因、需要注意的事项以及教育方法的利弊等与长辈进行沟通、商讨，达成一致。

专家叮咛

出于"隔代亲"的因素，有些长辈喜欢溺爱孩子，事事代劳，这时候新妈妈可以让宝宝用行动证明自己可以干好这些。一方面培养了宝宝的自信，另一方面也能让老人学会放手。

正确对待工作与育儿

有 了宝宝后，不少新妈妈又要踏入社会，重新进入职场了，这时新妈妈因为既看重孩子的未来，也比较看重自身的发展，两者往往难以兼顾，就可能会纠结于找不到平衡的矛盾之中而郁闷不已。

如何权衡工作与育儿

1 正视现实，调整计划，避免力不从心、急功近利。

重新出来工作，落后的可能性非常大，但这是可以改变的，要给自己能够赶上别人的机会，做好相应的心理准备，如考虑到上司和同事的顾虑，可提前对公司的情况做些了解。妈妈只要正确评

价自己和能力，一定会在职场重新找到自己的位置。

2 注意平衡自己的生活。
兼顾事业和家庭应采取循序渐进的方式，依序完成人生目标。如孩子3岁以前，全心养育孩子，同时注意充电，而后孩子已经上学，对妈妈的依赖变小，自己可以将大部分精力用于开拓事业。

3 做些实际的事情而不是过多忧虑。
把过多的精力放在与自己的斗争上，只能于事无补。如果实在无法抉择，可以做些实际的事情，比如出去上班，找个可靠的人帮助带孩子；做全职妈妈，收入降低，可以试着调整消费。

4 寻求丈夫与家人的支持。
丈夫与家人是最关心母婴的人，新妈妈应经常与他们沟通，孩子是夫妻双方乃至全家的事，妈妈没有必要把困难和压力都留给自己，亲人尤其是丈夫、父母都会乐意提供帮助。

关注新爸爸的产后忧郁 …………………………

生 孩子后，几乎所有人都会把精力放在母婴身上，而忽略了新爸爸。其实新爸爸也容易产生和新妈妈类似的情绪，出现产后抑郁症。有证据表明，新爸爸在宝宝出生后也可能会变得抑郁。

新爸爸产后忧郁的原因

有很多因素都会使新爸爸出现产后抑郁症，最常见的包括：

1 对做父亲有恐惧感，比如担心要承担的新责任，担心失去自由等。

2 角色焦虑，比如担心"我能不能当一个好爸爸"。

3 经济压力，包括抚养孩子的费用以及请保姆的费用等。

4 男性不善表露的特质，除了要承担各种压力外，男性从小就习惯了不把自己的恐惧表现出来，他们时常被要求"像个男人样"等，然而不表露自己的情感反而会使男人的压力增大。

新爸爸的产后抑郁症

偶尔的，新爸爸的产后忧郁还会进一步发展为产后抑郁症，医学上所说的抑郁症必须认真对待，而且这种抑郁症也确实能够被治愈，有抑郁症的人可能会有以下表现：

1 觉得很疲惫并且焦虑。

2 满脑子考虑的都是钱的问题。

3 开始与家人疏远。

4 易怒。

5 睡得太少或太多。

如果新爸爸有以上任何症状，持续时间超过 2 周，就有可能患上了产后抑郁。

所以，不管新爸爸在为什么而担心，都应该在自己感到焦虑的时候和朋友或者妻子聊一聊，互相了解对方的想法，只有把焦虑表达出来，才有可能更好地了解目前的局势，获得自己需要的支持，从而改善自己的情绪。

樊妈教室

新爸爸也需要支持、鼓励、宽慰以及一个能够释放焦虑的安全场所。在产后这段特殊的日子里，夫妻双方要互相支持，同甘苦共患难的夫妻之情对消除抑郁情绪也有帮助。

第 1 篇 调理身心，轻松坐月子

129

产后塑形，重回产前好身材

产后瘦身不可太心急

产后新妈妈的身体还在调整中，如果减肥不当，影响母子健康，得不偿失。

产后瘦身不可操之过急

减肥的方法很多，但对于新妈妈来说一般只能通过控制食欲和加强锻炼来达到减重的目的，但这两种方式对于刚刚分娩的妈妈也不适用，产后瘦身开始得太早，会伤害自己的身体。

过早地运动，容易使还未恢复的子宫、内脏下垂，或撕裂生产时的伤口，引起出血。

过早地节食，影响妈妈对营养的摄入，造成营养不良，身体恢复得不到营养的支持而变慢。营养严重不足时，会导致贫血或母乳不足等后果。

所以，妈妈在月子里不要减肥，只要控制体重不再增长即可，可以少吃高糖食物、少量多餐、不吃过饱等。

什么时候开始运动

分娩6~8周后：经过月子期间的调养，妈妈的身体恢复得差不多了，可以开始简单的运动（体操、瑜伽、各类小动作等），结合合理搭配饮食，会取得很好的瘦身效果。

分娩3个月后：妈妈身体脏器、韧带等完全恢复，此时可以进行正常的减肥训练了，不过无论采取哪种方式瘦身，都要有一个合适的度，在自己身体可以承受的范围内进行。

辣妈教室

减重是个循序渐进的过程，刚开始不要把目标定得太高，以免达不到目标时，反而失去了坚持下去的斗志，从产后8周开始，每周减重500~1000克，6个月后减到孕前水平是比较理想的结果。

图解坐月子与新生儿养育

130

产后多久可以恢复身材

熬 过辛苦的十月怀胎，终于顺利生下了宝宝，这对新妈妈来说是再高兴不过的事了，但是在享受初为人母的喜悦的同时，能否早日恢复原来的窈窕曲线，更是让新妈妈忧心的事情。

在正常的情况下，怀孕后妈妈的体重是一定会增加的，一般来说要比怀孕前增加 10~15 公斤，而宝宝出生后，体重会比怀孕前重 5 公斤左右。这增加的重量包括增大的乳房、子宫和部分增加的脂肪，这些重量在度过哺乳期后会逐渐消失，产后完全恢复产前的身材需要大约 9 个月时间，这是一种自然的规律，妈妈一定要耐心，只要适度锻炼和减肥，就可以消除身上的赘肉，恢复产前的身材。

新妈妈不要急于减肥

在整个孕期，妈妈身上多余的重量几乎都是宝宝成长而积攒 9 个月的结果，在产后妈妈至少也需要差不多同样长的时间来减掉多余的重量。

许多新妈妈都迫切希望通过工作去减掉产后多余的重量，越快越好，但这一切必须在身体恢复良好的前提下进行，从分娩到可自由运动，再从哺乳到完全断乳，身体恢复需要大半年时间来逐步实施。

专家叮咛

身体某些小变化可能是永久性且因人而异的，比如乳房形状有变化，或者有所增大等，这些变化在每个人身上的表现都不同，几乎不会影响到正常的生活，妈妈可不必过于担心。

制订合理的减肥计划

恢复到原来的身材取决于两件事：减肥和锻炼，但锻炼要适当适度，如果锻炼强度过大、速度过快，可能会影响到妈妈的身体健康。如果是母乳喂养，还会破坏乳汁中的营养，所以制订合理的锻炼计划是非常重要的。

正常减肥的指标是每星期不超过 0.5 千克，妈妈可以每周称一次体重，消除在减肥过程中可能产生的压力。

第 1 篇 调理身心，轻松坐月子

131

产后瘦身的禁忌

一忌操之过急

产后瘦身是一个长期的过程，运动瘦身需要循序渐进，做产后运动千万不能贪多图快，指望一步到位，以免造成无法弥补的伤害。剖宫产的妈妈初期可以做些如深呼吸运动、足部运动、胸部运动来促进血液循环，等伤口愈合后再慢慢增加运动项目。

二忌参加过重的运动

在子宫复旧之前，不宜做屏气、负重及健身房内的一些器械锻炼，以防止子宫脱垂等的发生。一般产后3~6个月后再进健身房最好。

三忌节食

产后如果哺乳，不宜过分节食，应保持总能量和蛋白质摄入，如要实施低于平时正常能量的减肥食谱，则应在断乳以后。

四忌吃减肥药

新妈妈肠胃非常脆弱，如果此时服用减肥药，引起拉肚子等，虽可使体重下降，但可引起胃、食道各种疾病和厌食症。而且减肥药物会通过乳母的胃肠道进入乳汁，等于宝宝也跟着你吃了大量药物，影响宝宝的健康。

月子里以预防发胖为主

前面说到，新妈妈恢复原来的身材大约需要近一年的时间，因此新妈妈不必急于一夜变回苗条身材，而是要遵循减重的规律。在月子里，应以预防进一步发胖为主基调。

1 适度运动：月子里有些新妈妈喜欢躺在床上"捂"月子，这是产后发胖的原因之一。合理的饮食和适当的活动，是产后保健及预防产后发胖的重要措施。随着体力的恢复，新妈妈每天要适量走动，以减少腹部脂肪的堆积，消耗体内过多的脂肪和糖分，但要注意循序渐进，以不感觉累为宜。

2 合理饮食：虽说产后要补充营养，但也要注意饮食有节制，一日多餐按时进行，形成习惯。构成应以高蛋白、高维生素、低糖、低脂肪（两高两低）为原则，合理配膳。应荤素搭配、细粮与粗粮搭配，并多食新鲜蔬菜和水果。

3 坚持母乳喂养：坚持母乳喂养不但利于婴儿的生长发育，也可预防产后发胖。**母乳喂养**能促进乳汁的分泌，加强母体的新陈代谢和营养循环，将体内多余的营养成分输送出来，减少皮下脂肪的蓄积，从而达到预防肥胖或减肥的目的。

4 科学睡眠：产褥期睡眠要讲究科学，遵循按时睡眠的原则，并讲究睡眠的环境、姿势等要素，以提高睡眠质量。据

研究产褥期夜晚睡 8 小时，白天午睡 1 小时，一天的睡眠时间就足够了。睡眠过多则可导致产后发胖，过少就会影响身体健康。

5 心情舒畅：保持心情舒畅，避免烦躁、生气、忧愁等情绪因素的影响，在产后肥胖的预防中也不容忽视。因为情绪因素可影响内分泌系统，从而影响新陈代谢和营养循环，造成肥胖或产生疾病。

产后瘦身要遵循规律

产后瘦身是一项系统工程，新妈妈需要树立正确的理念，遵循科学的减肥原则，加上耐心和毅力，逐渐地恢复身材，不可盲目追求效果和速度。

运动是最有效的瘦身方式

产后适度、适量的运动是最有效、最健康的瘦身方式，建议妈妈在制订运动计划的时候，以自己的运动能力、运动喜好、运动习惯作为依据来选择适合自己的方法。

1 把产后的瘦身运动最好控制在每天 1~2 次，每次 30~40 分钟。如果感觉劳累或身体不适，就马上休息，尽量避免高强度和高难度的运动。

2 依照自己身体的需要增加运动的时间，由少至多，量力而行，勿勉强或过累。

3 运动瘦身要长期坚持。妈妈身上多余的脂肪是怀胎十月积累而成的，所以也不能奢望在短期内减掉，妈妈在心理上要做好打长久战的准备，产后瘦身需要坚持 2~3 个月才会见效。运动坚持下去，就会形成规律，身体不但适应，还能形成条件反射，这有利于脂肪的消耗。

4 妈妈在运动瘦身的时候，可以不拘形式、不拘时间，随时随地进行，寻找

一切机会增加活动量，爬楼梯、散步、做家务都可以作为运动瘦身的一部分。

瘦身与塑形相结合

产后妈妈的身体比较柔软，韧带也拉开了，是塑形的黄金时期，这个时期如果在运动的时候能够把塑形的内容加入，会达到事半功倍的效果。

产后瘦身的运动

呼吸瘦身

慢慢地以鼻吸气时腹部随之鼓起，胸廓也要张开。

第一周：以8秒钟的时间吸气，让空气在肺部停留2秒钟，再利用8秒钟时间将气吐出，如此连续重复7遍。此后，每小时做1次，练习时肌肉要放松。

第二周：除了将呼与吸的时间延长5~8秒钟之外，其他不变。

第三周：将呼与吸各延长8~10秒钟，并坚持每天做。

瑜伽瘦身

第一节：髋部运动。主要是大腿、臀部和腰部运动。屈膝仰卧，双肘支撑，呼气时慢慢将双膝倒向身体左侧，肘部保持原状，还原时吸气，做3遍，呼气将双膝倒向右侧，还原时吸气，做3遍。

第二节：腿部交叉。主要是加强腹肌的收缩和放松。取半仰卧姿势，双肘支撑，双腿抬起，将右脚压在左脚上，并继续抬高双腿，双脚交换互压，并不断抬腿，直到双腿与地面垂直。在不疲劳的情况下，能做几次就做几次。

第三节：摆动练习。主要是加强腰、髋和大腿的柔韧性。跪坐，十指交叉放在大腿上，均匀呼吸3次，吸气时上身抬起，双臂伸至头顶；呼气时轻坐在身体右侧，继续呼气，双臂伸向身体左侧，腰部弯曲，然后吸气，双臂伸直，并慢慢返回原状。接着换侧做，连续做几遍，再休息放松。

辣妈教室

锻炼不一定要按别人设计好的程式，日常生活中随时可以进行，如上楼时不坐电梯，提前几站下车步行去上班等。

一周瘦身运动套餐

以下是1周运动推荐，新妈妈在头1天运动的基础上，每天增加一项运动。

周一，胸式呼吸运动

仰卧，屈膝，脚掌平放在床上，双手轻轻放在胸口上。慢慢地深吸气，吸气时放在胸口上的双手要自然分开，呼气时，要把肺里的气排空。每天数次，每次5~6次即可。该运动可增加肺功能，促进消化，醒脑怡神等。

周二，背肌锻炼运动

左腿跪地，双臂撑地，头下垂，背屈呈弓形。右腿屈膝前收，膝近头部，同时收缩腹肌和阴道壁肌肉，然后右腿向上伸抬，同时头上抬，保持数秒。右腿放下，换左腿重复动作，交替做5~10次。

周三，抬高臀部运动

仰卧于床，髋与膝稍屈，双脚平放在床上，两臂放在身体的两侧。深吸气后，尽力抬高臀部，使背部离开床面，然后慢慢呼气并放下臀部，归回原位。

🧒 周四，腰部运动

仰卧于床，屈膝，两脚平放在床上，两臂平放于体侧，然后收腹，利用腰部的力量，将腰部以下的肢体，向头部方向举抬，双臂不动，保持 3~5 秒钟，重复 10~15 次。

🧒 周五，并腿挺伸运动

仰卧于床，双手置臀下，头、肩稍离床。双腿并拢，屈膝，小腿离地，稍停，然后双腿在不接触地面情况下，用力向下挺伸，尽量伸直，重复 12 次为 1 组，每天做 3~5 组。

🧒 周六，躯干扭转运动

仰卧于床，双腿弯曲，双手抱膝，做左右翻滚动作。每 10 次为 1 组，每天做数组。

🧒 周日，举腿下额运动

仰卧，两腿并拢抬起，双脚指向屋顶，头部稍离地面，举腿的同时抬下额，收紧腹肌，下额抵住胸部，头部还原，然后再抬起，再抵住胸部，动作进行时宜屏住呼吸，重复 20 次为 1 组，每天做 1~2 组。

专家叮咛

> 如果妈妈在进行上面任何一种运动时感到不舒服，请停止此项运动，注意休息，必要时可以请教医生。

产后不同阶段的运动操

🐱 产后 30 天内的运动

月子期间不宜做太大幅度和强度的运动，以床上的身体锻炼为主。当新妈妈可以下床后，也可以每天安排一段时间散散步。

另外，脊柱稳定性练习和有氧练习，可以重新加强躯干和脊柱支撑肌肉，新妈妈应选择那些对脊柱不会造成负担的练习，比如蹲伸练习，这个练习中不需要支撑重量，可以保护产后肌肉力量薄弱的腰腹部，增强腿部肌肉的力量。

🐱 产后 30~55 天的运动

分娩 1 个月后，妈妈可以进行中小强度的锻炼，如踢腿、俯卧撑、扩胸、散步、垫上腹肌训练等。

随着力量的增长，妈妈可进行一些

增强背部力量的练习，如箭步蹲。新妈妈弯曲双膝，使右小腿垂直于地面，左膝向下指向地面，脚跟抬离地面，身体往下蹲，右脚用力将身体推回至开始位置，左右腿交替练习。这个动作有助于锻炼腿部肌肉，提高身体的代谢率，达到减脂的功效。

产后 56 天以后的运动

如果这个时候妈妈没有产褥期并发症，就可以进行水中运动了，如游泳、水中跑跳或水中健身操都是很不错也很有效的锻炼方法。半年以后可以进行较大强度的运动了，如跑步、跳绳等。

身体恢复得很好以后，妈妈还可以有规律地做一些中等强度的有氧运动，如快步走 40 分钟、蹬 25 分钟的卧式单车等。这样能提高代谢率，减少脂肪，恢复产前的体质和体型。要注意大强度的有氧运动最好在教练的指导下进行。

专家叮咛

产后运动要掌握好时间，不可过长。不经常运动的新妈妈，持续运动的时间范围应该控制在 15~30 分钟；经常进行运动的新妈妈的锻炼时间可以放宽到 20~45 分钟，频率应该在每周 2~3 次。

夫妻趣味瘦身法

让新爸爸也加入到训练中来，可以减少一个人运动的枯燥感，能调动妈妈的积极性，在与丈夫相处的甜蜜时光中不知不觉得到锻炼，不仅有益身体恢复，还有利于情感的沟通。

腹部训练

1 妈妈仰面平躺于地面，双手交叉置于胸前，双膝弯曲脚掌贴地；爸爸则扶住对方脚背，以固定姿势。

2 用力时，妈妈将头部与肩膀离开地面即可，重复做 8~15 次。换人做。

点评：该运动可以增强腹部肌肉，美化腹部曲线。

下背部伸展

1 两人面对面坐在地板上，双手平举互抓，双脚掌互贴，爸爸膝盖弯曲，妈妈双腿伸直。

2 爸爸慢慢将手背向后微拉，此时妈妈身体则慢慢前弯（此动作应以静态

方式进行，视对方的柔软度做适当的伸展），还原。换人做，各做 2~4 次。

点评：这项运动可以增加下背部和大腿后侧肌群柔软度，减少下背疼痛。

侧腰伸展

1 两人同向站立，分开一倍肩距。

2 吸气，同时抬起外侧的手臂，手笔直指向天空。

3 呼气，同时将身体向内侧弯曲，并尽量与对方的手指相触。身体侧弯时，腰、腹部不要向前推，臀部收紧。

点评：伸展身体的肌肉，强化平衡感，加强小腿与脚趾的力量。

跟宝宝一起运动吧

很多妈妈觉得带孩子是非常枯燥疲惫的事。孩子醒着时，妈妈不知道如何逗，等到孩子睡着了，妈妈也已经感觉很疲惫，没有时间运动。其实瘦身还有一个非常好的机会，就是利用和宝宝在一起的时光，在带宝宝的时间如果能和宝宝互动，甚至做一些简单的体操、瑜伽等，瘦身效果会非常棒。因为跟宝宝做游戏会觉得很开心，而且不容易累，所以很好坚持。

以下是一些可以参考的示例

1 把宝宝放在浴巾里，妈妈和另一名家人各抓住浴巾的两个角，轻轻地给宝宝荡秋千，不光可以锻炼手臂肌肉，还可以练习宝宝的平衡能力。

2 平躺，让宝宝坐在肚子上，双手扶稳宝宝，做仰卧起坐，与宝宝玩躲猫猫游戏，这样可以达到锻炼背部和腰部肌肉的目的。

3 双手抱着宝宝在胸前，上下蹲立，让宝宝坐"升降机"，这样可以达到锻炼腿部肌肉的目的。

4 把宝宝放在手提篮里，双手紧握，向前伸直又缩回胸前，宝宝看得见妈妈的时候做各种表情逗宝宝开心，这样可以达到锻炼手臂肌肉的目的。

爸妈教室

亲子时光不妨把爸爸也拉进来，有了爸爸的加入，妈妈可以尝试更多动作，并且可以增进爸爸与宝宝的感情。

产后瘦身瑜伽

新妈妈不适合做太激烈的运动，这时不妨尝试下简单的瑜伽动作，能帮助消除堆积的脂肪，使妈妈恢复苗条身材。

腹式呼吸法

1. 平躺，右手轻轻搭在小腹上，双腿伸直。

2. 用鼻子深深吸气，手部感觉腹部如气球一般渐渐凸起。

3. 吸气到极限处时，再慢慢向外吐气，此时手部可明显感觉腹部在收缩，反复吸气、呼气，重复5~10次。

4. 完成动作后，双手轻轻揉腹部，加速腹部血液循环，全面放松腹部，可以进行10分钟左右。

腹式呼吸法是瑜伽中最重要的呼吸法之一，贯穿于整个瑜伽练习过程中，可以躺着，也可以坐着练习。它可以加快新陈代谢，改善体内环境，调理各脏器，消除全身热量。

束脚式

1. 坐立，保持脊背挺直，双脚脚心相对。

2. 吸气，双手向身体两侧延展；呼气，双手交叉放于脚尖下方，缓慢俯身向下，脊背向前延展。

3. 保持呼吸两肘内收，保持自然均衡的呼吸3~5次。

4. 随后加强练习，保持位置不变，双手缓慢向两侧延展，指尖触地。

5. 保持自然呼吸3~5次后，身体还原，坐回垫子上。

此动作可以促进腹部的血液循环，同时减缓肩胛的紧张，骨盆和腹部以及背部都能得到足够的血液供应，帮助卵巢正常发挥功能。

门闩式

1. 跪立于地面，右腿向右伸展，脚尖向外，左膝和右腿在同一线上。

2. 吸气，两臂平举，与地面平行。

3. 呼气，重心向下，右手放于小腿上，右臂向右侧伸展。

4. 左臂同时伸向右前方，眼睛看手指尖方向。

5. 保持均匀呼吸3~5次。

此动作对消除腰围线上的脂肪有很好的效果，并可强化脊柱和内脏，增强腹部肌肉的紧实度。

辣妈教室

一般来说，顺产的新妈妈产后几天即可开始做瑜伽，而剖宫产的妈妈大约要在40天以后，在伤口愈合的情况下才能练习瑜伽动作，之前可以选择静坐、冥想、呼吸调整等瑜伽方法。

适合新妈妈跳的瘦身舞

当妈妈体力恢复得比较好时，可以考虑跳跳轻松简单的舞蹈。舞蹈有特定的优美姿势，还伴有悦耳的音乐，跳起来会感觉身心愉悦。

产后妈妈身体比较弱，不建议跳街舞、肚皮舞之类节奏快、动感强烈的舞蹈，可以尝试老年人跳的健身舞以及温和的交谊舞。

中老年健身舞

中老年健身舞的优点：

1 使人跳起来可从容不迫、连绵流畅，不吃力，不易疲劳。

2 对身体各部位的锻炼比较全面，包括头、项、肩、背、腰、胯、腹部、四肢、关节、韧带等都能得到锻炼。

3 每节的姿势动作都力求富有美感，加之配有优美的音乐伴奏，使人在健身锻炼的同时，也能获得艺术之美的享受。

4 简单明了，易学易记易练。

双人交谊舞

此舞是由两个人结成一对，在音乐的伴奏下进行的一种以走动为主的全身运动。运动中有进有退、有动有静，既可直来直去，又可旋转飞舞，按照音乐的节拍随意调整两个人的姿势及走动频率。

这个舞蹈可以全面地活动筋骨、关节以利于气血的循环周流，在走动中又不自觉地使呼吸与动作相互配合，从而提高心肺的功能。因为这种舞蹈需要两个人的协同运动，所以又提高了大脑的反应能力及动作的灵敏性。

全息生物学认为：足部作为人体一个相对独立的器官，能够反映出人体整体的机能状态，特别是足底部位是内脏器官的反映区域，由于双足不停地走动，对人体内脏也是一个很好的调节。在跳舞中得到友谊的慰藉，这对增强人体的身心健康是十分有利的。

专家叮咛

大多数新妈妈生产完后都会感觉体力不支，这种感觉会随着喂养宝宝而越来越严重，尽管跳很轻松的舞，妈妈也会感觉有些累，要注意适可而止、循序渐进。另外，运动过后2个小时内不要喂奶。

按摩塑身简单轻松

按摩塑身的原理是：通过手法直接作用于机体去脂化膏，软化散结碎脂、减少脂肪；促进各系统的功能改善，促进新陈代谢；通过消化系统把多余的碎脂细胞重吸收，排出体外。

腹部按摩法

两手手指并拢伸直，左手掌置于右手指背上，右手掌贴腹部用力向前推按，接着左掌用力向后压，一推一回，由上腹移到小腹做3~4次，再从左向右推3~4次，以腹部微有痛感为宜。剖宫产的妈妈要等伤口完全愈合后再进行腹部按摩。

手臂按摩法

两前臂胸前交叉，双手拇指和其他四指同时捏拿对侧肩部，用力捏拿肩部三角肌、上臂和肘部至腕部，内外前后侧都捏拿5~10次。

腿部按摩法

1 两手紧抱大腿根部的前面，用力向下擦，经膝盖及足踝处，然后反转到小腿后面向上回擦，经腿窝到大腿根部后面为1次。两腿各按36次。

2 两手虎口相对，放于大腿根部的两侧，两拇指呈现八字形，齐用力向下，左右搓动经膝到踝，再左右搓回到大腿根部为1次。两腿各按36次。

3 双手握拳，一拳置大腿内侧，一拳置大腿外侧，自上而下叩击，从大腿根部至足踝处，再由下而上至大腿根部为1次。左右腿各36次。

4 双脚并拢，脚尖尽量绷直，抬起右脚45°随即放下，一上一下为1次，每足单独举40次。再双足同时举20次左右，感小腿酸胀为佳。

科学瘦身，吃好早餐

有的妈妈为了重返职场，会选择不吃早餐等节食法来快速减肥。这种做法是不科学的，不吃早餐不但不利减肥，反而影响新妈妈的健康，甚至会增肥。

不吃早餐危害大

早饭是大脑活动的能量之源，如果没有进食早餐，体内无法供应足够的血糖以供消耗，便会感到倦怠、疲劳、脑力无法集中、精神不振、反应迟钝。

不吃早餐，身体为了取得动力，会动用甲状腺、副甲状腺、脑垂体之类的腺体，去燃烧组织，除了造成腺体亢进之外，更会使得体质变酸，患上慢性病。

胃长时间处于饥饿状态，会造成胃酸分泌过多，于是容易造成胃炎、胃溃疡。

在三餐定时情况下，人体内会自然产生胃结肠反射现象，简单说就是促进排便；若不吃早餐成习惯，可能造成胃结肠反射作用失调，产生便秘。

人在早餐空腹时，胆囊内胆汁经过一夜的储存，胆汁当中的胆固醇饱和度较高。不吃早餐由于空腹时间过长，胆囊内胆汁储存时间过久，导致胆汁当中的胆固醇过饱和，进而引起胆固醇沉积，逐渐形成结石。

此外，如果人早上起床没有吃东西，到了午餐时间不知不觉会吃得更多，而且在饥饿状态下，人体更容易吸收营养和热量，从而导致肥胖。

生理学家研究，人体上午的新陈代谢要比下午好，不吃早餐会降低身体新陈代谢，阻碍营养的吸收，使身体虚弱。

适合恢复身材的饮食法

掌握正确的进食顺序

正确的进食顺序是：餐前先喝适量的水或汤，接着吃适量蛋白质类食物，接着吃脂肪类食物，主食在最后吃，这样的进食方法，可以帮助新妈妈减少胰岛素的分泌和防止暴饮暴食，对减重有帮助。

首先，蛋白质如果摄取不足，人体的瘦肉组织，包括肌肉、内脏会逐渐分解消失，这对健康很不利，故蛋白质的摄入要足够。接着是脂肪，脂肪让人有饱胀感，可以缓和饥饿的感觉，且最不会刺激胰岛素分泌，从而预防长胖。最后吃主食类，是为了防止主食过量，导致肥胖。

早午饭吃饱，晚饭减少

"早餐吃好，午餐吃饱，晚餐吃少"是传统的进餐规律，因为人的新陈代谢在上午最快，下午逐渐减缓，这种进餐规律有利于预防肥胖。

三餐定点，不吃消夜

如果不能按时进食，不仅会影响能量的正常代谢，还会因为推迟吃饭时间产生异常的饥饿感而超量饮食。

另外，晚上照顾宝宝往往会饥饿，难免想吃点消夜，殊不知这时的美食是增肥的速效方法，身体很容易囤积脂肪。这时一定要注意克制，喝点水或者转移注意力。

宁少主食，勿少蔬菜

主食中的热量是最密集的，食用时也最容易失控而超量，因此限制主食总量，增加蔬菜的比例，是最直接的减肥方法。同时，做菜时还应注意控制用油量，最好选择清蒸、煮、烩、氽、熬、拌等省油的方法。另外，让菜肴保留较多的水分可以起到更好的饱腹作用。

远离零食，多备水果

零食是产后要尽量避免的食物，特别是甜食，包括撒在水果和麦片上的糖，还有蛋糕、饼干、面包、水果派等，这些都会不经意间使人过多摄取糖分和热量。

水果所含的水分和各种各样的营养素比零食更适合新妈妈，可以常备多咀嚼才能咽下的水果，像苹果，咀嚼次数多会使人容易产生饱感，有助于控制进食量。

产后瘦身汤推荐

香菇萝卜汤

材料 白萝卜 500 克，水发香菇 50 克，豌豆苗 25 克，料酒、精盐、豆芽汤各适量。

做法

1. 萝卜洗净去根，切细丝，下沸水锅中焯至八成熟捞出；豌豆苗洗净，下沸水锅内稍焯捞出；将水发香菇去杂洗净，切成丝。

2. 锅内加入豆芽汤、料酒、精盐，烧沸后撇净浮沫，将萝卜丝、香菇丝分别下锅烫一下捞出放在碗内，汤继续烧沸，撒上豌豆苗，起锅浇在汤碗内即成。

功效 萝卜具有消食、顺气、化痰、利五脏、散瘀血、补虚的作用。现代研究表明萝卜中含有的芥子油能促进脂肪的消耗与利用，直接达到减肥目的。常食此菜能减肥和抗衰老。

三鲜冬瓜汤

材料 冬瓜 400 克，水发冬菇 40 克，西红柿 50 克，熟笋 40 克，绿叶菜 50 克，面筋块 50 克，精盐、味精、花生油、香油、鲜汤各适量。

做法

1. 将经过加工的冬菇、熟笋、冬瓜分别切成 5 厘米长的片；西红柿洗净，切成 3 厘米长的块；绿叶菜洗净，也切成相应的片待用。

2. 将汤锅内放入花生油，置旺火上烧热，放入鲜汤、冬菇片、笋片、冬瓜片、西红柿块、面筋块、精盐、味精，待汤开后，放入绿叶菜煮熟，淋入香油即可。

功效 这道菜美味鲜香，冬瓜中所含的丙醇二酸，能有效地抑制糖类转化为脂肪，加之冬瓜本身不含脂肪，热量不高，对于防止人体发胖具有显著效果，可以帮助体形健美。

牛蒡萝卜豆汤

材料 牛蒡100克，白萝卜100克，红萝卜100克，毛豆50克。

做法

1 将牛蒡切块，白萝卜、红萝卜切块。

2 将所有材料与毛豆加4~5碗水煮。

3 煮熟后添加适量调味料或高汤。

功效 牛肉富含优质蛋白，是减肥不可多得的优质肉类食物。

黑鱼冬瓜汤

材料 黑鱼500克，冬瓜500克，精盐、白糖、葱段、姜片各适量。

做法

1 将冬瓜洗净切片；黑鱼去鳞、鳃及内脏，洗净后切断。

2 将黑鱼下油锅稍煎，加清水适量。

3 加入冬瓜片、白糖、精盐、葱段、姜片，煮至鱼熟瓜烂，拣去葱段姜片即可。

功效 冬瓜利尿，有利于消除水肿，与黑鱼同煮营养丰富，不影响哺乳。

冬瓜排骨枸杞汤

材料 冬瓜200克，排骨300克，枸杞2~3克，姜、盐、醋适量。

做法

1 排骨焯水，除去血水及浮油备用；冬瓜去皮，切薄片备用；枸杞放凉水中浸软后取出备用。

2 清水煮沸，放入排骨、姜、醋煮至排骨酥软。

3 放入冬瓜片、枸杞、盐、食用油少许煮3分钟左右，冬瓜熟后即可。

功效 冬瓜几乎不含脂肪，冬瓜皮其实有很高的药用价值，煲汤时可以不削掉，洗净即可，它有很好的消水肿和散热毒的功效，而且可以让汤的口感略微清甜。这道菜营养齐全，兼具瘦身、催乳和滋补身体的功效。

豆尖豆腐汤

材料 豌豆尖100克，豆腐300克。

做法

1 豌豆尖择好洗净，豆腐洗净切块。

2 将水烧开，加入豆腐和豌豆尖同煮。

3 加入调料调味。

功效 豌豆尖富含维生素A、维生素C、钙和磷等营养成分，还含有大量的抗酸性物质，具有很好的防老化功能，能起到有效的排毒作用。

月子养颜，娇媚更胜产前

对抗乳房下垂

正常情形下，乳头的水平位置是在乳房下皱襞之上，若掉在其下就是乳房下垂。下垂得越严重，就掉得越低。

为什么产后乳房易下垂

女性怀孕后由于激素的影响，乳房内的脂肪组织及乳腺组织皆会增生，乳房增大。生产完后，激素量下降，加上哺乳，脂肪及乳腺组织都会快速减少，已被撑大的乳房表皮在内容物减少的情形下就松垮下来。

怎样预防产后乳房下垂

1 哺乳时不要让宝宝过度牵扯乳头，每次哺乳后应用手轻轻托起乳房按摩

10 分钟，但要注意轻柔，不能用力过大；哺乳宝宝时要以坐姿为好，不可侧卧着身子让宝宝吸吮。有的新妈妈喜欢躺着让宝宝含着乳头一直睡到天亮，这样在宝宝吮吸的拉力作用下，乳房不仅会松弛，还会出现下垂。

2 每日用温开水洗涤乳房 2~3 次，这样可保持乳房清洁卫生，又能增加乳房悬韧带的弹性，对防止乳房下垂有重要作用。

3 选择合适的乳罩，乳罩大小、松紧度要合适，以发挥提托乳房的作用。

勤做美胸操提高胸线

床上俯卧撑：身体平直俯卧床上，双手撑起身体，收腹挺胸，双臂与床垂直。胳膊弯曲向床俯卧，但身体不能着床。每天做几个，可逐渐增加。

地板丰胸运动：平躺仰卧于地板，双膝自然弯曲，双脚平放于地。提臀、收腹、腰部贴在地上，抓起哑铃，双手展开平放于地，手心向上，慢慢举起哑铃置于前胸正上方，坚持 15 秒钟放下。如果家里没有哑铃，可以用装满水的矿泉水瓶代替。

产后长痘的调理

产后新妈妈内分泌发生变化，情绪不稳定，压力大，休息不好都会导致长痘。另外，坐月子时大补也是长痘的原因之一。新妈妈要做好调理工作。

饮食调养法

1 多吃蔬菜、水果，多喝开水，保持大便通畅，及时排除身体毒素。

2 注意饮食平衡，不要在产后滋补过度。

3 辛辣、油炸等刺激食品均会诱发长痘，新妈妈应适当注意忌口。

消痘的食谱推荐

苦瓜羊肉汤

材料 黄精 50 克，女贞子 15 克，羊肉片 250 克，苦瓜 100 克，大白菜、大骨头、生姜、米酒等各适量。

做法

1 把各种药材放入药袋，与大骨头、生姜、米酒炖煮 1 小时。

2 挑出药袋和大骨头，依次放入大白菜、苦瓜、羊肉片，煮熟后即可食用。

功效 苦瓜、大白菜、黄精、女贞子均是凉性食材，羊肉则有温补效果，此汤既能清除燥热，抑制长痘，也能温补产后新妈妈的身体。

产后长痘的护理细节

1 掌握正确的洗脸方法。每天早晚用温开水洗脸，选择温和的洗面奶，洗脸时，轻轻按摩患处，以利毛孔畅通，洗脸后使用补水又不含油分的面霜。

2 规律作息，保持心情轻松愉快，这样可以自觉地调节内分泌，降低长痘概率。

3 不要使用很厚的粉底或遮瑕膏，以免毛孔阻塞更严重，加重长痘趋势。不要挤捏痘，以免诱发感染或留下凹洞。

专家叮咛

长痘严重时，请医生判断长痘原因是否与自己所用药品或护肤品有关，并配合医生建议治疗。

防止产后脱发

产后脱发常发生在产后 2~7 个月，根据统计，约 95% 的女性产后有不同程度的脱发现象，其中 30%~40% 较明显。

产后脱发的原因

1 激素水平的变化。孕期体内激素的分泌量增加，头发会加速生长，故孕期头发数量可增多。分娩后，这些激素相应地减少，头发的营养也相对减少，从而导致头发脱落的现象。

2 产后营养不均衡。如果产后新妈妈消化和吸收功能不良，就很容易出现营养缺乏或营养不均衡，导致体内蛋白质、钙、锌、B 族维生素的缺乏，影响头发的正常生长和代谢，致使头发脱落。

3 产后精神不佳。产后新妈妈的情绪容易波动，部分新妈妈会出现感情脆弱、焦虑，头部皮肤供血减少，以致毛发营养不良而脱落。加之哺乳和照顾宝宝，睡眠受到影响，这些都是造成脱发的原因。

产后脱发的预防与护理

1 适度清洗头发。减少洗发的次数，洗发时要用些温水，不宜使用刺激性的洗发剂或碱性大的肥皂洗头。

2 按摩头皮。新妈妈在洗头发的时候，避免用力去抓扯头发，应用指腹轻轻地按摩头皮，以促进头发的生长以及脑部的血液循环。每天用清洁的木梳多梳几次头发也是一种不错的按摩方式。

3 心情舒畅。防治脱发首先要注意精神的调养，即新妈妈产后应保持心情舒畅，精神愉快，气血自然会旺盛，可以促使头发尽快生长。

4 饮食调养。新妈妈应多吃一些补肾和补血的食物，来补充身体的"亏空"，而且蛋白质是头发最重要的营养，因此新妈妈还应该多补充牛奶、鸡蛋、鱼、瘦肉、核桃等一些富含蛋白质的食物。此外，绿色蔬菜中的碱性无机盐（钙、镁、钠、钾等）含量高，可中和不利于头发生长的酸性物质，帮助头发生长。

辣妈教室

用鸡蛋 2 个，蜂蜜 2 汤匙，橄榄油 1 汤匙搅拌均匀，洗发后涂在头发上，再用毛巾包住头发，过半小时后洗净，可有效防脱发。

鸡蛋可以淡化妊娠纹

鸡蛋清的美容作用

鸡蛋清不但可以使皮肤变白，而且能使皮肤细嫩。这是因为它含有丰富的蛋白质，可以增强皮肤的润滑作用，防止细菌感染。另外，鸡蛋清能清热解毒，自古以来就经常外用，可以促进组织生长、伤口愈合，因此对于消除或者减轻产后妊娠纹具有良好的功效。

蛋清淡化妊娠纹的具体操作方法

腹部洗净后按摩 10 分钟，把蛋清敷在肚子上，10 分钟左右擦掉，再做一下腹部按摩，这样可以让皮肤吸收更好一些。

还可以同时加入一些橄榄油，其中的维生素 E 对促进皮肤胶原纤维的再生有好处，维生素 A、维生素 C 对防皱也有一定的作用。

腹部敷好鸡蛋清后，还可以用纯棉的白布条裹在腰腹部，白天裹好，晚上睡觉时放开，第二天更换，因为蛋清有收紧皮肤的作用，这样不仅有助于产后妊娠纹的消失，还有助于体形的恢复。

 专家叮咛

中医学把鸡蛋内皮（即蛋壳内的白色膜状物）称为"凤凰衣"，主要成分为角蛋白和少量黏蛋白纤维，取 5~15 克鸡蛋内皮煎汤后内服，可以养阴清肺，治疗久咳、咽痛失音等，也可以外用，直接敷贴或者晒干研成粉末后撒在患处，治疗溃疡不敛。

淡化妊娠斑

许多新妈妈在怀孕期间由于体内激素的变化，都会长妊娠斑，一般分布在双颊、额头、上唇等部位，妊娠斑在产后体内雄孕激素分泌恢复平衡后会自然减轻或消失，如果产后依然如故，就需要新妈妈仔细护理来消除。

饮食调理

1 多食含维生素 C、维生素 E 及蛋白质的食物，如西红柿、柠檬、鲜枣、芝麻、核桃、薏米、花生米、瘦肉等。维生素 C 可抑制代谢废物转化成有色物质，从而减少黑色素的产生。

2 多食含维生素 A 的食物。维生素 A 可调节表皮及角质层之新陈代谢，它有抗老化，使皮肤斑点淡化、光滑细嫩等效果。其中主要的食物有黄绿色蔬菜及水果、动物内脏、肝脏、蛋黄、牛奶及鱼肝油等。

3 少食油腻、辛辣食品。尤其是咖啡、可乐、浓茶、香烟、酒，吃得越多，皮肤老化会越快，黑斑越容易扩大及变黑。

忌日光直晒

日光照射可使妊娠斑加重，因此夏日外出应戴遮阳帽，避免阳光直射面部，根据季节不同选择 SPF（防晒系数）不同的防晒品。

精神调养

新妈妈在产后应保证充足的睡眠，多看育儿知识书刊，了解孕育的必要知识，减轻心理压力。

皮肤干燥的护理

产后新妈妈忙于照顾宝宝，常常容易忽视对皮肤的保养，当皮肤中水分缺乏时，就会呈现出粗糙脱皮、局部水肿的现象。其实，新妈妈只需要抽出一点时间，注意日常生活细节，从内而外调养就能防止皮肤干燥。

皮肤干燥的饮食调养

1 多吃纤维丰富的蔬菜、水果和富含维生素C的食物，以增加细胞膜的通透性和皮肤的新陈代谢功能。

2 少吃刺激性和热性的食物，这类食物不易消化吸收，还容易刺激皮肤，引起皮肤水分失衡，使皮肤更加干燥而无光泽。

3 补水。正确的喝水习惯会使皮肤水润性迅速恢复，妈妈早上起床后，不妨先喝一大杯温水，它可以刺激肠胃蠕动，使内脏进入工作状态。如果妈妈常被便秘所困，还可以在水中加少许盐。

防干补水食谱推荐

牛奶芒果

材料 芒果50克，纯牛奶2包（500毫升）。

做法

1 纯牛奶提前一晚上放冰箱冷藏。

2 芒果洗净，削皮，切成块状，放搅拌机，同时倒入适量冷藏的纯牛奶，刚好淹没芒果块即可，将芒果搅拌成芒果泥。

3 倒入余下的纯牛奶，搅匀即可饮用。

功效 芒果富含维生素A、维生素C、维生素E，可提高免疫力，预防癌症，且芒果有增强黏膜机能的作用，有助于预防皮肤粗糙。

皮肤干燥的日常护理

1 洗澡的水不要太热，因为水过热就容易洗去皮肤表面的油脂，这样就加重了皮肤的干燥。在沐浴之后最好是全身涂抹润肤霜，现在市面上的润肤霜有很多，最好是选择适合自己的。

2 尽量选择纯棉贴身衣物，要避免化纤等面料的内衣。

3 每周使用1~2次面膜，长期使用能让皮肤保持充足的水分。

4 如果常常在空调环境下，妈妈要注意常备一瓶补水喷雾，时刻给皮肤保湿。

5 选用注重补水效果的护肤品，可以将温纯净水和清凉的乳液以2:1调和在一起，轻轻拍在清洁后的肌肤上直到吸收，能补充更多水分。

产后皮肤为什么易过敏

产后皮肤易过敏的原因

产后身体虚弱，免疫力差，各种代谢还没有正常恢复，内分泌紊乱，以及体内激素的变化和疲劳都会让皮肤出现改变，有些妈妈的皮肤会明显变得对刺激敏感。

皮肤过敏的预防

1 选择温和不刺激的洗护用品，不能用含香料过多及过酸过碱的护肤品。

2 注意防晒，避免暴晒。敏感肌肤的皮层较薄，对紫外线比较没有防御能力，经常暴晒会使皮肤变薄，更容易受到刺激。

3 适当外用氧化锌软膏、维生素 B_6 霜，以改善皮肤过敏性质。

4 用温和的洗面奶洗脸，洗脸水不可过热过冷。

5 过敏后，可以将棉花或纱布充分吸附注射用生理盐水，敷在敏感部位，具有消肿、退红、稳定皮肤的作用，通常几天后红肿现象便会消除。

饮食调养

1 多吃蔬菜、水果，补充维生素 C，以免肌肤粗糙枯干引致皮肤炎、脱皮等敏感症状，有助对抗外来敏感。

2 避免吃鱼、虾、蟹等易引起过敏的食物。

3 不要吃烧烤、煎炸、辛辣食物，它们对敏感肌肤会造成极大的破坏，使肌肤严重缺水。

防过敏的食谱推荐

绿豆海带汤

材料 绿豆 30 克，水发海带 50 克，糯米 100 克，红糖适量。

做法
先将糯米和绿豆煮成粥，加入海带，再煮 3 分钟，加入红糖即可。

功效 可清热解毒、助脾补血，有助于对抗湿疹、瘙痒等过敏症状。

皮肤松弛的救助方案

产后往往会出现皮肤松弛的现象，这是因为孕期腹部皮肤长时间紧绷，生产后一时失去弹性所致。另外，产后妊娠水肿消去也会显得皮肤松弛，如果产后缺乏运动，皮肤松弛就会更明显，妈妈应及早改善。

饮食调养法

1 常吃富含维生素的食物。维生素对于防止皮肤衰老，保持皮肤细腻滋润起着重要作用。富含维生素的食物有蔬果、动物肝脏、牛奶、蛋类等。

2 增加富含胶原蛋白和弹性蛋白食物的摄入量。皮肤主要由胶原蛋白和弹性蛋白构成，因此适当补充这两类蛋白能使细胞变得丰满充盈，皱纹减少。这类食物有猪蹄、动物筋腱和猪皮等。

3 适当喝水。缺水会使皮肤失去弹性，保持每日饮水量1200毫升左右（产后第1周时可不必勉强）。早上起床后可先喝一杯温开水，它可以刺激肠胃蠕动，促进身体毒素排出，从而使皮肤紧致细腻。

4 多吃碱性食物。日常生活中所吃的鱼、肉、禽、蛋、粮谷等均为酸性食物，过多食用酸性食物会侵蚀敏感的表皮细胞，使皮肤失去细腻和弹性，故应吃些生理碱性食物，如苹果、梨、柑橘和蔬菜等以保持平衡。

紧致皮肤的食谱推荐

胡萝卜拌西蓝花

材料 西蓝花200克，胡萝卜100克，盐适量，香油少许。

做法

1 西蓝花洗净，掰成小块，在盐水中浸泡半小时，取出沥干水；胡萝卜洗净，去皮，切片。

2 锅中加入开水，放胡萝卜片和西蓝花块后，点火烧开。

3 把西蓝花块、胡萝卜片取出沥干水，吃时拌上香油、盐即可。

功效 胡萝卜、西蓝花富含维生素和胡萝卜素，能刺激新陈代谢，起到了改善皮肤松弛的作用。

按摩改善皮肤松弛

从产后第2周开始，新妈妈可以对自己的腿部、手部、脸部等进行轻柔的按摩，以打圈形式由下至上轻轻按摩约15分钟。要注意的是，月子期间最好不要对腹部和腰部进行按摩，可以有意识地深呼吸收紧腹部。

使毛孔细致的小办法

产后毛孔粗大问题大多是因为油脂分泌过多造成的，如果新妈妈本身属于油性肤质，则更容易产生毛孔粗大现象。另外，温度及湿度的升高也会使皮肤温度上升，带动皮脂分泌。新妈妈要注重内外调理，使毛孔变得细致。

饮食调养法

1 薏米、白菜、洋葱、草莓、奇异果、柠檬等维生素 C 含量丰富的食物，可美白、抗氧化，还能帮助加速黑色素排出，抑制毛孔粗大。

2 鸡爪、鱼皮、豆浆等含有胶质的食物，补充胶质以减缓皮肤老化导致毛孔粗大。

3 适度喝水，保证皮肤水油平衡，缓解毛孔粗大。

4 香蕉、马铃薯、燕麦及鸡蛋等，都含有丰富的维生素 B_6，维生素 B_6 可以调控皮脂分泌。

毛孔粗大的预防与护理

1 冰敷。把冰过的化妆水用化妆棉沾湿，敷在脸上或毛孔粗大的地方，也可以把干净的专用小毛巾放在冰箱里，洗完脸后，把冰毛巾轻敷在脸上几秒钟，都可以起到不错的收敛效果（注意月子里不能使用）。

2 避免熬夜，睡眠充足，尽量保持心情愉快，因为长时间的生活压力及焦虑、睡眠不足都会导致油脂过度分泌，造成毛孔粗大。

3 柠檬汁洗脸。油性肌肤的人可以在洗脸时，在清水中滴入几滴柠檬汁，除了可收敛毛孔外，也能减少粉刺和面疱的产生。需要注意的是柠檬汁浓度不可太高，并且不可以将柠檬汁直接涂抹在脸上，因为柠檬有很强的感光性，会刺激皮肤。

4 做好防晒工作，外出时，一定要使用防晒品，抵御紫外线侵袭。

5 每天适当进行面部按摩，能促进血液循环和新陈代谢，缓解毛孔粗大。每次使用护肤品时可有意识地轻轻按摩面部。

第2篇

有条不紊，科学护理新生儿

当孩子呱呱坠地那一刻起，你的人生就翻开了新的篇章。

也许你会因辛苦而抱怨，但孩子熟睡的脸庞、开心的微笑，或者吃奶时"含情脉脉"望着你时，都会让你感到莫大的安慰。

也许你还在为孩子经常生病而担忧，或者因未掌握育儿技巧而自责，此刻要相信自己一定能成为最好的妈妈，因为育儿自有规律。

孩子成长的路上，有许多经历都是独一无二的，也许你今天还在为新生儿胆小一定要抱着睡觉而苦恼，明天却因为新生儿不再需要你安抚独自睡觉而失落。所以，珍惜与新生儿共处的每个瞬间，享受当妈妈的快乐吧！

新生儿的特征

刚出生时宝宝的特征

新生儿出生后，护士会为新生儿做体格检查来检测健康情况。一般来说，主要包括以下指标：

体重：足月的新生儿出生时平均体重约为 3000 克，一般为 2500~4000 克，男婴比女婴略重一些。体重低于 2500 克的诊断为低体重婴儿或未成熟儿；若大于 4000 克则为超重，是巨大儿。未成熟儿与巨大儿均需要给予特别的关照与护理。

身长：平均为 49~50 厘米，男婴比女婴略长一些。

头围：男婴约为 34.4 厘米，女婴约为 34.01 厘米。

胸围：男婴约为 32.65 厘米，女婴约为 32.57 厘米。

前囟门：新生儿的头顶前中央的囟门呈长菱形，开放而平坦，有时可见搏动。

腹部：腹部柔软，较膨隆。

皮肤：全身皮肤柔软、红润，表面有少量胎脂，皮下脂肪已较丰满。

四肢：双手握拳，四肢短小，并向体内弯曲。有些新生儿出生后会有双足内翻，两臂轻度外转等现象，这是正常的，大多满月后缓解，双足内翻大约 3 个月后就会缓解。

体温：新生儿出生时体温与妈妈相同，以后可下降 1~3℃，在 8 小时后体温降至 36.8~37.2℃。

呼吸：新生儿的呼吸浅表且不规律，以腹式呼吸为主，每分钟 40~45 次，有时会有片刻暂停。

心率：新生儿心率每分钟为 90~160 次。

排尿：新生儿正常应在出生后 24 小时内排尿，第 1 天约 4~5 次，以后逐渐增多；1 周左右时每天排尿 10~20 次。也有在 48 小时后排尿的。如看见砖红色尿液可不必担心，这是由于尿中含有尿酸盐的缘故。

排便：24 小时内出现第 1 次排便，大便呈墨绿色或黑色稠糊状，称为胎便。胎便因含有胆汁而呈绿色。如果新生儿出生后 24 小时还没有排便，妈妈就要立即请医生检查，看是否存在肛门等器官畸形。

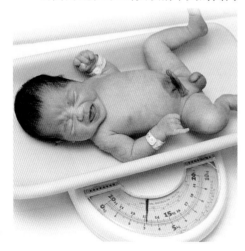

新生儿疾病筛查

新生儿出生后 3 天内（进食 48 小时后），在足跟采三滴血，然后由专门的筛查检测机构进行筛查试验，以筛出可疑患儿，再进行专业的确诊试验，以在疾病尚未表现出症状时及时诊断治疗，从而避免造成残疾、痴呆等严重后果。目前需要筛查的常规项目有：

苯丙酮尿症	一种常染色体隐性遗传病，在我国发病率为 1:8000~1:17000，恶性苯丙酮尿症若治疗不及时，病情会很快恶化而造成死亡
先天性甲状腺功能低下症	一种先天性甲状腺发育缺陷病，由于不能产生足够的甲状腺激素，因而会引起生长迟缓，智力落后，在我国发病率为 1:3000~1:4000。这种病症年龄越大越明显，最终会发展为矮小畸形的痴呆儿，但只要早期治疗，坚持用药，一般能够正常生长发育
葡萄糖-6-磷酸脱氢酶缺乏症	一种遗传性红细胞酶缺乏症，俗称蚕豆病，主要表现为新生儿溶血、黄疸进展快，在食用某些食品如蚕豆后加重，严重时会导致脑瘫，甚至死亡，我国发病率约为 0.2%~4.48%，若经新生儿筛查可早期发现确诊治疗，杜绝发病因素，防止不良后果发生
先天性肾上腺皮质增生症	一种先天性常染色体隐性遗传病，新生儿往往出现呕吐、腹泻、脱水、低血糖等，日后因肾上腺皮质功能减退会引起女性男性化，男性身材矮小、生育障碍，严重时会危及生命，发病率为 1:13000 左右，患儿爸爸妈妈均为携带致病基因的正常人

出生第 1 周新生儿的特征

本周新生儿的特点

体重：新生儿出生 2~4 天时，有时会发生体重下降的现象，这是因为新生儿排出胎便，而奶水吸收相对较少造成的，在 7 天以后，体重就会恢复到出生时的分量。

视力：在本周，虽然新生儿常常睁开眼睛，却看不了太远的东西，他的视力范围只有 15 厘米左右。可以说，新生儿的视力很弱，对周围事物几乎都是视而不见的，这种状况大约要持续到这周结束时。

听力：新生儿的听觉灵敏度也不高，所以正在酣睡的新生儿只有听到很大的声音时，才会突然惊醒啼哭。

味觉：新生儿的味觉发育已经比较完善，尤其喜欢甜味。

脐带脱落：在生后 4~15 天里脱落。

排便：到生后第 3 天或第 4 天时，婴儿就不再排出黏糊糊的黑便了，开始排正常的大便，这说明婴儿的肠道是通畅的。

注意护理新生儿的私处

小阴唇粘连

多为先天性的，表现为排尿不畅、无力，由于尿布包裹，难以观察到新生儿排尿的异常，因此大多不被妈妈们所注意，常在健康检查时才发现。

腹股沟斜疝

女孩也有腹股沟斜疝，表现为在哭闹或站立时腹股沟区或大阴唇处半球状的局部包块或隆起，平卧或安静时包块可以自行回纳入腹腔。由于女孩疝内容物大多为卵巢和输卵管，如果未能得到及时的诊治会引起卵巢及输卵管的缺血、坏死，所以妈妈要注意观察。

经过1周的调整，新生儿已经基本适应了这个新鲜的世界，小家伙们的适应能力相当强，每天都有进步。

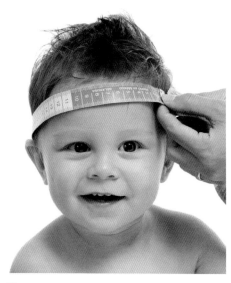

本周新生儿的特点

体重与身高：进入第2周时，新生儿吃奶渐多，新生儿的体重不会出现上一周下降的情况，会回复到出生时的分量，之后体重与身高都会有爆发性的增长，体重每天都会增加20~30克，每周增加200~250克，身高每天都有1~2毫米的进展。这种状况会一直持续到出生后6周。

视力：新生儿的视觉也有了较大的发展，不过视力仍然较弱，只能看清眼前20~25厘米的东西，只有紧紧抱着他时，他才能看清人的脸。此期新生儿的眼睛已经开始注意他能看到的事物，不过注意力维持时间较短，只有几秒。当有物体急速移动到新生儿眼前的时候，他会做出眨眼睛的反射动作。

听力：新生儿的听觉进步也较大，听力可以集中而且会主动捕捉声音来源，已经能分辨出妈妈的声音。

触觉：细心的妈妈可能已经发现，新生儿的触觉开始变得敏感。如果大人给新生儿用粗糙的衣服或尿布，他会烦躁不安，甚至哭闹。

味觉：新生儿的味觉在本周进步也较大，能分辨出不同的味道，并且喜欢自己熟悉的味道，如一直吃母乳的新生儿不喜欢吃奶粉，而一直吃奶粉的新生儿也很难接受母乳。

表情：新生儿的脸部表情很丰富，会皱眉、噘嘴等，有时还会微笑。新生儿能认识人脸和表情动作，有时甚至能够模仿，当拿个东西贴近眼前时，新生儿会眨眼。

大动作：能无意识地抬胳膊、蹬腿，整天握着小拳头，用大拇指包着其余四指，不过如果塞一个东西到他手里，他能够握一会儿。这个阶段，妈妈会发现新生儿一个特殊的动作——踏步反射，如果爸爸妈妈托住孩子腋下，他就会向前迈步。这种反射大概到3个月时才会消失。新生儿此时的头部还十分无力，头会无力地向前倾或向后仰，所以爸爸妈妈要注意托住新生儿的头部。

专家叮咛

妈妈要跟宝宝多交流，宝宝可能还不能对你的行为做出反应，但他可以感觉到。经常跟宝宝交流可以让宝宝情绪稳定、安静，对宝宝将来的发展也有积极作用。

出生1个月新生儿的特征

出生后第1个月，新生儿的生长发育速度非常快，相比刚出生时已经有了很大变化。

体格：满月时，新生儿的体重比出生时平均增加750~1000克，身长增加3~5厘米。出生时体重较轻的新生儿增长速度相对更快，而出生时体重较高的新生儿增长速度反而较慢，新生儿之间的体格差异缩小。

视力：满月的新生儿视力范围大约为正前方3米，可视范围约为90度角，在这个范围内，新生儿能够追看，对给自己换尿布或者跟自己说话的人总是给予更多的关注，并且能够辨别出妈妈的脸。

听力：新生儿的听力也有发展，喜欢悦耳的声音，并能够听出妈妈的声音，如果听到刺耳的声音，新生儿会被吓哭。

情感表现：满月的时候，新生儿所表现出来的能力让人吃惊，他总是把脸转向妈妈所在的位置，看着妈妈。啼哭时听到妈妈的声音就会安静下来，而看到妈妈的脸时表现出愉悦表情。

触觉：新生儿的触觉非常敏感，不愿忍受身体上的不舒服，比如尿布湿了就会哭起来。

大小便：新生儿没有控制尿便的能力，所以尿便次数较多。刚出生的新生儿1天可以排20次尿，拉4~6次大便，到了满月时段，小便可能会少几次，大便也少1~2次，但也有可能没有变化。

头发：新生儿的发质可能会有些变化，由之前的浓密黑亮变得稀疏黄软，这也是正常的新陈代谢所致，到2岁左右就会恢复。

满月体检：体格检查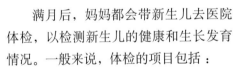

满月后，妈妈都会带新生儿去医院体检，以检测新生儿的健康和生长发育情况。一般来说，体检的项目包括：

测身高：足月新生儿身高在47~53厘米。身高是新生儿骨骼发育的一个主要指标。人的身高受很多因素的影响，如遗传、内分泌、营养、疾病及活动锻炼等，所以一定要保证新生儿营养全面、均衡，睡眠充足，并且每天保持一定的活动量。

量体重：足月新生儿体重在2550克以上，平均3000克左右。体重是判定新生儿体格发育和营养状况的一项重要指标。测量体重最好是在新生儿空腹，排去大小便的时候进行，并尽量给新生儿脱去外衣裤、鞋帽等。

观察头部：观察头颅的大小和形状，轻抚新生儿的头皮，以感觉骨缝的大小、囟门的紧张度、有无血肿。

测量头围：新生儿头围的大小是因人而异的，足月新生儿头围为36~37厘米，一般不超过±2个标准差。如果新生儿的头围过大或过小，医生都会怀疑新生儿是否有疾病，并提醒妈妈注意随访。新生儿头围过大，脑积水、脑部肿瘤、脑炎等疾病病变的可能性就会增加。新生儿头围过小的话，也预示新生儿的脑发育有一定问题。

测量胸围：评价新生儿胸部的发育状况，包括肺的发育、胸廓的发育以及胸背肌肉和皮下脂肪的发育程度。

腹部：先看有无胃蠕动波和肠型，然后用手轻轻抚摸，感觉是否腹胀及有无包块。脐部有无脐膨出，残端有无红肿及渗液。

臀部：皮肤是否光滑，注意是否存在脊柱裂。

生殖器及肛门：注意有无畸形，男婴的睾丸是否下降至阴囊。

颈部：有无斜颈，活动是否自如，用手指由内向外对称地摸两侧，以感觉有无锁骨骨折。

胸部：观察胸部两侧是否对称，有无隆起，呼吸动作是否协调，频率应在30~45次／分，有无呼吸困难。用听诊器听肺部的呼吸音。

四肢：有无多指或并指（趾），双大腿能否摊平，以了解有无先天性髋关节脱位。

满月体检：智力测试

了解新生儿的智能发育是否在正常水平。医生会用一些方法来测量新生儿的智能发育情况，如果有疑问，会通过神经心理测试进一步对新生儿的智能发育做全面评价。评价新生儿智力的标准一般有：视觉、听觉、触觉、嗅觉、大动作、精细动作、语言能力、情感能力等。

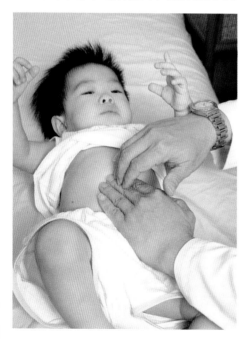

视觉：测试新生儿对颜色鲜艳的物体有没有反应。将红球放在距双眼30厘米左右的地方，水平移动红球，观察新生儿的双眼能否追视红球。

听觉：评价新生儿对声音的方向有没有感知。如听到母亲的心跳声会安静下来。近旁10~15厘米处的响声会引起孩子的警觉，头会转向声源。能区别人的语言声和非语言响声，以及不同的语音。

触觉：有物体碰触他的手心时他会抓住（称之为握持反射）。

嗅觉：能区别母乳香味，对刺激性气味表示厌恶。

大动作：头可竖直片刻（2秒），转向接触嘴角的物体。

精细动作：触碰手掌，他会紧握拳头。

语言能力：自己会发出"咿咿""啊啊"的声音。

情感能力：眼睛跟踪走动的人。母亲和婴儿说话，他能注视母脸片刻，出现反射性微笑。

在家做的体检

爸爸妈妈也可以在家给新生儿做一些简单的体检。

在家怎样称体重

先用小被单将新生儿兜住，称重，然后减去小被单及包括尿布在内的一切衣物重量，即为新生儿体重。

家长抱着新生儿站在磅秤上称体重，减去大人的体重，即为新生儿体重。

在家怎样量身高

量板测量：让新生儿仰卧在量板的底板中线上，头接触头板，面向上。测量者站在新生儿的右侧，用左手按直新生儿的双膝部，使两下肢伸直并拢并紧贴量板的底板；右手移动足板，使其紧贴新生儿的足底，读取身长的刻度。

软尺简测：也可让新生儿躺在桌上或木板床上，在桌面或床沿贴上一软尺。在新生儿的头顶和足底分别放上两块硬纸板，读取头板内侧至足板内侧的长度，即为身长。

在家怎样测头围

准备一根软尺，寻找新生儿两条眉毛的眉弓（是眉毛的最高点），想象左右两眉中有一条线，并找到这条线的中心点，将软尺的零点放在眉弓连线的中点上，以此为起点，将软尺沿眉毛水平绕向新生儿的头后，寻找新生儿脑后枕骨结节，并找到结节的中点，这是新生儿脑后的最高点，然后将软尺绕过新生儿后脑结节中点，绕回前脑，所得数据便是新生儿的头围。

在家怎样测胸围

测量时让新生儿平躺在床上，两手自然平放，将软尺零点固定于乳头下缘，使软尺接触皮肤，经两肩胛骨下缘绕胸围一圈回至零点，读取的数值即是胸围。

在家怎样量体温

新生儿体温测量以腋下最方便、最常用，在腋下因各种原因无法测量时，可在肛门内测量。另外，现在市场上还推出电子体温计、耳温枪等新产品，妈妈们也不妨尝试。

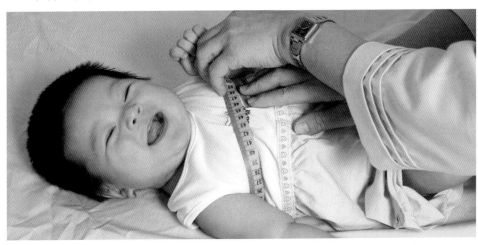

认识新生儿的特殊生理现象

红斑与脱皮

红斑

新生儿出生头几天，可能出现皮肤红斑。在脸上比较常见，也可能分布全身，这是正常的生理现象，几乎30%~70%新生儿可发生此病，对新生儿健康没有任何威胁，一般几天后即可消失，很少超过1周。

多数新生儿红斑在出生后数天内发病，少数出生时即有。红斑的形状不一，大小不等，色为鲜红，皮损有红斑、丘疹、风团和脓疱。有些可先有弥漫性红斑，随后出现坚实的基底有红晕的1~3mm淡黄或白色丘疹和脓疱。散在性分布，偶有融合。皮损可在数小时后退去，不久又重新发出，无其他全身症状，经过7~10天自愈。

新生儿红斑产生的原因医学界并没有给出一个清楚的解释。有学者认为，新生儿红斑是因为新生儿皮肤娇嫩，皮肤下血管丰富，角质层发育不完善，当新生儿从母体娩出后，受到空气、衣物、洗澡用品等物刺激，皮肤便会出现这种玫瑰红色样丘疹，这可以说是新生儿适应环境变迁的生理反应。

脱皮

新生儿出生2周左右，出现脱皮现象。脱皮是一种正常的生理现象，几乎每个新生儿都会出现，这是因为新生儿从浸在羊水中的湿润环境转变为干燥环境，其表皮角化层成为皮屑脱落，加上新生儿皮肤的角质层发育不完全、皮肤基底膜不发达、表皮层和真皮层的连接不够紧密，就会造成脱皮。

脱皮后皮肤会出现小裂口，存在感染的危险，新妈妈可以在皮肤上涂些润滑油，以保持皮肤湿润。此外，新妈妈特别要注意千万不要撕掉新生儿的脱皮，要等待它自然脱落。

新生儿脱皮会随着新生儿的发育逐渐好转，皮肤慢慢变得光滑细嫩。

图解坐月子与新生儿养育

160

先锋头与头颅血肿

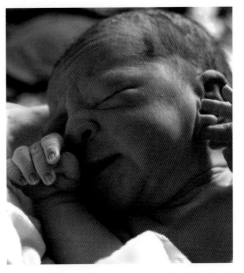

先锋头

　　自然生产过程中，胎儿头部受到产道的外力挤压，引起头皮水肿、瘀血、充血，颅骨出现部分重叠，头部高而尖，医生们称之为"先锋头"，也叫产瘤。因此，经产道分娩的新生儿通常都不是很漂亮，皮肤皱皱的，最难看的就是头形，变得长长的，像肿起来的一个大包。剖宫产的新生儿因没经产道挤压就不存在先锋头了。

　　先锋头是新生儿正常的生理现象，不需要任何治疗，一般出生数天后就会慢慢转变过来，个别的新生儿可能需更长些，要4~6个月肿块才完全吸收消失。

头颅血肿

　　需要注意的是，还有一种先锋头在新生儿出生2~3天逐步明显形成，用手摸也感到柔软，但用手指压迫无凹陷出现，这种"包"称头颅血肿。头颅血肿是生产过程中，胎儿受外力挤压，致使头部血管破裂，出血所致。

　　头颅血肿时，要注意新生儿的头部清洁，可以洗头洗澡，勿用手揉搓，更不能用空针穿刺抽血，以免引起细菌侵袭，形成脓肿。如果血肿突然增大，或头部出现红肿，伴有发热，这可能是继发感染了，应立即请医生诊治。

　　头颅血肿较大时，要做冷敷，医生会根据情况，决定是否要把出血抽出。如果出血较多，身体在吸收这些出血时，会释放更多的胆红素，从而加重新生儿黄疸的程度，这时就要抽出了。

胎记

　　有些刚出生或出生不久的新生儿，头上、脖子上、屁股上、脚上、眼睛上等出现红色或紫色的印记。从医学的角度来看，胎记分很多种，有些是无害的，有些却是新生儿有某种疾病的反映，爸爸妈妈需要提高警惕。

蒙古斑

　　许多在寒冷季节出生的新生儿会出现手脚末端发青的现象，但这与心脏功能无关，查看后背时，在腰部可看见青色的胎记。随着年龄的增长，这种斑会逐渐消失。

暗红色斑（葡萄酒色斑）

　　婴儿刚出生时，这种红斑是桃红色的，随着年龄的增长，它的颜色会越来越深，变成淡紫色。多出现在面部和颈部，且面积比较大。暗红色斑由毛细血管扩张引发，多数会变得越来越大，需要进行治疗。

咖啡牛奶斑

它的颜色就像是咖啡里加了牛奶，呈棕褐色。这种胎记多为椭圆形，多出现在躯干、臀部和腿部。它会随着年龄增长而逐渐变大、颜色变深，一般不会带来健康问题。如果同时出现好几个比硬币还大的胎记，很可能与神经纤维瘤有关，要马上咨询医生。

橙红色斑（鲑鱼红斑）

约1/3新生儿会出现这种胎记。这是一种小的、淡红色的斑块，通常平铺在皮肤上。多出现在后脖颈上、两眼中间、前额以及眼睑上。随着新生儿成长，多数会逐渐消失。

枕秃

几乎每个婴儿出生后2个月都会出现脑后、颈上部位头发稀少的现象，只是每个婴儿枕部头发稀少程度不同，严重者枕部几乎见不到头发，医学上称为枕秃。

新生儿枕秃的原因

1 新生儿入睡时常常出汗，有时甚至大汗淋漓，这样枕头就会被汗液浸湿。新生儿也会感到不适，出现身体动作增多，包括左右摇晃头部。这样婴儿头枕部经常与枕头或床面摩擦，头发就会变少。

2 有的新生儿很早就对外界的声音、图像表现出兴趣，特别是对妈妈有兴趣，不仅声音可以吸引新生儿，而且外表也会引起新生儿的注意。此阶段由于新生儿只能平躺，要想追逐妈妈，只能通过转头才可达到。这样经常左右转头，枕部的头发受到反复摩擦，就可出现局部脱发。

3 新生儿所枕的枕头或平躺的床面较硬，都可对枕部头发产生压迫，其结果也可造成局部头发变少。

防治新生儿枕秃的方法

1 不要给新生儿穿戴和覆盖过多，减少新生儿平日出汗，特别是睡觉时出汗。这是减轻枕秃的好方法。

2 新生儿不能使用枕头，可以在脑袋下垫一块柔软透气的浅色棉布，随时关注新生儿的枕部，发现有潮气，要及时更换棉布，以保证新生儿头部的干爽。

3 若小婴儿枕秃较严重，并同时伴有多汗的现象，妈妈可带新生儿去医院检查血钙含量，如果真的缺钙再按医嘱补钙，不要自己随意补钙，补钙过量对新生儿的健康不利。

爸妈教室

一般6个月后，新生儿可以自主翻身、抬头，甚至会坐后，头枕部与床面或枕头摩擦的机会就会减少，头发就会重新长出。

马牙与螳螂嘴

马牙

有的新生儿出生时口腔内牙床上或口腔顶部两侧有粟米状或米粒大小的白色颗粒，数目不一，看上去很像刚长出的小牙。有的人认为是孕妇孕期补钙过多而导致新生儿牙齿过早萌出，其实这并不是真正的牙齿，而是俗称的"马牙"，会在一段时间后脱落。

"马牙"是由上皮细胞堆积而形成的。在胎儿时期，乳牙就开始发育了，而乳牙的前身就是上、下颌牙板。在胎儿出生前，牙胚已形成到一定程度，牙板就会退化吸收了。但有些胎儿的一部分牙板角化形成"上皮珠"，存在于牙龈的黏膜上，这就是我们所看到的"马牙"。

"马牙"属于正常生理现象，几个星期后会自行消失，不会影响婴儿吃奶，更不会影响将来乳牙的萌出。而且它的存在对新生儿来说没有什么痛苦，无须处理。过去的一些老人认为"马牙"不祥，应该去掉，就想用蘸盐水的布去擦，或用缝衣针去挑破。殊不知这样做的危害很大，婴儿的口腔黏膜很薄，血管很丰富，如有破口极易引起感染，甚至造成败血症。因此，我们再次提醒家长，出"马牙"是一种正常的生理代谢过程，"马牙"会自己消失的，千万不要去挑"马牙"。

螳螂嘴

新生儿在口腔的两侧颊部都各有一个较厚的脂肪垫隆起，俗称"螳螂嘴"。它是口腔黏膜下的脂肪组织，在吸吮时它可以使口腔内的负压增大，帮助婴儿有力地吸吮。

"螳螂嘴"属于正常的生理现象，随着吸吮期的结束，就会慢慢消退，无须特殊处理。有些老人认为，把它去掉就会增加新生儿的食欲，而采用一些无知的手段处理，如用针挑、刀割或用粗布擦拭等，这是极其危险的，因为在新生儿时期，新生儿的唾液腺的功能尚未发育成熟，口腔黏膜极为柔嫩，比较干燥，易破损，加之口腔黏膜血管丰富，所以细菌极易由损伤的黏膜处侵入，发生感染。轻者局部出血或发生口腔炎，重者可引起败血症，危及新生儿的生命，其后果是极其严重的。

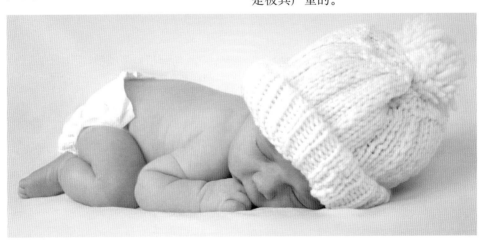

手脚抖动

有时候，我们会看到一些出生不久的新生儿手或脚常常发生不自主的抖动，尤其是在换衣服或洗澡时多见。新妈妈往往担心新生儿是在抽搐，更会担心影响智力发育。

其实这种担心是多余的，手脚抖动是新生儿正常的生理现象。对于成人来说，讲话、走路等一切有目的的活动都是受大脑皮质所支配的，新生儿的大脑发育还很不完善，但大脑皮质下主管运动功能的神经中枢，在功能上都已达到相对比较完善的程度。因此，有些动作并不完全受大脑皮质的控制而是由皮质下中枢支配，所以常常可以出现不自主、无目的性的抖动。

在新生儿期，由于神经纤维外面的髓鞘发育不完全，当某一根神经受到刺激以后，由于髓鞘的绝缘功能不良，兴奋可以传导到附近的其他神经纤维，即称为泛化，就好像电线外的绝缘损坏，通电后容易造成短路一样，因此外界轻微的刺激便容易出现四肢抖动等全身反应。随着年龄的增大，大脑皮质不断发育成熟，神经纤维外面髓鞘也不断完善。

新生女婴的"月经"与"白带"

有些家长发现刚刚出生的女孩阴道流血，有时候还有白带，也有部分还伴随着乳房泌乳。出现这种情况，新爸爸妈妈首先要排除疾病因素，尤其是当新生儿阴道出血量较多、持续时间较长，新父母先咨询医生，看新生儿是否患有出血性疾病，如无疾病，这就是临床上所说的假月经。

出现"假月经"和"假白带"的原因

由于胎儿在母体内受到雌激素的影响，这种内分泌激素刺激女婴生殖道黏膜增殖、充血，还可能使子宫内膜增生。当胎儿出生后，雌激素水平就会下降，这个时候子宫内膜就会脱落，阴道会流出少量血性分泌物和白色分泌物，一般发生在新生儿出生后3~7天，持续1周左右。

"假月经"和"假白带"的护理

无论是"假月经"还是"假白带"，都属于正常生理现象，只需要仔细护理，不需要治疗。

1 用消毒纱布或棉签轻轻擦去阴道流出的少量血液和分泌物。

2 不能局部贴敷料或敷药，这样反而会引起刺激和感染。

3 不要给新生儿使用一些含有激素的药物或者护肤品，因为这些护肤品会刺激新生儿，也有可能导致新生儿月经，如果出现这样的情况，首先要停用，之后到有关检测部门检测激素含量，必要时及时就医。

母乳，新生儿最好的食物来源

开奶前不要喂代乳品

新妈妈都担心孩子开奶前不喂食，会造成低血糖，影响健康，所以急着给宝宝喂糖水或奶粉等代乳品。但事实证明，新生儿出生前，就在身体里储备了大量的能量，足以维持到妈妈哺乳的时候，所以即便出生后2~3天不吃东西也没关系，妈妈可以耐心等待初乳到来。

容易引起母乳喂养难

如果开奶前给孩子喂食代乳品，孩子适应了代乳品的味道，对母乳的渴求

感会降低，会给母乳喂养带来小小的麻烦。新生儿有可能会产生乳头错觉而不再吮吸妈妈的乳头，降低母乳喂养的成功率，所以新生儿出生后妈妈要多让新生儿吸吮乳头，及早下奶。

新生儿饿了怎么办

在实际生活中，有的妈妈下奶慢，新生儿饿得直哭闹，这时可以根据情况给新生儿喂一点食物，可用小勺喂点温开水。如果新生儿仍然哭闹不止，可以加少量的糖，这样还不行的话，说明新生儿确实比较饿了，可以选择口味较淡的奶粉冲调后喂新生儿喝一点，为了避免乳头错觉，最好不要用奶瓶而是用勺子喂。

专家叮咛

虽然刚开始哺乳时，妈妈乳汁量比较少，不过由于小新生儿的胃容量也很小，所以基本上通过频繁的吮吸就可以满足喂奶需要。新生儿出生后，妈妈一定要多让他吸吮乳头，新生儿即使吸不到很多奶水，也会在吮吸中找到安全感，这样就不会哭闹了。

早吮吸，早开奶

世界卫生组织和联合国儿童基金会推荐，在新生儿出生后半小时内，妈妈就应该把新生儿抱进怀中让他吸吮乳头。一般来讲，在出生后经过医生检查没有问题就可以喂奶了。

早开奶对妈妈的好处

有利于母乳分泌，促进奶管通畅，防止奶胀及乳腺炎的发生。

新生儿的吸吮动作，可以反射性地刺激母亲的子宫收缩，有利于子宫的尽快复原，减少出血和产后感染的可能。

早开奶对新生儿的好处

1 新生儿在出生后 20~30 分钟吮吸能力最强，如果未能得到吸吮刺激，将会影响以后的吸吮能力。

2 新生儿可通过吸吮和吞咽促进肠蠕动及胎便的排泄，这样就不至于因胎便中的胆红素通过肠道黏膜的毛细血管吸收到血浆中而使新生儿黄疸加重。

3 新生儿在出生后 1 小时是建立母婴相互依赖感情的最佳时间，早喂奶使新生儿得到更多的母爱，能尽快满足母婴双方的心理需求，减少了新生儿来到人间的陌生感。

4 早吮吸可以让新生儿吃到珍贵的初乳。

早产新生儿更要及早开奶

早产新生儿的生理机能发育不完善，更要尽早开奶，并尽可能吃上初乳。

早产新生儿的吸吮能力和胃容量均有限，摄入量的足够与否需根据新生儿的体重给予适当的喂养量。可采用少量多餐的方法喂养早产新生儿。无力吸奶的新生儿可用滴管将奶慢慢滴入其口中，先由 5 毫升开始喂，以后根据吸吮吞咽情况逐渐增多。一般每 2~3 小时喂养 1 次。

初乳贵如黄金

初乳是妈妈生产后 5 天内分泌的乳汁，虽然不多但浓度很高，呈现出特有的黄色。它含有新生儿所需要的所有的营养成分，可以说是母体专为新生儿准备的绝无仅有的特别营养的食物，它不仅量少，而且只在分娩后的几天内有，妈妈一定不要浪费。

初乳是新生儿出生后的第一道免疫防线

初乳中的优质蛋白质内含有多种抗细菌、病毒和真菌的物质，尤以分泌型免疫球蛋白质含量最多，它可以保护婴儿呼吸道和胃肠道的黏膜。初乳中的乳铁蛋白能阻碍细菌的代谢和繁殖。初乳中还含有丰富的淋巴细胞、中性粒细胞和巨噬细胞，它们能吞噬和消灭各种微生物。新生儿的免疫力系统在出生 5 个月之后才开始形成，吃到初乳可以使新生儿获得强大的免疫力。

初乳可以预防新生儿黄疸

许多新生儿会在产后第 1 周内出现

黄疸症状。新生儿的黄疸是由于血液中的胆红素增加而产生的疾病。新生儿在妈妈腹中时，由母体代谢胆红素，但新生儿自身代谢功能不足。初乳中含有帮助代谢胆红素的成分，因此通过喂养初乳就可以有效预防黄疸症状。

初乳促进新生儿生长

初乳中含有帮助新生儿生长发育的所有的营养成分。其中的 TFG-β 不仅可以让软、硬骨组织持续形成，促进细胞增殖，还能有效预防皮肤过敏；IGF 是初

乳中含有的脑细胞成分，可以促进新生儿大脑发育，促进细胞成长和分化；EFG 则是表皮细胞的生长因子，可以促进皮肤表皮细胞再生，治愈伤口。

 专家叮咛

早产妈妈的乳汁也具有最适合喂养自己早产儿的特点，所含各种营养物质和氨基酸较足月新生儿母乳多，能充分满足早产新生儿的营养需求，而且早产妈妈的奶更利于早产新生儿的消化吸收，还能提高早产新生儿的免疫能力，对抗感染有很大作用。

母乳喂养，饿了就喂

母乳喂养过程中不要严格地限制喂奶的间隔时间，尤其在孩子出生后的头几周。按需哺乳是母乳喂养取得成功的关键办法之一。

近年来通过反复的对比研究，发现按需哺乳是一种顺乎自然，因势利导的最省力、最符合人体生理需要的哺乳方法。

妈妈的乳汁分泌量、浓度和成分会根据新生儿的不同需求而进行调节，因此新生儿经常性的吮吸可刺激妈妈体内催乳素的分泌，使乳汁分泌更多。也就是说新生儿吃得越多，妈妈乳汁分泌就越多，新生儿吃得越饱，睡眠时间就会逐渐延长，自然就会形成规律。

新生儿胃容量小，吃奶很不规律，一天可能吃很多次，这是一个很普遍的现象，按需喂养更符合新生儿的生理特点，只要新生儿想吃，就可以随时哺乳，什么时候吃，吃多少以及吃多长时间，都由新生儿决定，不要拘泥于是否到了"该吃奶"的时间。

 爸妈教室

每天给新生儿喂奶的量需要根据新生儿和妈妈的具体情况决定，新生儿不同的时候对奶量的需求不同，今天也许多些，明天也许少些；不同的新生儿每次吃奶的量也可能有所差异。只要没有其他异常，妈妈就不要着急，更不要强行喂新生儿吃，如果到了喂奶时间，新生儿不吃，那就过一会儿再喂。

如何判断新生儿是否饿了 ···

如何判断新生儿是否饿了，并没有一个直接的标准，需要妈妈在平时哺乳过程中多观察。

新生儿的嘴一碰就动是饿了吗

妈妈有时候将手放到新生儿嘴边，新生儿就立即把头转向手指并含住手指做出吮吸的动作，妈妈通常会以为这表示新生儿饿了，于是喂新生儿，其实这并不科学。

新生儿的嘴一碰就动是一种反射动作，这种动作不用学，不用教，是与生俱来的，也是人类及其他哺乳动物能够生存下来的一项基本反射，在医学上叫作寻觅反射，用此来试探新生儿是不是饿了并不准确。

新生儿出现寻觅反射动作不是因为饿，但饥饿时更容易引起这种反射，新生儿是不是饿了，还是要靠妈妈掌握更多新生儿喂奶的特点才行，利用反射的方法是不可靠的。

新生儿哭闹不止是饿了吗

新生儿饿了会哭，但并不表明新生儿一哭就是饿了，其实新生儿哭的原因很多，要看看是不是尿布湿了、有没有身体的不舒服等原因。

如何判断新生儿是不是饿了

新生儿表达不同的需求时哭声是不一样的，新妈妈需要多观察和分辨，善于发现规律，时间长了就能读懂新生儿的哭声。比如新生儿饿时的哭声往往很洪亮，并且边哭边转头，眼睛向四处张望，像是在找吃的，只要是这样就基本可以确定新生儿饿了。

等到新生儿再稍微大一些，如果饿了妈妈拿出奶瓶，他就知道有吃的了，哭声就会小很多甚至停止，专注地盯着奶瓶看。

新生儿有时不肯吃母乳怎么办 ·················

如果新生儿不肯吃母乳，新妈妈要仔细观察，找出原因，然后对症解决问题。以下是常见的几种原因。

新生儿生病了

新生儿如果患有疾病，身体不舒服，就会拒绝吃奶。如新生儿患口腔溃疡，吮吸乳汁时会感觉疼痛，就会拒绝吃奶。

这时妈妈需要积极带新生儿看医生，先帮新生儿治好疾病，治疗期间，可以挤出乳汁，用奶瓶或杯子喂给新生儿。

找不到乳头

有的新生儿在哺乳刚开始时，还没有含住妈妈乳头，就开始啼哭，这种情况容易被妈妈误以为是新生儿不肯吃奶，实际上这是因为新生儿找不到乳头心急而哭，而不是不愿意吃母乳。

这时候妈妈要耐心引导辅助新生儿，让他找到乳头，他就会停止啼哭，开始吮吸。

新生儿呼吸不畅

新生儿如果感冒鼻塞，在吮吸乳汁

时呼吸容易受阻，因而他很可能会拒绝吃奶。

如果出现这种情况，妈妈可以用吸鼻器帮新生儿清理一下鼻孔中的异物。如果感冒导致鼻塞要给新生儿治疗，治疗期间哺乳要把新生儿竖抱。

新生儿情绪不好

有的新生儿性格比较急躁，情绪不佳时就会哭闹生气，不肯吃母乳。

这个时候，妈妈要把新生儿抱起来安抚一会儿再喂。

新生儿被奶水呛到

如果妈妈乳汁太冲，新生儿有可能在吮吸第一口时就被奶水呛到，这会导致新生儿拒绝继续吃奶。

遇到这种情况，妈妈可以先让乳汁流出少许后再让新生儿吮吸。

喂奶时机不对

妈妈如果忽视新生儿的需要，在他需要吃奶时不能及时满足，而在他没有需求时强行哺喂，会令他有强烈的挫败感，从而不肯吃母乳。

如果是这种情况，妈妈应细心观察，找准正确的喂奶时间。

专家叮咛

除上述原因外，新生儿还可能因为妈妈身上有汗味、搂抱得不舒服等难以发现的原因而不肯吃奶，这就需要妈妈多去观察、发现，找出原因，并加以改善。

前奶后奶都要让新生儿吃到

每次哺乳过程，根据哺乳时间的变化，乳汁的成分也有所变化，一般可划分为前奶和后奶。

什么是前奶、后奶

前奶看上去比较稀薄、清淡，好像没什么营养，实际上这样的奶水富含水分和蛋白质，尤其是水分，吃足前奶的新生儿在出生后前4个月，基本上都不需要额外补水。

前奶吸完后，奶水变得较浓稠，颜色也变成了白色，这就是后奶了。后奶富含脂肪、乳糖和其他营养素，是新生儿的热能保证，吃足后奶后，新生儿就不那么容易饿了，睡眠时间也会延长。

前奶、后奶都要吃到

细心的妈妈会注意到，每次哺乳开始的乳汁稀，后来的乳汁变稠，因此哺乳时应先让婴儿吸空一侧乳房，再吸另一侧乳房。尤其是乳汁充足的妈妈，这样能使新生儿吃到足够的前奶，保证营养，然后也能尽量吃上足够的后奶，以免饿得太快。

如果一侧没有吃完，换了另一侧，过一会儿再换回来，新生儿很容易因为吃了较大量的前奶，在吃足后奶之前就吃饱了，这样容易缺乏脂肪、乳糖等能量物质，睡眠时间会缩短，影响身体发育。

专家叮咛

新生儿如果腹泻，哺喂新生儿时，可以适当减少后奶的量，因为后奶含有较多脂肪，新生儿吃得太多，容易加重腹泻症状。

新生儿偏好一侧乳房怎么办

有的新生儿在吃奶时只吸吮他偏好的那侧奶，让他吃另一侧就大哭，拒绝吮吸，造成一侧乳房的乳汁不够吃，而另一侧乳房则因为胀奶痛苦不已。正常来说，新生儿会两边乳房都吃，如果偏好一侧，肯定是有原因的，妈妈要找到原因，从而将新生儿的不良习惯调整过来。

新生儿偏好一侧乳房的原因

1 妈妈乳房不对称。有的妈妈常常出现一只乳房奶水充足，而另一只较少的情况。这样，有的新生儿就喜欢吃奶水充足的那侧，因为吃起来省力；而有的新生儿却偏好奶水流得较慢的那一侧，因为不容易呛到。

2 新生儿吃奶时遇惊吓。如果新生儿在吃某一侧奶时受到了惊吓，如新生儿吃得正认真的时候，妈妈突然因为新生儿咬疼了大叫，新生儿便容易把不愉快与当时吃的那侧奶联系起来，以后会尽量避免吃那侧奶。

3 妈妈乳房有病变。还有一种很少见的情况，当有肿瘤在一侧乳房开始生长时，新生儿会拒绝吃这一侧的奶。即使他以前两侧的奶都吃得很好。

4 新生儿生病了。新生儿耳朵有感染或者鼻塞，躺在患侧吃奶会有疼痛和不适感，所以只偏一侧吃奶。

5 其他原因。比如疝气、胃的问题、神经方面的问题，都可以是引起新生儿只吃一侧乳房的原因。

如何避免新生儿只吃一侧奶

1 尽量坚持鼓励新生儿吃他不太喜欢的那一边乳房。每次感觉新生儿快饿了都要让他先吃那一边乳房，如果新生儿特别饿时就不要坚持，这可能会让他生气或烦躁。

2 从一开始哺乳，妈妈就要坚持两边轮换着喂奶。

3 找一个安静的地方喂奶，减少新生儿喂奶时的不适感；喂奶时要避免发出突然的响动。

4 喂奶前先抱一会儿新生儿，让他的头贴着他不喜欢的一侧。妈妈跟他说话、玩耍，在他心情舒畅的情况下，悄悄塞入乳头，久而久之新生儿会习惯的。

夜奶注意事项

母乳喂养的新生儿大都有吃夜奶的习惯，新妈妈在半梦半醒之间给新生儿喂奶很容易发生意外，所以妈妈一定要谨慎。

不要让新生儿含着奶头睡觉

有些新妈妈为了避免新生儿哭闹影响自己的休息，就让新生儿含着奶头睡觉，或者一听见新生儿哭就立即把奶头塞到新生儿的嘴里，这样不但不能让新生儿养成良好的吃奶习惯，而且影响新生儿的睡眠。

尽量保持坐姿喂奶

妈妈睡熟后，乳房可能会压住新生儿的鼻孔，小月龄的新生儿还没有足够的能力挣脱，就会造成新生儿呼吸困难，甚至窒息死亡的悲剧。因此，为了培养新生儿良好的吃奶习惯，也为了避免发生意外，在夜间给新生儿喂奶时，妈妈应该尽量坐起来抱着新生儿喂奶，避免自己一不小心睡着了。

喂完奶要拍背

新生儿的胃还没发育好，容易吐奶，如果再加上受凉或是不舒服等原因，就更容易吐奶，有的甚至从鼻子和嘴里同时吐出来。白天妈妈很容易发现并及时处理，如果晚上妈妈睡着了没有及时察觉，一方面新生儿容易窒息，另一方面新生儿吐出的奶会流进耳朵造成中耳炎，或是流到床单上，影响新生儿睡眠。所以妈妈无论多么疲惫，晚上每次喂完奶都要把新生儿竖抱拍拍背。

辣妈教室

对于有的孩子来说，喝奶粉比喝母乳更有饱足感，妈妈如果觉得疲惫，可以在临睡前给新生儿喂一次奶粉，这样可以保证妈妈有一次较长的睡眠，后半夜就不会睡得太沉。

新生儿吃饱了吗

由于新生儿无法直接用言语和妈妈沟通，新妈妈经常不知道新生儿是否吃饱，尤其母乳喂养的新妈妈，总是担忧自己母乳不足。这时候新妈妈需要学会通过观察来判断新生儿是否已经吃饱，新妈妈也可通过下列方法来进行判断。

观察新生儿的状态

1 喂奶时可听见新生儿吮吸几口就发出吞咽声，这表明妈妈的母乳比较充足，这种吞咽声连续十几次，几乎可以断定新生儿已经吃饱了。

2 在两次喂奶之间，新生儿不哭不闹，很满足、安静，有时还会露出微笑。

3 新生儿大便软，呈金黄色、糊状，每天2~4次。

4 24小时内小便达6次或6次以上，需要注意的是，如果是尿频的新生儿还要结合尿量观察。

5 在头3个月，新生儿体重平均每天增长10~30克或每周增加25~210克，之后新生儿的体重增速有所下降，但仍会持续增长。

观察妈妈的状态

1 喂奶前乳房丰满沉重，喂奶后乳房较柔软。

2 妈妈有下乳的感觉。

专家叮咛

一般新生儿在出生后的头两天只吸2分钟左右的乳汁就会饱，3~4天后可慢慢增加到20分钟左右。新生儿一般是8~10分钟吸空妈妈的一侧乳房，这时再换吸另一侧乳房。让两个乳房每次喂奶时先后交替，这样可刺激产生更多的奶水。

怎样判断母乳够不够

人工喂养可以准确掌握新生儿的进食量，而判断母乳是否充足却没有一个量化的标准，新妈妈没法计算自己一天能产生多少奶量，因此担心自己奶量不够是新妈妈经常遇到的问题。妈妈可以通过以下方法来判断。

根据新生儿的表现来判断

1 生长发育情况。妈妈每隔半个月或一个月都要测量一下新生儿的生长发育情况，如果新生儿各项指标都发育正常，表明母乳充足。

2 吞咽的声音。如果妈妈乳汁充足，新生儿吃奶时平均每吸吮 2~3 下就会发出吞咽声，并能保持这种状态连续吃约 15 分钟，基本上就吃饱了；反之，如果妈妈乳汁稀少，喂奶时听不到咽奶声，即是乳汁不足。

3 吃奶后的满足感。如喂饱后新生儿对妈妈笑，或者不哭了，或马上安静入眠，说明新生儿吃饱了。如果吃奶后还哭，或者咬着奶头不放，或者睡不到 2 小时就醒，都说明奶量不足。

4 大小便的次数。新生儿每天尿 8~9 次，大便 4~5 次，呈金黄色稠状，这些都可以说明奶量够了。如果不够，尿量不多，大便少，且呈绿色稀状，妈妈就要增加喂养的次数。

5 新生儿的情绪表现。妈妈要记得观察新生儿情绪的好坏以及睡眠时间的长短，这是新生儿是否健康的表现，也可用来辅助判断母乳是否足够。排除衣服过紧、尿布脏了、太热或者太冷、生病等原因引起新生儿哭闹外，如果发觉新生儿心情不好，经常睡醒了就哭闹不安，也可能是母乳不足。

根据妈妈乳房的满胀来判断

1 乳房如要撑爆一般地胀，有乳汁从乳头不间断溢出的满胀感。

2 乳头挺立，乳尖会有触电的感觉，并会有乳汁溢出的满胀感。

两种情况都有，或者只有其中一种情况，都说明母乳是足够的。如果两种现象都没有，而且乳房还回到了怀孕前的大小，说明母乳已经不足。

怀疑母乳不足时怎么办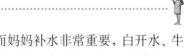

如果感觉自己可能奶水不足，先不要急着添加奶粉或者其他代乳品，因为大多数妈妈的乳汁都是够养育新生儿的，可以从产后第 2 周开始，采用一定的方法改善母乳偏少的状况。

1 饮食催乳：产后 1 周，就要开始考虑催乳了。哺乳妈妈的饮食很重要，吃得合理与否对母乳是否充足、是否营养有直接的关系。首先母乳中 70% 都是水分，因而妈妈补水非常重要，白开水、牛奶、鲜榨果汁、各种汤水都要适当饮用。另外要有充分的优质蛋白质摄入，瘦肉、鸡蛋、鱼都要经常食用。有些食物对催乳有明显的作用，如猪蹄、鲫鱼、小母鸡、木瓜、莲藕、莴笋、黄花菜等，妈妈可以多吃些。

2 按摩乳房：热敷、按摩乳房都可以刺激乳汁分泌，并且有助于乳腺管畅通。妈妈可以经常用温水热敷乳房，也可以请有经验的催乳师帮忙按摩催乳。

3 勤喂：新生儿的吮吸，可以促进泌乳素发挥作用，因此妈妈要勤喂新生儿，最好每隔一两个小时就喂一次。

4 充分休息：妈妈照顾新生儿的同时要想办法让自己多休息一会儿。充分的休息与放松，会使母乳分泌量增多。

5 放松心情：心情不好会影响乳汁分泌量，同时也会影响乳汁的质量，因此妈妈要学会放松并使自己保持愉悦的情绪。

专家叮咛

产后2~3天不要急于催奶，在产后妈妈应先让新生儿吮吸乳房，使乳腺管全部畅通后，才能进行科学催奶，否则很可能导致乳腺管阻塞，反而影响乳汁分泌。

要防止新生儿溢奶

新 生儿吃奶后如果让他马上平卧在床上，奶汁会从口角流出，甚至把刚吃下去的奶全部吐出。但喂奶后把新生儿竖抱一段时间再放到床上，吐奶会明显减少，这种现象就叫溢奶。一般发生于小月龄新生儿。

为什么新生儿会溢奶

1 新生儿消化道神经调节功能尚未完善，造成奶汁反流。

2 新生儿胃体呈水平位，胃容量小，胃入口处贲门括约肌松弛，而出口处幽门肌肉却相对紧张，进入胃内的奶汁，不易通过紧张的幽门进入肠道，却容易通过松弛的贲门，反流回食道，溢入口中，并从小嘴巴里流出来。

3 新生儿在吃奶时吸进了空气，空气进入胃后，因气体较液体轻而位于上方，容易冲开贲门而出时也会带出一些乳汁。

如何减少新生儿溢奶

新生儿溢奶属正常生理现象，无须特殊处理，只需要在平时护理过程中注意小节。

1 喂奶时避免新生儿吸入过多空气。不要在哭闹后立即喂奶，如果新生儿在吃奶过程中突然哭泣，也要暂停喂奶，等他情绪平静后再喂；母乳喂养时要让新生儿含住乳晕，要避免新生儿吸空乳头；使用奶瓶时，要让奶汁充满奶嘴等。

2 喂完奶后，竖直抱起新生儿趴在大人肩上，轻轻地拍新生儿后背，使吸入胃里的空气通过打嗝排出来。拍的过程中注意将手捂成空心的，以免伤着新生儿。

3 哺乳后不要马上让新生儿仰卧，而应侧卧一会儿，然后再改为仰卧，若仰卧可将上身略微垫高一会儿。

4 最佳的喂奶姿势是斜抱，即让新生儿身体与地面夹角处于45度左右的状态，奶会自然流入小肠。

5 如新生儿吃奶急，要适当控制一下；如奶水比较急，妈妈要用手指轻轻夹

住乳晕后部，保证奶水缓缓流出。

6 喂奶后不宜立即更换尿布，以免引发溢乳。

专家叮咛

妈妈如果发现新生儿频繁呕吐，呕吐物呈黄绿色或咖啡色，或伴有发热和腹泻症状，可能就不是溢奶了，应立即带新生儿去医院。

新生儿呛奶怎么办

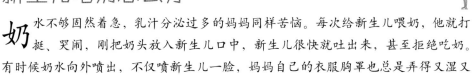

奶 水不够固然着急，乳汁分泌过多的妈妈同样苦恼。每次给新生儿喂奶，他就打挺、哭闹，刚把奶头放入新生儿口中，新生儿很快就吐出来，甚至拒绝吃奶。有时候奶水向外喷出，不仅喷新生儿一脸，妈妈自己的衣服胸罩也总是弄得又湿又黏。当新生儿吸吮时，吞咽很急，一口接不上一口，很容易呛奶。

新生儿呛奶怎么办

1 不要等新生儿已经很饿了才喂，新生儿吃得太急容易呛；孩子吃饱了不可勉强再喂，强迫喂奶容易发生意外。

2 妈妈的乳房不可堵住新生儿鼻孔，一定要边喂奶边观察新生儿的表情，若新生儿的嘴角溢出奶水或口鼻周围变色发青，应立即停止喂奶。

3 剪刀式喂奶法。乳汁分泌过多，是"乳冲"造成的。解决"乳冲"的办法是妈妈一手的食指和中指做成剪刀样，夹住乳房，减缓乳汁流出的速度。

4 如果妈妈乳汁分泌较多，可以让新生儿吃空一侧乳房，用吸奶器把另一侧乳房的奶吸出来。

要提醒的是，当乳汁分泌过多时，妈妈千万不要想办法减少乳汁的分泌量，因为新生儿以后对乳汁的需求量会越来越大。

专家叮咛

乳汁分泌多时，千万不要喂奶前将乳汁挤出一些再喂，这样等于剥夺了新生儿吃前奶的机会。

别让新生儿一次吃太久

由于新生儿的个性不同，吃奶的时间也有长有短。性子慢的新生儿可能一次要吃30分钟左右，但是大多数情况下新生儿都不宜一次吃太久的奶，新生儿吮吸时间长没有什么好处，妈妈应改掉新生儿的这个习惯。

新生儿吃奶不专心

刚出生的新生儿在吃奶的前五六分钟时间内就已经吃饱，剩下的时间只是含着乳头玩了，有的干脆就含着乳头睡着了，有的新生儿含着妈妈的乳头玩，觉得这样可以得到妈妈更多的爱。

妈妈不能无限制地满足新生儿的要求，在新生儿吃饱的情况下，要及时停止喂乳。也就是说，如果新生儿吮奶20分钟后，妈妈没有听到吞咽声，就可以停止喂奶了。

妈妈中断新生儿吸吮行为后，如果新生儿以哭闹或其他方式抗议，妈妈可采取转移目标或暂时回避的方式来安慰新生儿，这样会逐渐改掉新生儿的坏习惯。

喂奶间隔短

妈妈不知道新生儿怎样才算是吃饱了，老是担心新生儿会饿着，只要一听到新生儿哭，就给他喂奶。这样新生儿每次都吃不到充足的乳汁，所以吃奶时间就相对较长。

虽然母乳是遵循按需喂养的规律，但仍然是有哺乳间隙的，一般为1~2个小时。对于吃奶间隔时间过短的新生儿，妈妈应该有意识地延长哺乳间隔时间，就能改掉新生儿吮奶时间过长的习惯。

新生儿吃奶时间太长，也不排除奶少的原因，妈妈要留心观察新生儿的生长发育情况。

抽出乳头别使蛮力

很多妈妈会遇到这样一个问题：一般新生儿吃饱后会主动松开乳头，但有时候新生儿即使吃饱了也还是咬住乳头不放。这时妈妈如果硬拉，很容易使乳头受伤，应该采取正确的方法从新生儿口中抽出乳头。

1 当新生儿吸饱乳汁后，妈妈可用手指轻轻压一下新生儿的下巴或下嘴唇，这样做会使新生儿张嘴，松开乳头。

2 当新生儿吸饱乳汁后，妈妈可将食指伸进新生儿的嘴角，慢慢地让他把嘴松开，这样再抽出乳头就比较容易了。

3 当新生儿吸饱乳汁后，妈妈可将新生儿的头轻轻地扣向乳房，堵住他的鼻子，或者将食指轻轻地横放在新生儿鼻孔下，新生儿没法呼吸，就会本能地松开嘴。

4 当新生儿吸饱乳汁后，妈妈还可以逗逗他，例如用摇铃在旁边摇摇，转移他的注意力，新生儿自然就忘记咬着乳头了。

需要注意的是，如果新生儿含着乳头拉得很长，伴随情绪烦躁，同时妈妈感觉乳房疼痛，可能是乳汁已经吃净，妈妈需要换另一侧乳房哺喂。

吃奶致使乳头疼痛怎么办

随着新生儿的长大，吮吸力逐渐变强，如果再加上天气干燥，乳汁过少，新生儿吮吸过于频繁等因素的刺激，妈妈的乳头常常会发生皲裂，乳头变得粗糙僵硬，并且出现细微裂纹，严重时会出血，任何触碰甚至凉风吹过都会引起钻心的刺痛。这种情况下，妈妈应该怎样喂养新生儿呢？

🐾 乳头皲裂的预防

1 用温开水清洗乳房和乳头，不要使用肥皂等刺激性洗护用品，否则容易造成乳头干燥、皲裂。

2 每次喂奶前用温热毛巾敷乳房和乳头3~5分钟，同时按摩乳房以刺激泌乳。先挤出少量乳汁使乳晕变软再开始哺乳。

3 哺乳时应尽量让新生儿吸吮住大部分乳晕；每次喂奶时间以不超过15分钟为好；喂完奶一定要待新生儿口腔放松乳头后，才将乳头轻轻拉出，不能硬拉，或者使用前文的技巧来松开乳头。

4 胀奶时，乳房变得丰满而硬实，新生儿往往难以咬住大部分乳晕，因此妈妈最好不要等到胀奶再喂。如果已经发生胀奶，妈妈要挤出部分乳汁再进行喂养。

5 勤哺乳，以利于乳汁排空，乳晕变软，利于婴儿吸吮。

6 哺乳后穿戴宽松内衣和胸罩，并放正乳头罩，有利于空气流通和皮损的愈合。

🐾 已发生乳头疼痛或皲裂的处理

1 哺乳时应先从疼痛较轻的一侧乳房开始，以减轻对另一侧乳房的吸吮力，并让乳头和一部分乳晕含吮在婴儿口内，以防乳头皮肤皲裂加剧。

2 如果只是较轻的小裂口，可以涂些小儿鱼肝油，喂奶时注意先将药物洗净；也可外涂一些红枣香油蜂蜜膏，即取1份香油，1份蜂蜜，再把红枣洗净去核，加适量水煮1个小时，过滤去渣留汁，将枣汁熬浓后放入香油、蜂蜜以微火熬煮一会儿，除去泡沫后冷却成膏，每次喂奶后涂于裂口处，效果很好。

3 如果乳头疼痛剧烈或乳房肿胀，婴儿不能很好地吸吮乳头，可暂时停止哺乳24小时，但应将乳汁挤出，用小杯或小匙喂养婴儿。

吃剩的奶需要挤出来吗

产后一段时间后，乳汁的分泌已经顺畅，新生儿的吮吸力也开始变强，大部分时候都能将乳房里的乳汁吃完，但有的时候，新生儿由于睡着了或是其他原因，没有把乳房里的乳汁全吃完，在这种情况下，剩下的乳汁是挤出来好呢还是留着好？这个没有标准的答案，妈妈需要根据自身情况处理。

1 当挤奶可以促进乳汁分泌时，应挤出来。剩下的乳汁留在乳房中肯定不会变质，但如果把新生儿吃剩的乳汁挤出来之后，下次母乳分泌得很充足，就可以在每次吃奶之后把剩余的乳汁挤出来。

2 当挤奶无济于乳汁分泌时，可不挤。如果吃剩的乳汁不论挤还是不挤，都不会影响下次乳汁的分泌，而不挤出来，妈妈也没有胀痛的感觉，就没有挤出的必要了。

3 对乳汁充足甚至过剩的妈妈而言，如果不挤出来的话，夜里乳房可能会发胀而痛，也容易形成乳腺炎，这时则应该挤出。

母乳新生儿需要喂水吗

母乳喂养的新生儿需不需要喂水，这需要区分情况对待。

正常情况下不需要喂水

对于单纯母乳喂养的新生儿，只需要每次喝完奶后稍微喂点水漱口就可以了，不需要再额外喂水。因为母乳可以提供新生儿生长发育所需要的全部营养物质，其中也包括水分。如果过早、过多喂水，可抑制新生儿的吸吮能力，使他们从妈妈乳房吸取的乳汁量减少，反而不利于新生儿的生长发育。此外，新生儿摄入过多的水分，会增加肾脏的负担。

需要喂水的特殊情况

如果新生儿高烧、腹泻，或服用了某些药物、天气炎热、新生儿出汗多，新生儿体内水分失去较多，这时候就应该额外给新生儿喂些温开水，以补充体内水分的不足。

此外，如果新生儿大便干燥或是便秘，通过妈妈调节饮食也不能改善，也可以在两顿奶之间适当给新生儿喂些水。

给新生儿喝的水，可以选择白开水、矿泉水或纯净水，交替着喝。但注意水里不要加糖。新生儿生来就喜欢甜食，一旦尝过了甜味的水，就不会接受普通的水了，会导致以后喂水难，而且糖水会抑制肠胃的消化吸收能力。

新生儿喜欢边吃边拉怎么办

许多新生儿喜欢边吃边拉，如果碰到妈妈的泌乳反射刚刚开始，妈妈要照顾拉大便的新生儿，又要处理喷出来的乳汁，常常弄得手忙脚乱，非常烦恼。那么新生儿为什么喜欢边吃边拉呢？

新生儿一吃就拉是正常的

　　新生儿的肠道神经发育很不完善，吸进去的奶会使肠道受到刺激，肠道就会加快蠕动，加上新生儿吸奶需要很大的力气，结果就是新生儿"一吃就拉"。一般来说，新生儿吃母乳每天大便五六次，配方奶两三次。若新生儿精神状态好，大便没有什么异常，体重正常增加，一天多拉几次也正常，妈妈不要太担心，新生儿吃饱了才会有便便，这说明母乳很充足。

　　有的情况下，一些特殊原因造成新生儿腹泻，吃奶时一用力，就更容易拉了。这时妈妈要注意。

妈妈方面的原因及改善建议

1 不要吃辛辣或太凉的食物。

2 妈妈从外面回来奶太热或太冷都要挤出一些奶来不要给新生儿吃，恢复正常温度再给新生儿喝。

3 新生儿有湿疹，妈妈不要吃海鲜食物。

4 妈妈拉肚子时要尽快调整好再给新生儿喂养母乳。

新生儿方面的原因及改善建议

1 新生儿的衣服要保暖。尽管新生儿边吃边拉，妈妈也不要马上打开尿布，避免新生儿腹部受凉，导致腹泻。

2 新生儿消化不良引起的腹泻或者肠道细菌感染引起的腹泻，伴有发热、呕吐等症状时，需要去医院确诊。

双胞胎新生儿的母乳喂养方案

生双胞胎的妈妈常常面临更多的难题，给双胞胎喂母乳的总指导原则和给一个新生儿喂母乳一样，树立信心，了解母乳喂养知识，做好计划，就能给双胞胎喂好母乳。

喂奶时间如何掌握

如果能同时给两个新生儿喂奶，那就最节省时间了。但新生儿是有个体差异的，可能一个新生儿想要每半个小时吃一次奶，而另一个则要 2 小时吃一次。

有些妈妈发现让饿得快的新生儿决定下一次吃奶的时间对两个新生儿来说是最有效的；也有些妈妈白天按新生儿的需求喂奶，晚上则按一定的规律喂奶。

同时给双胞胎喂母乳的姿势指导

妈妈可以用卷起来的毛巾或枕头支撑住新生儿，就能同时给两个新生儿喂奶。也可以买一个 V 形的双胞胎专用哺乳枕，这种枕头表面大而结实，可以同时支撑两个新生儿，这样妈妈的双手就得以解放出来调整位置或给新生儿拍嗝。

借助枕头，妈妈还能改变母乳喂养的姿势。比如，可以从摇篮式（横抱在胸前）转换到橄榄球式（抱在体侧），或者可以结合使用这两种方法。

怎么判断双胞胎是不是吃饱了

看双胞胎是否吃饱，也是通过检查新生儿尿布湿的程度和新生儿的大便来判断的，粗略的指导原则是：

在出生后头 24 小时，每个新生儿应该尿湿一片尿布，在第二个 24 小时，尿湿两片，以此类推。1 周之后，应该 1 天给新生儿换 7~8 次湿的布尿布（如果使用的是纸尿裤应该只换 5~6 次，因为纸尿裤的吸收性更好）。新生儿 24 小时内大概要喂8~12 次。头 1 个星期过后，母乳喂养新生儿的大便应该是松软、带芥末色的。

 辣妈教室

在新生儿出生后头几天可以用图表记录他们的吃奶次数，别忘了每次都记上哪个新生儿上次吃了哪边乳房，两个新生儿各尿了多少片尿布等，这对安排吃奶时间会有帮助。

早产儿的母乳喂养方案

早产儿是指胎龄未满 37 周（260 天），体重小于 2500 克，身长一般小于 46 厘米的新生儿。早产儿由于在母体中的时间短，他们的体质一般较差，从母体中吸收的养分也相对不足，若不注意喂养就容易造成营养不良，使生长发育受阻。

早产儿的喂养方法

1 尽早喂养。生活能力强一些的早产儿，可在出生后 4~6 小时开始喂养；体重在 2000 克以下的早产儿，应在出生后 12 小时开始喂养；若是情况较差，则可推迟到 24 小时后喂养，先用 5% 或 10% 葡萄糖液喂，每 2 小时 1 次，每次 1.5~3 汤匙，24 小时后可喂乳类。天热时，可在两次喂奶期间再喂 1 次糖水。

2 尽量直接哺喂母乳。对于有吸吮能力的早产儿，妈妈应直接哺喂母乳；吮吸能力差一些的，妈妈可先挤出母乳，然后用滴药管将母乳缓缓滴入新生儿口中。一般每 2~3 小时喂 1 次。如果没有母乳，可用牛奶代替，开始给半脱脂或稀释乳（2:1 或 3:1）加 5% 糖液，1 个月后改用全脂奶粉喂养。

早产儿的喂养量

早产儿最初 2~3 日内的喂哺量约为每日每千克体重喂奶 60 毫升，以后随着新生儿体重的增长而逐渐增加奶量，至 15 日时一般喂奶量为 70~100 毫升，每日喂 8 次，即每 3 小时喂 1 次，在两次中间可喂温开水 1 次。

早产新生儿如果喂哺得当，每日应增重 15 克，到 1 岁左右体重和正常儿就差不多了，妈妈不必太过担心。

人工喂养与混合喂养

需要人工喂养的情形

人工喂养是指由于各种原因造成的主观上不愿进行母乳喂养，或者客观上限制了母乳喂养，而只好采用其他乳品和代乳品进行喂哺婴儿的一种方法。人工喂养相对母乳喂养，方法复杂一些，但只要细心，同样会收到较满意的喂养效果。

前面介绍过，有部分妈妈由于疾病而不能哺乳；而有少部分新生儿患有一些先天性疾病，同样不适合吃母乳，这时候的新生儿就需要妈妈用奶粉进行人工喂养。

苯丙酮尿症

新生儿由于酶的缺乏，不能使苯丙氨酸转化为酪氨酸，造成苯丙氨酸在体内的堆积，这会干扰脑组织代谢，从而导致智力障碍、毛发和皮肤色素的减退。这种情况下，妈妈可以给新生儿买特制的专供苯丙酮尿症新生儿食用的奶粉。

枫糖尿症

患有枫糖尿症的新生儿，最主要的是要控制蛋白质的摄入，因此不能母乳喂养，妈妈可以为新生儿选择蛋白质含量较低的食物如米粉、特制奶粉等喂养。

半乳糖血症

半乳糖血症是先天性的酶缺乏症，由于酶的缺乏，母乳中的乳糖不能很好地代谢，会生成有毒的物质，有毒物质会影响神经中枢的发育，从而导致新生儿智力低下、白内障等。这时候妈妈可以为新生儿选择不含乳糖的特制奶粉进行喂养。

人工喂养要定时

奶粉的成分和母乳基本相同，不过奶粉中含有数倍于母乳的蛋白质、脂肪和矿物质，新生儿不成熟的消化系统无法完全承受。因此，人工喂养就需要为新生儿制订一个固定的时间表，以防过饱或消化不良。过于频繁或过量的喂养，容易给孩子稚嫩的身体增添过多的负担。

新生儿喂奶的时间间隔和次数应根据新生儿的饥饿情况来定。配方奶粉不如母奶那么好消化，同时也比母奶更具饱足感。一般来说，吃配方奶的新生儿的胃大概每3个小时就会排空1次，因此一般每隔3~4个小时喂1次奶即可。在晚上可以4个小时喂1次。

但有的新生儿胃容量较小，或者消化较快，每隔约 2 个小时，胃就会排空，饿得就比较快，这时妈妈最好满足新生儿的需求，不必一定要等到 3 个小时才喂。如果新生儿月龄偏小，甚至还需要缩短喂奶间隔，每顿少喂一点。

有的新生儿胃容量较大，或消化速度较慢，两次喂奶间隔时间较长，但不宜超过 4 小时。如果新生儿超过 4 个小时还在睡觉，妈妈要叫醒新生儿并给他哺乳。

辣妈教室

儿童保健手册内附有生长体重曲线表，新妈妈要勤观察孩子发育情况，留意孩子的体重身高是否在正常数值范围内，这也可以作为新妈妈安排喂奶时间的一个参考。

喂奶量怎么确定

人工喂养的新生儿每次喂奶的量可根据新生儿的体重来调配，一般的参考标准是：每 1 千克体重，每天需要 100~200 毫升奶，由此可知一个 3 千克的新生儿每天需要的奶量约是 450 毫升，即每顿 60~70 毫升。

新生儿出生的 10 天里，每天的吃奶量是不尽相同的。出生 7~15 天的新生

儿一般每次吃牛奶 70~100 毫升，并在 10~20 分钟内吃完较为合适。出生 15 天的新生儿一般每 3 小时吃一次奶，每次 100 毫升左右；也有的每次吃 120 毫升，每日只吃 6 次。

当然，和成人的食量有大有小一样，不同的新生儿每次吃奶的量也可能有所差异，以上内容只是一个平均参考值，新妈妈要根据自己的新生儿具体情况进行调整。有的新生儿每次只吃 70 毫升，每天只吃 6 次，只要婴儿精神好，爸爸妈妈就不必担心。但 1 周左右的新生儿也有吃一点就不吃了的，也有休息 2~3 分钟后重新开始吃奶的。

需要注意的是，在冲奶粉的时候，一定要按照奶粉包装上说明的用量来，不要冲得过浓或过淡，那样不利于孩子的身体正常需要。

辣妈教室

如果到了喂奶时间新生儿不吃，那就过一会儿再喂；如果还没到喂奶时间，新生儿就哭闹，喂奶就不哭了，就不要等时间。一般而言，只要新生儿睡眠正常，大便正常，体重增加稳定，就说明新生儿目前吃奶量正常。

选择奶粉的常见误区

$\mathbf{如}$ 何给新生儿挑选好的奶粉是妈妈们很头疼的问题，目前市场上奶粉品种繁多，尤其是问题奶粉层出不穷，一不小心就容易陷入误区。

误区一：越贵的配方奶粉越好

只有适合新生儿的奶粉才是最好的，有的新生儿吃高档奶粉后可能根本吸收不了，出现拉肚子的现象，这说明新生儿不适合这种奶粉。

误区二：营养成分越多的配方奶粉越好

虽然有些品牌的奶粉中强化了某些营养成分，但对于婴儿来说，增加的营养成分并没有对他们有什么效果，过多地添加反而破坏营养的均衡性，加重新生儿的器官负担甚至引起中毒。

误区三：味道越香浓的配方奶粉越好

奶粉原本淡香、无特殊气味，芳香物质仅能改变奶粉的口感，并不能增加奶粉的营养。所以，奶粉不能仅以味道是否香浓来论其好坏。

误区四：含钙量和浓度越高的配方奶粉越适合新生儿

有些厂家为了寻找卖点，在天然牛奶当中加进了化学钙，人为提高了产品的含钙量，但过多的化学钙并不能被人体所吸收利用，反而会使大便变得坚硬，难以排出，久而久之还容易在人体中沉淀，甚至造成结石。

误区五：进口奶粉比国产奶粉好

进口奶粉多是根据西方人的体质特点而设计的，配方未达到本土化，纵然个别成分技术领先，却未必适合中国新生儿的体质。

给新生儿选择最适合的奶粉

$\mathbf{最}$ 好的奶粉，不一定是最昂贵的，但在营养成分和口味上一定是最接近母乳的。如果新生儿吃后无便秘、无腹泻，体重和身高正常增长，食欲正常，睡眠充足，无皮疹等异常情况，这种奶粉就是适合新生儿的。

营养成分是否齐全，含量是否合理

有些配方奶中强化了钙、铁、维生素D等营养元素，在调配配方奶时一定要仔细阅读说明，不能随意冲调。新生儿虽有一定的消化能力，但调配过浓会增加他消化的负担，并可能引起新生儿便秘、消化不良、失水等。

选择规模较大、产品质量和服务质量较好的知名企业的产品

规模较大的生产企业技术力量雄厚，产品配方设计较为科学、合理，对原材料的质量控制较严，生产设备先进，企业管理水平较高，产品质量也有所保证。选择一个认为最适当的品牌后，不一定老换品牌，以免引起新生儿的排斥。

看产品的冲调性和口感

质量好的奶粉呈天然乳黄色，冲调性好，冲后无结块，液体呈乳白色，品尝奶香味浓；而质量差或乳成分很低的奶粉冲调性差，即所谓的冲不开，品尝奶香味差甚至无奶的味道，或有香精调香的香味；另外，淀粉含量较高的产品冲后呈糨糊状。所谓"速溶"奶粉，都是掺有辅助剂的，真正速溶纯奶粉是没有的。

根据新生儿的生长阶段选择适合的产品

妈妈在选择产品时要看清产品包装上注明的适用于何种生长阶段的婴幼儿

的。0~6 个月的婴儿可选用婴儿配方乳粉 II 或 1 段婴儿配方奶粉。6~12 个月的婴儿可选用婴儿配方乳粉 I 或 2 段婴儿配方奶粉。12 个月以上至 36 个月的幼儿可选用 3 段婴幼儿配方乳粉、助长奶粉等产品。如婴幼儿对动物蛋白有过敏反应，应选择全植物蛋白的婴幼儿配方奶粉。

 专家叮咛

> 无论什么品牌的奶粉，其基本原料都是牛奶，只是所添加的维生素、矿物质、微量元素的含量有细微的差别，只要是国家批准的正规厂家生产，正规渠道经销的奶粉，适合自己的新生儿，都可以选用。

人工喂养防上火

人工喂养的新生儿通常会比较容易上火，表现为小便短黄，大便干燥甚至便秘，舌苔厚，如果不小心着凉，更容易引起风热与风寒交叉的感冒，很久才能痊愈，妈妈们为此很着急。

为什么吃奶粉容易上火

新生儿吃奶粉上火主要是因为奶粉中含有不易消化的物质，如果奶粉由全脂牛奶制成，或奶粉中含有棕榈油和乳脂，新生儿吃了就比较容易上火。

如何防止新生儿上火

可以尝试给新生儿换一种奶粉，最好选择含有精制植物油的奶粉。

要给新生儿多喂水，可以在两次喂奶之间喂奶粉一半量的水。新生儿上火较严重，可以在白开水里加一点金银花露，帮新生儿降火，但不宜长久添加，新生儿太小，摄入过多药物对新生儿健康不利。

防止上火，很重要的一点是要保持新生儿大便通畅，养成新生儿定时大便的习惯，如果大便困难，可以帮新生儿揉揉肚子，以肚脐眼为中心，顺时针方向轻轻按摩 100 下，促进新生儿肠胃蠕动，从而排出大便。

图解坐月子与新生儿养育

如何选购新生儿喜欢的奶瓶 ··············

引 起有些新生儿不爱喝配方奶的原因很多，其中重要的一条是新生儿不喜欢妈妈
为他选购的奶瓶。奶嘴的开口大小，材质的软硬程度，奶瓶的手感、气味等，都
能成为新生儿不爱吃配方奶的原因。所以，挑选新生儿喜爱的奶瓶和奶嘴非常重要。

怎样选择合适的奶瓶

1 新生儿在选择配方奶喂养时，奶瓶最好用玻璃瓶，这种奶瓶内壁光滑，容易清洗和煮沸消毒，吃奶时容易观察液面，可避免新生儿进食时奶头部未充满乳汁导致吸入过多的空气而引起漾奶。

2 奶瓶最好带帽，可避免消毒过后的奶瓶再次污染。

怎样选择合适的奶嘴

奶嘴的选择很重要，它影响着新生儿吃奶时的速度和舒适度。

1 奶嘴孔的大小：奶嘴孔的大小以奶瓶倒立时，奶以滴状连续流出为宜。喝水的奶嘴孔一般小于喂奶的奶嘴孔，应用时应区分清楚。过大的奶嘴孔在婴儿吸吮的时候过急会引起呛奶，过小的奶嘴孔会让新生儿在吃奶的时候费劲。

2 奶嘴的开口方式：市售的奶嘴有两种开口方式，小洞洞和十字叉。奶嘴上留有一个洞口，给细菌的侵入开了方便之门，而十字叉的开口不用时处于封闭状态，挡住了细菌的入侵。婴儿吮吸时，十字叉能依新生儿的吸吮力量大小而开合，起到调节进食流量的作用。

3 奶嘴的口感和气味：尽量选用与妈妈的乳头相似的奶嘴，对不喜欢橡胶味道的新生儿，可以换成异戊二烯胶或硅胶做成的奶嘴。

4 奶嘴的软硬程度：选择奶嘴的时候，橡皮奶头不宜过硬和过软。过硬小婴儿吸不动；过软奶头会因吸吮时的负压而粘在一起，吸不出奶。

爸妈教室

长期使用固定的奶瓶和奶嘴会使新生儿对某一个奶嘴或奶瓶产生依赖性，如果奶瓶坏了或是奶嘴旧了需要替换，新生儿可能会拒绝吃奶。所以妈妈应多准备几个奶瓶，平时给新生儿喂奶时最好几个奶瓶轮流使用。

新生儿不肯使用奶瓶怎么办 ......

虽然妈妈为挑选奶瓶和奶粉煞费苦心，但是新生儿不领情，他拒绝吸奶瓶，不管奶瓶里是母奶还是配方奶。这时妈妈千万不要因为新生儿不吸吮奶瓶伤脑筋并失去耐心，只要照渐进的方式来对待新生儿，就一定能让新生儿习惯奶瓶喂奶。

选择新生儿喜欢的喂养姿势

1 通常采用坐姿，一只手把新生儿抱在怀里，让新生儿上身靠在你肘弯里，手臂托住新生儿的臀部，新生儿整个身体约45度倾斜；另一只手拿奶瓶，用奶嘴轻轻触新生儿口唇，新生儿即会张嘴含住，开始吸吮。

2 奶瓶角度不当会压到舌头，使新生儿喝不到奶，最好将奶瓶以45度角轻放到新生儿嘴里。

妈妈要有耐心

1 即使是母乳喂养的孩子，妈妈也不妨从新生儿出生起，就每天让他吃一次配方奶，量可多可少，关键是可以从小养成不抗拒奶瓶的习惯。

2 已经习惯母乳喂养的孩子一般都不爱用奶瓶，吸乳头的感觉以及妈妈身上的味道，都与吃奶瓶不一样。想让吃惯母乳的新生儿爱上奶瓶，需要新生儿付出哭闹、挨饿的代价。

3 让新生儿接受奶瓶是一个循序渐进的过程，需要逐步训练。妈妈千万不要着急，要有足够的耐心和长期坚持的态度。

选好喂奶时机

1 在孩子饥饿时用奶瓶喂奶，喂养前至少2个小时不给新生儿任何吃的或者喝的，直到孩子感觉饥饿并有食欲。

2 对于比较敏感的新生儿，奶瓶喂养开始可以在睡前先进行母乳喂养，等新生儿有睡意时，偷偷地将奶嘴塞进新生儿嘴里，并抽出乳头。

3 喂奶前抱抱、摇摇、亲亲新生儿，新生儿很愉悦时对奶瓶的抗拒度会降低，千万不要在哭闹或生病时喂。如果新生儿非常抗拒，不能强行灌，否则会给新生儿留下不愉快的记忆，以后就更难接受奶瓶了。

人工喂养新生儿需要喂水

为什么人工喂养新生儿需要喝水

1 人工喂养的主要是配方奶或牛奶，其中的蛋白质80%以上是酪蛋白，不易消化吸收，新生儿肾发育不完善，多余的蛋白质经肾脏排出体外，需要水。

2 奶粉乳糖含量较人乳少，容易引起便秘，补充水分有利于缓解便秘。

3 奶粉含钙、磷等矿物质比较多，新生儿不易吸收，过多的矿物质从肾脏排出体外需要水。

给新生儿喝白开水

给新生儿喂水时，每次喂大约50毫升即可。最好是白开水，白开水有利于平衡新生儿体内电解质。

当新生儿在发热、呕吐、腹泻严重时，无论母乳喂养还是人工喂养都应给新生儿补充点淡盐水，以防脱水。

什么时候给新生儿喂水

餐前餐后不要喂水。因为喂奶前喝水会影响新生儿的食欲，不利于消化。喂奶后半小时内也不宜喂水，因为新生儿吃得太饱，容易吐。给新生儿补水的时间有讲究，最好定在两顿奶之间，不过可以在新生儿喝完奶之后少喂一点水清洁口腔。

下午七点后少喝水。晚上身体代谢速度变慢，喝太多的水会给肾脏带来太大的负担，而且体内过多的水分代谢不掉容易造成水肿。新生儿不会自己控制排尿，若在睡前喝水多了，会影响睡眠。

辣妈教室

给新生儿喝的水温要适中，不能过凉或过热，妈妈每次喂水前要试水温，可将水滴手背或手腕处，以跟手温接近为宜。

如何冲泡奶粉

冲 泡奶粉一般照奶粉包装上所提示的说明操作即可，另外要注意以下问题。

调奶粉注意量和浓稠度

1 冲泡奶粉的量要按标准来，有的妈妈认为冲泡稀薄一点就不需要给新生儿喂水，其实这是错误的，奶粉过于稀薄会导致新生儿营养不良，发育滞后。此外，奶粉也不要过于浓稠，奶糊等过稠，会导致新生儿消化不良。

2 每次调奶粉时，不要调得太多，按照新生儿的食量来泡，不让新生儿吃搁置时间过长的奶粉。

3 冲调奶粉的水温要适宜，温度太高会使某些营养流失，而温度过低则会使奶粉冲不开，而且可能导致新生儿腹痛。妈妈可以先滴一点在自己手背上，适宜的水温应该是加入奶粉前稍微烫手，加入奶粉摇匀后与手背温度差不多。

冲调奶粉应摇匀

冲调奶粉要尽量摇匀，使奶粉充分溶解，注意不要上下摇，要左右摇，否则会不匀，而且伴有奶块，同时不要摇得太用力，避免有泡出来。

奶瓶奶嘴要严格消毒

许多妈妈不明白为什么喝奶粉的新生儿爱闹肚子，其中奶具的清洁、消毒是关键。新生儿的免疫系统不完善，抗病菌能力较差，很容易被感染，而喂奶的餐具经常残留奶液，奶液是营养非常丰富的物质，容易滋生细菌。

每次喂完奶后都要立即清洗奶瓶，除了奶瓶内部，瓶颈和螺旋处也要仔细清洗。清洗奶嘴时要先把奶嘴翻过来，用奶嘴刷仔细刷干净。如果奶嘴上有凝固的奶渍，可以先用热水泡一会儿，待奶渍变软后再用奶嘴刷刷掉。靠近奶嘴孔的地方比较薄，清洗时动作要轻，注意不要让其裂开。

奶具除了每次用完都清洗外，还需定时消毒，最好每天消毒 1 次。可以放在普通的锅里用开水煮，或用蒸锅蒸，还可以用微波炉，一般 8~10 分钟即可。

奶瓶消毒后，不要放在桌子上晾干，也不可以用纸巾或者抹布擦拭，应该放在厨房纸巾上晾干。而且奶瓶消毒完以后要用奶瓶夹来取奶瓶，不要直接用手去触摸。

需要混合喂养的情况

条件允许的话，建议妈妈采用母乳喂养，只有出现一些客观原因，确实不能每顿都给新生儿喂母乳了，这时候妈妈可以搭配买合适的奶粉进行混合喂养。混合喂养虽不如母乳喂养效果好，但要比完全人工喂养好得多，新生儿是否适宜混合喂养需要妈妈多观察，结合自己的实际情况来确定。

母乳不能满足新生儿的营养需求

如果新生儿出现以下的状况，就说明可能没吃饱：新生儿吃奶吞咽时间累计不足 10 分钟；新生儿吃奶到最后会哭一会儿；新生儿睡眠时间较短，醒来就要吃奶；新生儿大便呈绿色黏液状等，出现这些情形时，妈妈如果通过催乳无法解决，就需要酌情为新生儿添加奶粉。

此外，妈妈要留心新生儿体重增加情况，体重增加情况可以反映母乳的营养是否充足，也可以作为是否给新生儿添加奶粉的依据。如果新生儿每周体重增长不足 125 克，或在满月时体重增长不足 500 克，就说明新生儿吃不饱，需要进行混合喂养。

产假结束的情况

有的妈妈在产假结束后，需要重新回到工作岗位，不能够继续给新生儿全母乳喂养，这时候也需要混合喂养。

专家叮咛

在混合喂养时，配方奶只是起辅助作用，所以添加奶粉后，妈妈不要立即停止母乳喂养，尤其是母乳分泌不足的妈妈，要增强继续母乳喂养的自信，在新生儿不断地吮吸中，泌乳量还是有可能继续增加的。

母乳和奶粉怎么搭配

根据母乳与奶粉的搭配比例和喂养时间分，混合喂养有补授法和代授法两种。

补授法：就是每天哺喂母乳的次数照常，但每次喂完母乳后，补喂配方奶。

代授法：就是以配方奶完全代替一次或几次母乳哺喂，但总次数以不超过每天哺乳次数的一半为宜。

这两种方式没有绝对的好坏之分，相对来说，第一种方法比较适用于母乳不足而有哺乳时间的妈妈，第二种方法适用于无哺乳时间的妈妈。

适合补授法的情况

如果想长期用母乳来喂养，最好采取补授法。因为每天用母乳喂，不足部分用人工营养品补充的方法可相对保证母乳的长期分泌。但这种方法一顿既吃母乳又吃奶粉，妈妈过于劳累，而且新生儿可能不好消化。妈妈可根据自己和新生儿的状况灵活调整。

适合代授法的情况

1 如果新生儿只是体重增长不理想，而不是每顿都吃不饱，可以每天添加1~2次奶粉。

2 如果新生儿每顿都吃不饱，妈妈可以在两顿母乳之间用奶粉喂一顿。

3 如果妈妈是因为上班而不得不采取混合喂养的方式，那么可以在出门前和回家后，给新生儿喂母乳，其他时间用奶粉代替。

专家叮咛

混合喂养时，要避免一直增加奶粉的量，这会减少母乳分泌的量，尤其是在减少母乳喂养次数的情况下，母乳会越来越少，这对继续母乳喂养很不利。

如何计算奶粉添加量

根据体重变化计算添奶量

如果新生儿一周体重增长低于200克，可能是母乳量不足了，可添加1次配方奶，加多少可根据新生儿的需要。

妈妈可以先准备100毫升配方奶粉，如果新生儿一次都喝光，好像还不饱，下次就冲120毫升，如果新生儿不再半夜哭，或者不再闹人了，体重每天增长30克以上，或一周增加200克以上了，就表明配方奶粉的添加量合适。如果新生儿仍然饿得直哭，夜里醒来的次数增加，体重增长不理想，可以一天加2次或者3次，但不要过量，过量添加奶粉，会影响母乳摄入也会使新生儿消化不良。

如何安排配方奶的时间

如果每天只需添加 1 次奶粉，可以在吃母乳三顿以后喂 1 次奶粉，也即每天的下午 3~5 点可以吃 1 次奶粉，接下来继续喂母乳；如果每天需要添加 2 次以上奶粉，最好在两次母乳之间喂 1 次奶粉。

混合喂养要以母乳为主

新生儿添加配方奶要依据吃母乳情况随时进行调整。如果上一顿没有喂饱母乳，下一顿可以多喂奶粉；如果上一顿新生儿吃得很饱，到下一顿喂奶时间了，妈妈感觉到乳房很胀，奶也比较多，这一顿仍然喂母乳。

混合喂养仍然是指以母乳喂养为主的一种喂养，如果喂配方奶过多，新生儿吃母乳就会相应减少，从而导致妈妈泌乳量的减少。所以新妈妈不要因为一时的困难，如产生奶结、乳汁较少、乳头疼痛等，而放弃了母乳喂养，这是非常可惜的。

辣妈教室

妈妈要注意，母乳不能攒，有了就要给新生儿吃，因为如果奶没有及时排空，就会减少乳汁的分泌，母乳是吃得越空，分泌得越多。如果妈妈的乳汁分泌变多，就可以渐渐减少配方奶，直至最终实现纯母乳喂养。

母乳和奶粉应分开喂

有些妈妈觉得把母乳吸出来和配方奶混在一起喂新生儿非常方便，其实这种方法并不好。

首先，母乳应该直接让新生儿吮吸，一方面，直接吮吸可以防止挤奶、储存和加热等环节的污染问题；另一方面，新生儿的吮吸比人工挤奶更能促进母亲乳汁的分泌。

其次，冲调配方奶的水温较高，会破坏母乳中含有的免疫物质。

再次，这样做不容易掌握需要补充的配方奶的量。

最后，配方奶的成分是模仿母乳研制的，在配方奶的基础上用母乳勾兑，无形之中会增加新生儿消化系统的压力，新生儿消化系统发育不全，很容易引起消化不良。

世卫组织建议 6 个月前纯母乳喂养。如果妈妈因个人实际情况必须混合喂养，也必须母乳与配方奶分餐哺育，可以在喝完母乳之后补充配方奶，或是先喝配方奶再补充母乳，亦可以吃一顿母乳再吃一顿配方奶，但无论采取哪种方式，都不宜将这两种奶混在一起喝。

夜间可酌情只喂母乳

混合喂养时，夜间最好是母乳喂养。一方面，夜间妈妈比较累，尤其是后半夜，起床给新生儿冲奶粉很麻烦；另一方面，夜间是新生儿发育最快的时段，新生儿应保证充分的睡眠，采用母乳喂养能使新生儿很快继续睡去，而冲泡奶粉由于时间较长，有些新生儿可能哭醒，从而不利于睡眠。

夜间妈妈休息，乳汁分泌量相对增多，新生儿的需要量又相对减少，母乳可能会满足新生儿的需要。

如果母乳不是很缺少，晚上睡前那一顿可以考虑用奶粉喂养，奶粉可以足量，因为奶粉比母乳更有饱足感，更耐饥饿，让新生儿晚上能睡得久一点再醒来。等新生儿再大一点可以添加辅食时，他可以整晚都不会因饿而醒来，这样母子都能得到更多的休息。

如果妈妈上班了，白天无法喂给母乳时，夜间最好能给新生儿补 1~2 次母乳，否则会因为新生儿吮吸次数减少而慢慢导致乳汁分泌量减少。此外，吮吸母乳对于亲密母子关系以及建立新生儿的安全感是非常重要的。

但是，如果母乳量确实太少，新生儿吃不饱，就会缩短吃奶时间，夜间频繁地醒来要吃奶，影响母子休息，这时就要以奶粉为主了。

爸妈教室

新生儿晚上睡前 3 个小时，妈妈如果不胀奶的话，可以用奶粉代替母乳，这样就会攒满充足的乳汁供新生儿夜间食用，免去妈妈半夜起床冲泡奶粉的麻烦。

第 2 篇　有条不紊，科学护理新生儿

191

让新生儿母乳奶粉都爱吃

当进行混合喂养一段时间后，可能发生新生儿不肯再吃母乳，或者不肯再吃配方奶的情况。如何让新生儿两种都爱吃，常常让妈妈们伤透了脑筋。

如何对付只肯吃母乳的新生儿

1 挤出一些母乳装在奶瓶里，如果新生儿喜欢吃，说明新生儿不喜欢奶粉的味道，妈妈可以尝试更换奶粉。建议先买试用装或小包装，确认新生儿喜欢后再买大包装。

2 改用小勺子给新生儿喂奶粉，如果新生儿愿意吃，说明新生儿不喜欢奶嘴的触感，妈妈可以给新生儿换一种较柔软、接近妈妈乳头触感的奶嘴，或者在喂奶前，用热水烫一下奶嘴，使之软化。如果新生儿还是不肯接受，妈妈可以继续用小勺子喂。

3 给新生儿更多的关爱。当需要给新生儿喂配方奶时，妈妈在喂奶前应多与新生儿进行对视和交流，让新生儿充分感受到妈妈的爱。

4 让新生儿闻到妈妈的气味。新生儿对妈妈的气味很敏感，在妈妈怀里很有安全感，喂奶时可以给新生儿裹上一件妈妈的衣服，或者把他紧紧抱在怀里，降低他对奶瓶和奶嘴的陌生感。

如何对付只肯吃奶粉的新生儿

有的新生儿在吃过奶粉以后，就不再愿意吃母乳，这也可能有两个原因：

1 一是奶粉味道香浓，甜度较大，新生儿吃过这种奶粉，就开始拒绝不太香浓的母乳。妈妈这时候可以通过选择甜度较低，味道接近母乳的奶粉来调整新生儿的口味偏好。

2 另一个是奶嘴的出奶孔较大，新生儿不需要费很大力就可以吃饱，从而拒绝要费很大力气才能吃饱的母乳。妈妈可以换出奶孔较小的奶嘴，让新生儿吃奶时适当出些力，使新生儿吃奶粉时的感觉与吃母乳时的感觉相似。

充分睡眠，新生儿成长的保证

新生儿每天应该睡多久

新生儿大部分时间都在睡

一般新生儿每天大部分的时间都在睡觉，有18~22小时是在睡眠中度过的，除了吃奶以外，只有在饥饿、尿布浸湿、寒冷或者有其他干扰时才醒来。新生儿大脑发育尚未成熟，容易疲劳，睡眠可使大脑得到充分休息，有利于脑和全身的生长发育。如果睡眠不好，会使新生儿生理功能紊乱，神经系统调节失灵，食欲不佳，抵抗力下降，容易生病。

一般来说，早期新生儿睡眠时间相对较长一些，随着月龄增加，新生儿睡眠时间会缩短，一般是在上午八九点钟、沐浴后、喂完奶，有一段比较长的觉醒时间。

新生儿的睡眠时间有个体差异

实际生活中，许多新生儿睡不了20个小时，这让爸爸妈妈很担心，怕新生儿睡不够影响生长发育。其实这个问题不大，通常只要新生儿吃饱了，环境舒服了，他就会睡得香甜，白天会很有精神地凝望这个新奇的世界，不用很在意新生儿有没有睡足多少时间，新生儿困了自然会睡。只要醒来时精神状况良好、食欲佳就是睡眠充足的最好见证。

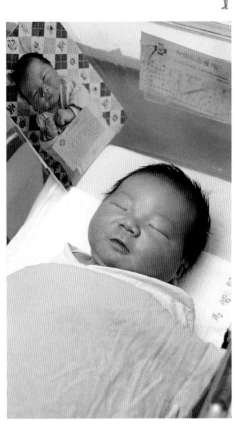

爸妈教室

在白天新生儿觉醒时，爸爸妈妈可以趁他精神好的时候，做做亲子活动，比如给新生儿做做体操，和新生儿说说话，竖着把新生儿抱起来，让他看看周围，这样既可以开发新生儿各项能力，又延长了新生儿觉醒的时间，可以帮助新生儿形成良好的睡眠习惯。

新生儿需要枕枕头吗

很多妈妈怕新生儿头型不好，早早地就给新生儿准备了定型枕头，打算给新生儿睡出个好头型，但是对于 0~3 个月的婴儿，建议最好不要使用枕头。

过早使用枕头对新生儿不利

新生儿的脊柱是直的，没有成年人脊柱特有的生理弯曲，新生儿在平躺时，后背与后脑自然地处于同一平面上，如果给新生儿垫了过高的枕头，颈、背部肌肉就不能自然松弛；侧卧时，新生儿头与身体也在同一平面，若枕枕头，很容易使颈部弯曲，有的还会引起呼吸和吞咽困难，不利于新生儿的生长发育。

新生儿头部爱出汗，有时会吐奶或流口水，再加上容易掉头发，会导致新生儿常睡的地方不太卫生，新妈妈可以在新生儿头下放置一块浅色柔软吸汗的棉布，并勤更换，给新生儿创造干净清爽的睡眠环境。

给新生儿使用枕头的合理时间

当新生儿长到 4~5 个月时，颈椎开始出现向前的生理弯曲，这时可将毛巾对折一下给他当作枕头。垫毛巾的时候要注意，毛巾应该垫在颈部和头部连接的地方，而不是头部。新生儿现在的颈部软弱而无力，而头的后部较突出，如果垫在头后部，会在颈部形成一个弯度，使新生儿呼吸不畅。

当新生儿长到 7~8 个月开始学爬、学坐时，他的胸椎开始出现向后的生理弯曲，同时其肩部也逐渐增宽。这时新生儿睡觉就应该垫上 3~4 厘米厚的枕头。

专家叮咛

如果新生儿穿了较厚的衣服，头部和肩膀或背部不能保持在一个水平上了，就需要在头下枕一些东西，比如毛巾、衣服之类。另外，刚吃奶后，为防止吐奶，可以把新生儿的上半身适当垫高一些，使新生儿保持半坐半卧的姿势，而不是只将头部垫高。

新生儿不宜趴着睡

新生儿的睡眠好坏与睡眠姿势密不可分，人的睡眠姿势有 3 种，仰卧、侧卧和俯卧，那么新生儿采用哪种睡姿最好呢？

小月龄新生儿不宜趴着睡

小于 3 个月及生病新生儿尽量不让他趴睡，趴睡导致婴儿猝死的概率比较高。由于还不能抬头、转头、翻身，鼻处易被外物阻挡而造成呼吸困难，容易过热，四肢活动不易，尚无保护自己的能力，因此俯卧睡觉容易发生意外窒息。

新生儿的正确睡姿

1 新生儿初生时，睡觉仍保持着胎内姿势，为了帮新生儿排出分娩过程中从产道咽进的水和黏液，出生后 24 小时内应采取低侧卧位，并定时给孩子翻身，由原来的侧卧位改为另一侧卧位。

2 一般来说，新生儿自己很难会侧着睡，可以在宝贝背部放一个枕头，应该把他的手放在前面，这样的话即使翻身，也是翻成仰睡的姿势，而不会变成趴睡。

3 喂完奶将孩子放回床上时，则应采取右侧卧位，以减少呕吐。

4 侧卧时，爸爸妈妈应注意不要将新生儿的耳廓压向前方，以免引起耳廓变形。

5 如果新生儿五官过于靠近、脸型过小、颅骨前后径过大，则可能不适合侧睡，可以采取仰睡与侧睡交替。

新生儿怎么睡头型才完美

传统观念一直认为新生儿的头型与枕头有关系，其实影响新生儿头型的，主要是睡姿。刚出生的宝贝，头颅骨尚未完全骨化，各个骨片之间仍有成长空隙，直到 15 个月左右时囟门闭合前，新生儿头部都有相当的可塑性。

经常变化睡姿

新生儿总朝一侧睡颅骨会变形，脸型不对称，经常变换睡姿，这样新生儿的头型会睡得很漂亮。新生儿采用仰卧加两侧经常交换的侧卧睡姿是相对安全和理想的睡姿，妈妈应该根据情况经常给新生儿更换睡眠姿势。

1 如果新生儿一次睡眠时间在 2 小时以内，妈妈不用刻意去帮他变换睡姿。如果他在这次睡眠中是仰睡，可以在下次睡眠时让他左侧卧，再下一次时改为右侧卧。

2 如果新生儿单次睡眠时间较长，妈妈可以在新生儿睡眠中给他改变一下姿势，这时要注意观察新生儿是处于深度睡眠还是浅度睡眠，新生儿在睡眠比较浅的时候不要动他，他会不接受，会哭闹不安。一般来说，新生儿处于深度睡眠时安静、脸部和四肢呈放松状态、呼吸非常均匀。反之，如果新生儿嘴角或眼睛在动，发出哼哼声，或者脸部表情丰富，这时新生儿处于浅度睡眠，不要去惊动他。

3 在新生儿处于深度睡眠的时候，帮助他改变一下体位，要注意循序渐进地改变，开始少一点，然后再多一点，这样新生儿才不会被惊动。

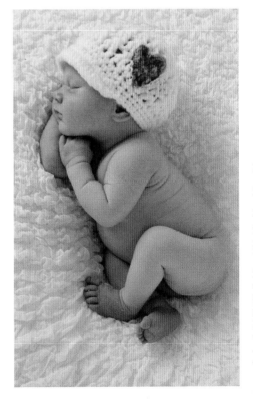

有些新生儿睡得很不安稳，经常哭闹，妈妈非常担心影响他的生长发育，这时候该怎么办呢？

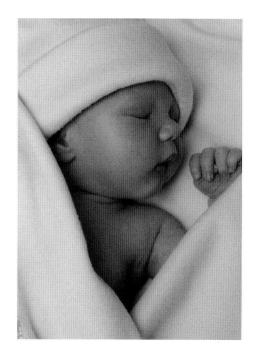

寻找新生儿睡不安稳的原因

1 检查室内温度和湿度是否过高或过低，摸摸新生儿背部和手脚心，看温度是否适宜，有没有出汗。

2 检查新生儿的尿布或纸尿裤，尿布湿了或是纸尿裤更换不及时会导致新生儿不舒服，从而影响睡眠。

3 检查新生儿是不是没有吃饱。

4 检查新生儿是不是缺钙。如果新生儿睡不安稳，并出现枕秃、多汗、烦躁不安、爱哭闹，可带新生儿检查是否缺乏维生素 D 和钙。

若上述情况都没有，看看新生儿是否有疾病，如是否有发热，新生儿小屁股是否发红，吸奶吸入大量气体排不出来而引起肚胀或肠道痉挛病等。

让新生儿睡得安稳的办法

1 晚上可以给新生儿营造一个有利于新生儿入睡的环境，例如给新生儿洗个温水澡，洗后轻轻按摩一下。

2 新生儿睡觉的小床应离妈妈的床尽量近一些，最好放在妈妈的床边。因为距离妈妈越近，妈妈就能对新生儿的动静及时做出反应，新生儿在梦中醒来的机会就越小。

3 在哄新生儿睡觉之前，应该先把床铺好，如果临时用单手去清除床上的物品或铺床时，新生儿可能随时醒来。如果你是由左（右）边将新生儿放下，就把新生儿放在你的左（右）手臂上喂奶，或是哄睡。婴儿床最好不要靠墙，这样从两边都可以放新生儿躺进去。

4 要保持妈妈与新生儿的接触，因为新生儿突然离开妈妈的怀抱，很容易发生惊跳，然后醒过来。因此，需要妈妈在放下新生儿的同时，再轻轻地拍哄着，等新生儿睡稳之后，仍要将手留在新生儿的身上待一会儿，也可以哼唱一些催眠曲或是说一些有节奏的话哄新生儿入睡。

5 若新生儿有疾病，妈妈要尽快带新生儿去医院检查。

找到新生儿夜哭的原因

要 知道新生儿不会无缘无故哭泣，如果新生儿总是夜哭，爸爸妈妈一定要多去找原因，慢慢引导新生儿入睡，逐步培养良好的睡眠习惯。

新生儿夜哭的原因

1 看是否肠胃受凉。冬天要注意给新生儿保温，少吹凉风，夏天要注意保护新生儿的肚脐眼和肛门以及脚底三个部位，这三个部位受凉会引起肠胃受凉，从而使得新生儿晚上睡觉时因肚子胀痛而哭泣。

2 饥饿或过饱。新生儿无法忍耐饥饿，饿了会因痛苦而哭，而过饱又会不舒服，也会哭。

3 被褥太厚，室温过低、过高，尿布湿了，睡卧姿势不舒服等，过热或过冷都会让新生儿感到焦躁或不舒服；肢体受压迫或不舒服时新生儿也会用哭来反抗。

4 妈妈食用过多产气食物如豆类，会引起新生儿胀气；或长期饮用含咖啡因的饮料如茶、咖啡等，导致新生儿过于兴奋睡不着而哭泣。

5 此外，家庭成员不和、新妈妈长期心理紧张、对婴儿说话声音太响、环境过于嘈杂、没有及时得到妈妈的呵护等都可使新生儿情绪不稳定、心神焦急而造成半夜啼哭。

6 如果没有以上情况，要看新生儿是否有疾病，例如红臀、肠绞痛、佝偻病及其他儿科疾病如中耳炎、疝气等也会引起半夜啼哭。

纠正夜哭的方法

1 要注意给新生儿保温防冻，保持室温在 24℃ 上下，晚上不要喂太多、太急，睡前不要饮太多水，及时更换尿布或纸尿裤，睡前应洗脸、洗脚、洗屁股，床上用品要 1~2 周清洁、晾晒一次，哺乳妈妈应避免食用刺激性食物，若胀气可帮新生儿拍背排气。

2 积极治疗由疾病引起的夜哭。一旦发现新生儿异常，应及时让医生帮助检查，以进一步诊断并及早治疗。若新生儿肠绞痛，可轻柔地按摩一下小肚子，或用温毛巾放在新生儿胃部，以舒缓不适感。

3 舒缓新生儿焦虑的情绪。爸爸妈妈应多抱抱或抚触新生儿，给新生儿创造一个安静、舒适的居住环境，睡前不做剧烈活动、不讲新故事，以免过度兴奋。

新生儿睡觉烦躁不安怎么办

一般情况下，新生儿在吃奶的时候就会睡着，如果这样妈妈只需把他放回婴儿床上即可，但有的新生儿在睡觉之前会显得烦躁，这时妈妈该怎么办呢？

1 当新生儿烦躁不睡时，妈妈需要哄一会儿，哄新生儿睡觉的时候，可以把新生儿抱在怀里轻轻摇晃，并用手轻轻拍新生儿的大腿外侧，或者把新生儿放在摇篮里，边摇摇篮，边拍新生儿的大腿外侧，一般就可以把新生儿哄睡。如果妈妈是抱着新生儿哄睡觉，最好在他睡着超过15分钟之后，新生儿此时基本已经进入深度睡眠，双臂会自然下垂，碰一下也不会哼哼，这时候再放到床上。如果新生儿刚睡着就被放下，很容易再次醒来哭闹。

2 新生儿烦躁不安，有一种情况是有心火，妈妈可以看看是不是自己吃了上火的食物，人工喂养的新生儿是不是喝水太少，或者近段时间天气是否干燥，同时观察新生儿舌尖和嘴唇是否过于红润，大便有否变得干燥等。如果新生儿上火，妈妈要多给他喂水，上火严重的要问问医生。

3 此外，如果新生儿常常出现睡不踏实的情况，并且醒来之后烦躁得很难再入睡，还有多汗、枕秃等症状，妈妈要考虑新生儿是不是缺钙了，需要带新生儿去医院检查一下。

开灯睡觉不利新生儿健康

不少父母认为，新生儿怕黑，会给他在床头留一盏灯，这看来似乎很温馨的画面，实际上却蕴含了不健康的生活习惯。

1 开灯睡觉会影响新生儿睡眠质量。任何人工光源都会产生一种微妙的光压力，这种光压力的长期存在，会使人，尤其是婴幼儿表现得躁动不安、情绪不宁，以致难于成眠。同时，让新生儿久在灯光下睡觉，进而影响网状激活系统，就会使他们每次睡眠的时间缩短，睡眠深度变浅而容易惊醒。

2 开灯睡觉会影响新生儿视力。长期在灯光下睡觉，光线对眼睛的刺激会持续不断，眼睛和睫状肌便不能得到充分的休息。这对于婴幼儿来说，极易造成视网膜的损害，影响其视力的正常发育。

3 开灯睡觉会影响新生儿发育。让新生儿保证充足的睡眠对长身高很有帮助，新生儿在睡眠过程中会分泌生长激素，灯光一亮，生长激素水平就会下降，进而减慢发育速度。

要注意的是，不要把新生儿一个人留在黑暗的房间里，父母可以在熄灯的时候多陪陪新生儿，比如抱抱他、亲亲他，轻轻抚摸新生儿的背部和后脑，唱轻柔的催眠曲，消除新生儿对黑夜的恐惧。

专家叮咛

> 开灯睡觉对大人也有害无益，入睡时开灯将抑制人体中一种叫褪黑激素的物质分泌，使人体免疫功能降低。

给新生儿创造舒适的睡眠空间 …………………………

新生儿每天有 2/3 以上的时间都需要在房间里睡觉，可以说房间环境好不好，直接影响着新生儿的睡眠质量。因此，新生儿房间的布置一定要舒适。新生儿的房间至少要达到以下标准。

1 通风透气情况良好。新鲜的空气对于新生儿非常重要。

2 温度湿度适宜。由于体温调节功能差，体表散热快，过冷或过热都会使新生儿的生理状态发生紊乱。新生儿的环境温度夏天应维持在 23~25℃，冬天维持在 20℃ 以上比较合适。室内湿度在 55%~65% 为好，如果房间里比较干燥，可以洒些水湿化空气，这也可在一定程度上预防呼吸道疾病的发生。

3 灯光柔和。妈妈可以使用类似自然光的灯泡或是卤素灯照明，此外也可以偶尔改变室内光线的色彩和明度，给新生儿多种不同的视觉感受。灯光不能昏暗，昏暗的灯光容易导致新生儿昼夜颠倒，也不利于妈妈对新生儿的面色、皮肤、呼吸等进行细致地观察，甚至出现病态也不能及时发现。

4 色调素雅。刚出生的新生儿视力还没发展完全，尤其是 4 个月以内的婴儿，可说是个大近视眼，大概 30 厘米以外的景物就是一片蒙眬了。因此，婴儿房的色调最好不要太过鲜艳，以免过度刺激新生儿的眼睛。

5 挂上厚窗帘。新生儿房内窗帘可以厚实一些，避免阳光直射房内，刺激新生儿的眼睛，窗帘拉下也可以增加新生儿的安全感。

6 舒适的床。新生儿的床一定要透气，床垫不要选择太厚的海绵垫，否则可能因汗水或尿水累积在海绵垫内无法挥发，而导致新生儿痱子、脓疮等问题。

7 漂亮的天花板。天花板最容易被忽视，却是新生儿花大量时间观望的地方，新生儿房间里的天花板可以涂上好看的颜色，并将它设计得独特一些，比如挂一盏镶有不同颜色珠宝的灯。

 专家叮咛

　　为防止花草引起的过敏，新生儿的房间里最好不摆放花草；为防止辐射，新生儿房间里也不要放电脑或者电视。

第 2 篇　有条不紊，科学护理新生儿

让新生儿睡自己的床

有的妈妈考虑到晚上哺喂的方便，也考虑到初来人间的新生儿安全感尚未建立，喜欢带新生儿一起睡，事实上新生儿与父母同睡会给新生儿带来诸多不利。

1 与新生儿同睡，最大的风险就是新生儿非常弱小，也不会自己翻身，大人在睡熟中很可能会压着新生儿，发生危险。

2 新生儿一直跟着父母睡，容易形成依赖心理，对培养独立性没有好处。

3 新生儿抵抗力弱，父母的头屑、螨虫、病菌很容易感染新生儿而致病。

4 新生儿的呼吸能力不如大人，与父母一起睡会导致新生儿呼吸的都是大人的废气。

新生儿出生后，妈妈可以给新生儿一个专门的小床，放在自己的床边，因为新生儿需要频繁的哺乳，给新生儿一个单独的小床对新生儿的身心发展非常有益，既方便照顾，又不会影响睡眠质量，一定程度上还可以培养新生儿的独立意识。

如何挑选新生儿床

1 新生儿的床表面要光滑，没有毛刺和任何突出物；床板的厚度可以保证新生儿在上面蹦跳安全；结构牢靠，稳定性好，不能一推就晃。

2 床的拐角要比较圆滑，如果是金属床架，妈妈最好自己用布带或海绵包裹一下，以免磕碰到新生儿。

3 床栏杆之间的间距适当，新生儿的脚丫卡不进去，而小手又可伸缩自如。床栏最好高于60厘米，新生儿站在里面翻不出来。

4 摇篮床使用中要定期检查活动架的活动部位，保证连接可靠，螺钉、螺母没有松动，新生儿用力运动也不会翻倒。

选购一款适合新生儿的睡袋

当新生儿稍大一些，睡觉就没那么老实了，他会挥舞着双手掀掉被子，或者更大一点的新生儿还会蹬被子，等他学会翻身，直接就翻到被子外去了。妈妈总会很苦恼，新生儿不盖被子容易着凉，如果给他穿上厚厚的衣服睡，又影响他的舒适感。这时候就需要为新生儿添置一个睡袋了。

睡袋的款式

目前市面上的睡袋款式大致分背心式、带袖式以及长方形钻入式三种。背心式睡袋可避免手臂受到束缚，同时又能调节体温；带袖的睡袋则可以避免手臂着凉，有些带袖的睡袋袖子可以拆卸；长方形睡袋展开后可以当小被子用，内胆可以拆卸，比较适合睡觉较乖的新生儿。无论选什么样款式的睡袋，只要让新生儿舒适就好。

睡袋的厚薄与尺寸

选购睡袋一定要考虑当地气候及室温，以及新生儿的体质，如果在南方地区，冬季屋内没有暖气，而新生儿又属于较弱的体质，那么建议妈妈为新生儿选购带袖的羽绒睡袋。如果室内温度较高，建议妈妈选购相对薄的睡袋，避免新生儿因过热而引起体内上火。

一个质量好的睡袋用上两三个冬季是没有问题的，因此在尺寸上建议买加长型的睡袋，最好可以根据新生儿的个头做适当调整，大致为新生儿身高加上20厘米以上。

如何挑选睡袋

1 颜色较浅：布料印染中会存在某些不安全因素，对新生儿的皮肤会有影响，妈妈最好选择白色或浅的单色内衬的睡袋。

2 无异味：如果觉得刺鼻、有怪味，哪怕是有香味的，都要慎选，因为这类睡袋很可能印染或填充物有问题。

3 做工精细：面料一般以全棉为好，还要注意设计细节，拉链要有布头保护，扣子及装饰物要牢固，内层要避免线头。

 专家叮咛

睡袋买回家后，妈妈一定要注意清洁消毒，先洗一遍，并充分晒干后再拿给新生儿用。

新生儿洗护，卫生习惯早养成

为什么要经常给新生儿洗澡

新生儿出生后第 2 天就可以开始洗澡了，父母应经常给孩子洗澡。经常洗澡的好处多。

1 新生儿皮肤娇嫩，容易受汗水、大小便、眼泪、奶汁、灰尘等刺激，尤其是皮肤皱褶处，如耳后、颈项、腋下、腹股沟等处，容易发生皮肤溃烂；而且脱落的皮屑与汗水皮脂结合，易堵塞毛孔，夏天易生痱子、疖子；小儿的皮肤也很易受到感染。所以，要经常给小儿洗澡，清洁皮肤，这样可减少各种皮肤感染，如脓疱疮、皮炎、皮下坏疽等。清洁的皮肤有杀菌能力，洗澡还可清除身上的污垢，避免堵塞住皮脂腺和汗腺的开口而妨碍它们的机能。

2 水的环境最有利于婴儿发育。因为胎儿习惯了羊水中的生活，胎儿离开了母腹以后，又重新回到液体中去生活，他会很舒服，发育得更好。

3 洗澡也是良好的体格锻炼，经常给孩子洗澡可使周身血液循环增加，促进新陈代谢，加速皮肤血液循环，保护上皮细胞不受损害，调节机体各系统活动功能，促进小儿生长发育。

4 经常洗澡能消除疲劳，洗澡后新生儿往往睡得更香甜，因此可以提高孩子对疾病的抵抗力，从而提高健康水平。

5 洗澡时还可以全面检查一下新生儿的皮肤有无异常现象，因为许多传染病都是通过出皮疹而表现出来的。

新生儿洗澡须知

给 新生儿洗澡必须耐心细致，要注意以下问题。

1 新生儿洗澡最好选择喂奶前的1~2个小时，不要等新生儿吃饱了再洗，以免溢奶。洗完澡之后要及时补充水分。

2 洗澡的房间要关闭门窗，不能有风。房间温度最好控制在20~24℃，以免新生儿着凉。此外，新生儿脱了衣服后容易着凉，注意不要有人为制造的风，比如迅速地从旁走过。

3 洗澡的房间要朝阳，最好在光线充足的地方进行，这样一方面新生儿会感到温暖舒适，另一方面也方便妈妈观察新生儿身体情况。

4 洗澡时，最好不要直接把沐浴露涂在新生儿身上，如果直接涂在新生儿身上，很容易使新生儿身体发滑，并从妈妈的手中溜到水里发生危险。

5 给新生儿洗澡，不必每次都用香皂或浴液，如需要用一定要冲净，以免刺激新生儿皮肤。

6 如果新生儿的脐带未脱落，洗澡时不宜将新生儿直接放入浴盆中浸泡，而应用温毛巾擦洗腋部及腹股沟处，注意不要将脐部弄湿，以免被脏水污染，发生脐炎。如果不小心弄湿了，要及时用棉签蘸75%的酒精擦拭，然后密切关注脐部变化，出现炎症应及时请教医生。

爸妈教室

胎痂是因胎脂未洗净或出生后分泌的皮脂与灰尘堆积加厚而成，既不卫生也不美观，但处理时不可硬剥，以免感染。可用甘油浸泡软后以温水洗净，一次洗不干净不可使劲搓洗，以免弄破皮肤，可下次再洗，直至洗净。

洗澡前应准备好的物品

给 新生儿洗澡前，要提前将所有的物品准备好，千万不能临到用时才四处找，因为新生儿光着身子等太久会着凉。

1 澡盆和温度计。澡盆洗澡前，最好用热水烫一遍澡盆，这样可以给澡盆消毒。

2 浴巾和擦洗阴部的毛巾各一条。浴巾可用来包裹新生儿及擦干水，但不要用来擦阴部，而擦洗阴部的毛巾，不要用来擦洗其他部位，尤其是眼睛、鼻子、嘴巴和脚。

3 75%的酒精、棉布一块、棉签。新生儿脐带尚未脱落时是不允许脐部沾水的，如果万一沾水了要及时用棉布吸干水分，并用棉签蘸75%的酒精擦拭。所以洗澡前也要将这些准备好。

4 湿疹膏等药膏。容易出现红屁股、腹股沟皮肤破皮或是湿疹等皮肤问题的新生儿，洗澡前应先将相应的药膏准

第2篇 有条不紊，科学护理新生儿

备好，以免到需要的时候手忙脚乱。

5 新生儿洗护用品：如沐浴露、洗发水、抚触油、爽身粉等。

6 衣服、尿布或纸尿裤等新生儿平时穿戴的衣物。

如果在天气潮湿的冬春季节，将浴巾、毛巾和新生儿的衣服先放太阳下晒一晒，可以消毒去湿，新生儿穿着会更舒适。而在夏天，晒完的衣物要先放凉再给新生儿穿，否则容易引起新生儿上火。此外，给新生儿洗完澡后，要将澡盆和沐浴露等彻底清洁，然后晒干存放。

如何给新生儿洗澡

第一步：放好水

新生儿洗澡用品全部准备到位后，就可以开始放水了，水温应控制在36~38℃，可以使用温度计测量，也可以用妈妈手腕来测试，以手腕感觉不烫为好。另外需要注意，如果给新生儿洗澡的水是冷热水调和的，最好在澡盆里先放冷水，然后放热水，以免放了热水后，忘记放冷水而烫伤新生儿。

第二步：把沐浴液加入水中，将新生儿放入水中

妈妈要用双手横托着新生儿慢慢放入水中（一定要慢慢地放入，以免新生儿不适应洗澡水，受到惊吓），但新生儿的头部要始终在水面上。

第三步：从头到脚给新生儿清洗

洗澡时，妈妈可以用一只手托稳新生儿头部，另一只手擦洗，先洗头部，再脸部，然后是身体。

洗脸部时，要从脸部中央向脸的外侧清洗，由内眼角向外眼角，由鼻梁向脸颊的顺序清洗。洗头洗脸时，注意用手轻轻压住新生儿的耳廓，以防水流入耳朵。洗身体时，婴儿的腹股沟和阴部要仔细清洗，妈妈可以让新生儿的头枕在你的胳膊上，腾出一只手抓着腿，另一只手进行清洗即可。

第四步：给新生儿擦干水

新生儿洗完澡后，身上有水会感觉到冷，这时应立即用浴巾包裹，并擦干水，重点注意腋下、肚脐眼、腹股沟、肛门、手指和脚趾缝这些不太容易注意到的位置；同时用专用毛巾将阴部擦拭干净。在颈部、腋窝和大腿根部等皮肤皱褶处涂上润肤液，夏天扑上新生儿爽身粉。

然后检查新生儿全身有没有皮肤过敏或其他异常情况，重点检查屁股、肛门、腋下、腹股沟以及手指脚趾缝有没有红肿溃烂，如果有要立即处理，涂上药膏。

第五步：给新生儿做按摩

新生儿洗完澡后全身舒坦，血液循环加速，这时候最适合给新生儿做一个按摩。按摩的方法请见下一页。

第六步：洗完澡后，穿衣保暖

如果气温较低，穿衣服速度要快，可以先穿上衣护住新生儿胸腹部，这样新生儿就不冷了。

洗澡后给新生儿按摩

按摩是新生儿喜欢的运动，洗完澡后给新生儿按按摩，对于平缓新生儿情绪、促进消化、减少便秘，促进新生儿身心发育及建立亲子感情都很有益。

给新生儿按摩的方法

1 背部按摩：使新生儿呈俯卧式，用两个手掌从新生儿的腋下向臀部方向按摩，同时用拇指轻轻挤压新生儿的脊骨。

2 颈部和肩膀按摩：先从新生儿的颈部向下抚触，慢慢移至肩膀，由颈部向外按摩。用手指和拇指按摩新生儿的脖子，从耳朵到肩膀，从下巴到胸前。

3 手臂按摩：首先从腕到肘，再从肘到肩膀，然后从双臂向下抚触、滚揉，最后按摩新生儿的手腕、小手和手指，并用拇指指腹抚触新生儿每一根手指。

4 胸腹部按摩：轻轻沿着新生儿肋骨的曲线向下抚触新生儿的胸部。在新生儿的腹部用手指画圈揉动，从肚脐向外做圆周运动，以顺时针方向逐渐向外扩大。可以两只手轮换着连续进行按摩，不要压得太用劲。

胸腹部按完后，要先给新生儿穿上衣服，以防感冒。

5 头部按摩：用双手按摩新生儿的头顶部，轻轻画圈做圆周运动，注意避开囟门。接着按摩脸的侧面，然后用指腹从中心向外按摩新生儿的前额，轻轻从新生儿额部中央向两侧推，移向眉毛和双耳。

6 下半身按摩：从新生儿大腿开始向下，将闲着的手放在新生儿的肚子上，然后从大腿向脚踝方向轻轻抓捏新生儿的腿，并加入轻捏动作。轻轻摩擦

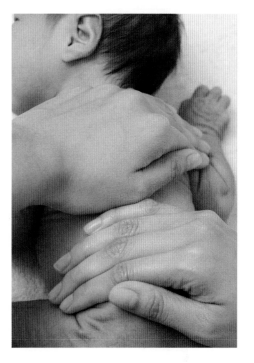

新生儿的脚踝和脚，从脚跟到脚趾进行抚触，然后分别按摩每根脚趾。

按摩注意事项

1 按摩前，妈妈可以给自己双手涂点新生儿润肤霜。

2 新生儿吃奶前后1小时内，以及新生儿情绪异常激动时，都不要给新生儿按摩。

3 妈妈给新生儿按摩时，除了动作要轻柔外，还要与新生儿有交流。

4 一次按摩的时间也不要太长，先从5分钟开始，然后逐渐延长到15~20分钟，每个动作重复2~3次。

5 室温不能太低，最少要保持在28℃以上，可以播放一些轻柔的音乐。

如何给新生儿洗脸

给新生儿洗脸时，动作要轻、慢、柔，切莫擦伤了肌肤。可以先给新生儿洗五官，再擦前额、面颊、嘴角、下颌及颈部等余下部位，最后用清洁棉棒将耳、眼、口、鼻中残留的水分吸干净。

怎样清洁新生儿的耳朵

洗澡时轻擦拭外耳壳即可，因为新生儿的耳朵相当脆弱，妈妈并不需要特别帮新生儿挖耳朵，掏挖耳朵很容易让新生儿脆弱的耳道受伤。此外，洗脸时一定要注意不能让耳朵进水。

如何清洁新生儿的眼睛

妈妈可以利用纱布沾水，轻轻地由内（眼头）往外（眼尾）擦拭即可。切记不可以来回擦拭，最好是一边眼睛使用一支干净的棉花棒或是干净的纱布一角，才不会让脏东西又跑进新生儿的眼睛里面。

怎样清洁新生儿的口腔

清理新生儿的口腔可以减少奶渍在口中堆积，新妈妈可以用干净纱布套在手指上，将纱布沾点冷开水，轻轻地放入新生儿的口中时，新生儿会有吸吮的动作，这时候就可以顺势旋转擦拭新生儿舌头上的舌苔。

怎样清洁新生儿的鼻孔

新生儿的鼻子小，脏污也不会太大，所以清洁新生儿的鼻孔时，只要利用棉花棒沾冷开水或生理食盐水，用旋转的方式就能把脏东西卷出来。

当新生儿有鼻涕时，妈妈可使用吸鼻器将鼻涕吸出。

专家叮咛

给新生儿清洗时，为了不让新生儿因为害怕而抗拒，妈妈不妨事先准备一两样新生儿喜欢的玩具，让新生儿转移注意力。

如何给新生儿洗头

给新生儿洗头之前要关好门窗，如果温度较低，可先打开空调或电暖气，让屋子先预热一会儿。

第一步，去除头垢

如果新生儿的头上长有头垢，妈妈们千万不要用指甲去抠，可以用橄榄油或新生儿按摩油涂抹到头垢部位，使头垢变软。

第二步，准备温水和洗发水

给新生儿洗头的水温一定要合适，不能过冷也不能过热，一般控制在37~38℃为宜。妈妈可使用水温计测定水温，也可以用手肘内侧的皮肤进行测量。

新生儿洗发水无须频繁使用，一定要选择正规品牌的新生儿专用洗发水，确保纯正温和，不能刺激皮肤及眼睛；而且要便于清洗，不能出现久洗不净的现象；还要易于梳理，不能出现干涩打结的状况。

🧑 第三步，洗头的步骤

让新生儿仰面躺在妈妈的腿上，妈妈一只手托住新生儿的头，大拇指和中指把新生儿的耳朵捏住，以免进水，用托新生儿头的胳膊夹住新生儿的腿，另一只手先用蘸水的毛巾或手掌，轻轻地将新生儿的头发浸湿；然后，取少量洗发水用手掌为新生儿涂抹均匀，注意耳后和脖颈处也不要漏掉；接下来用清水将洗发泡沫冲洗干净；最后用毛巾将新生儿头发上的水吸干，切忌用力擦拭。

🧑 新生儿洗头的注意事项

1 正确选择给新生儿洗头的时机，不要选择在新生儿玩得正高兴时突然打断他，要求给他洗头，这样做很少有新生儿愿意乖乖配合的；不要选择在新生儿刚刚吃饱后，马上就给他洗头，因为洗头时的哭闹很可能会引起新生儿呕吐；不要选择在新生儿很疲倦时给他洗头，因为那时的新生儿多很烦躁，更易哭闹。妈妈们可根据自己新生儿的实际情况，选择一个他心情、精神状态相对俱佳的时间为他洗头。

2 不要给新生儿使用吹风机吹干头发，因为过大的噪声可能会损伤到新生儿的耳朵。

3 为新生儿洗头不必每次都涂抹洗发水，建议洗发水的使用 1 周不要超过 3 次。

新生儿游泳的护理

游泳是一项对身体能量消耗较大的运动，新生儿在游完泳后通常食欲增加，睡眠良好。另外，新生儿游泳时，受到水温、静水压、浮力和水波冲击等多种外因的共同作用，使得全身皮肤、关节、包括神经系统、内分泌系统的一系列良性反应，加强了对新生儿各感官系统的刺激，促进动觉、味觉、听觉、触觉、平衡觉等综合信息的快速传递，从而提高反应力，促进各器官协同配合来完成各种动作。

新生儿第一次游泳最好到专业游泳场馆去，但新妈妈不要把所有的事情都交给游泳馆，新生儿游泳时，妈妈要做好精细护理。

1 安排游泳时间，一般情况下，新生儿游泳要在吃奶后半小时或 1 小时左右。刚吃完奶不能游泳，容易吐奶。

2 及时观察新生儿情绪是否良好，有没有生病等，如果新生儿烦躁，身体不舒服就不要游了。新生儿在心情愉快、身体健康的情况下游泳，才能起到积极的效果。

3 有些胆小的新生儿初次或头几次游泳时会被吓哭，新妈妈要及时握住新生儿的小手，在旁边轻轻地和新生儿说话，或者利用玩具转移新生儿的注意力，等新生儿情绪安定后，妈妈要放手让新生儿自己去游，从而建立自己的安全感。

4 新生儿一次游泳时间不宜过长，10~15 分钟就够了，游完泳后妈妈要及时用浴巾把新生儿包起来，擦干水，并迅速穿好衣服，以防着凉。

女婴私处的清洁

女孩的外生殖器分为大阴唇、小阴唇、阴核、会阴、阴道口几个部分。小阴唇和大阴唇覆盖尿道口和阴道口，能防止细菌的侵入。女孩生殖器官的最大特征，就是外生殖器离尿道和肛门很近，十分容易感染，所以清洗和护理要比男孩更细致。

女孩私处的清洁方法

1 妈妈先洗净自己的手，再把柔软的私处专用小毛巾用沸水泡过消毒，然后用温水沾湿。

2 打开尿布，用卫生纸擦去尿液和粪便。擦去粪便时应注意由前往后，不要污染外阴。擦洗大腿根注意由上而下，由内向外。

3 举起新生儿双腿，清洗外阴部，注意要由前往后擦洗，防止肛门细菌进入阴道。不可清洗阴唇里边，以免感染，招致疾病。然后用温开水清洗肛门和屁股。

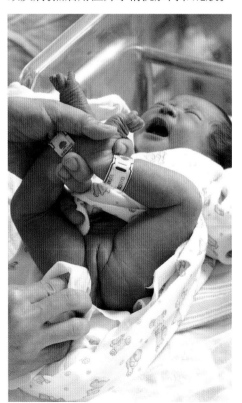

4 用小干软毛巾抹干尿布区，并可在肛门、臀部、阴唇外阴周围擦上护臀霜。

5 女孩阴道内菌群复杂，但能互相制约形成平衡，在护理的时候不要去打乱这种平衡，所以清洁时用温开水即可，不要添加别的东西。

6 刚出生的女孩的外阴，可能因在胎中受母亲内分泌的影响，偶尔有白色或带有血丝的分泌物出现在阴道口处，此时可以用浸透清水的棉签轻轻擦拭，不必紧张。这些分泌物对于新生儿脆弱的黏膜其实可以起到一定的保护作用，过度清洗有害无益。

勤换尿布

排尿后妈妈一定要记得及时更换尿布。尿道的开口处直接与内部器官相通，尿液的残留成分会刺激新生儿皮肤，容易患尿布疹，干扰严重了，会过敏发炎。

干净、清爽、透气的环境是阴部最理想的环境。无论是使用尿布还是纸尿裤，都应当选择透气好的，安全卫生的。

辣妈教室

如果尿布上沾了像分泌物样的黄色的东西，可能是阴道出现炎症的表现。偏黄色的东西很可能不是分泌物而是脓液，如果这种症状持续3天以上或者越来越严重，就要带孩子到医院检查。

男婴私处的清洁

许 多家长都认为男孩的私处护理很简单，殊不知这里面却有大学问，若护理不当，甚至会对新生儿造成严重伤害。

男孩私处的清洁方法

1 妈妈先洗净自己的手，再把柔软的私处专用小毛巾用沸水泡过消毒，然后用温水沾湿。

2 给新生儿松开尿布，解开纸尿裤后仍将尿布的前半片停留在阴茎处几秒钟，因为顽皮的新生儿常常会在妈妈给他松开尿布后撒尿，这时可利用尿不湿兜住尿液，以免弄湿衣服和床垫。

3 妈妈先用湿毛巾清洗新生儿的阴茎，注意不要将包皮往后拉，不用刻意清洗包皮或翻开包皮清洗龟头，因为新生儿的包皮和龟头还长在一起，过早地翻动柔嫩的包皮会伤害新生儿的生殖器。

4 阴囊表皮的褶皱里也是很容易积聚污垢的，妈妈可以用手指轻轻地将褶皱展开然后擦拭。

5 然后清洗屁股和大腿根部的尿液，注意要从大腿褶皱向前清洗。

6 清洗完后用干的毛巾轻轻地将水擦干净，尤其要注意腹股沟和阴囊这些容易藏水的地方，如果水分没擦拭干净容易红肿发炎。擦完水分可以先不包尿布，把性器官完全晾干。

7 给新生儿穿纸尿裤或围尿布的时候，要注意把男孩阴茎向下压，使之服帖在阴囊上。这样做是为了不让新生儿尿尿的时候冲上尿，弄湿衣服。另外，也可以帮助新生儿的阴茎保持自然下垂的状态。

新生儿私处护理要点

由 于新生儿还小，许多年轻的爸爸妈妈在照顾新生儿的时候常常会忽略新生儿的私处，但是新生儿的私处护理是非常重要的，它甚至决定着新生儿今后的健康。除了前面说到的男孩和女孩各自的护理办法外，对于新生儿的私处护理还有一些男孩女孩都要注意的细节。

1 水温要适宜。清洗私处时水温要控制在38~40℃，这不仅是要保护新生儿的皮肤不受热水烫伤，也能保护阴囊不受烫伤。

2 保持尿布的清洁。新生儿期，新生儿与尿布密不可分，为保护私处，尿布一定要干净。用过的尿布可以用滚开水浸泡30分钟再清洗，然后放在阳光下暴晒干，彻底消毒杀菌，收纳尿布的地

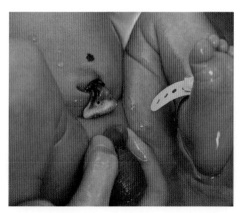

方也应该是通风干燥的。

3 使用专用毛巾和盆子。给新生儿清洗外阴的盆和毛巾一定要专用，不应再有其他用途，使用的盆最好为金属质地，以便用其加热洗涤用水。

4 不要在新生儿的生殖器上及周围擦花露水。花露水有一定的刺激性，对生殖器的发育也不利。

妈妈教室

由于女孩特殊的生理结构，新妈妈应该早点给女孩穿满裆裤。此外，包皮过短的男孩，其龟头裸露在外容易沾染细菌，也应该早点穿满裆裤。内裤的选择，应该是吸收力强的、透气的、棉质的、宽松舒适的。妈妈应尽量少让外面不干净的细菌轻易和新生儿私处直接接触。

学会给新生儿穿脱衣服

给新生儿穿脱衣服常常是摆在新妈妈面前的一道难题。新生儿的身体柔软，四肢大多是屈曲状，不会配合妈妈，再加上新生儿没有控制大小便的能力，常常新妈妈费了好大的劲，刚穿戴好，顽皮的小家伙立马送上一泡尿甚至一包大便，如果再赶上寒冷的冬天，新妈妈常常欲哭无泪。所以，新妈妈要掌握正确的方法，勤加练习，常能取得较好的效果。

如何给新生儿脱衣服

大多数新生儿都不喜欢脱衣服，一是怕冷，二是脱衣服时身体受到挤压，让新生儿感到不舒适，因此在脱衣服时妈妈的动作一定要轻柔、迅速。

1 连衣裤：先把新生儿放在一个平面上，从正面解开衣裤，轻轻地把双腿拉出来，然后把新生儿的双腿提起，把连衣裤往上推向背部到他的双肩，轻轻地把新生儿的双手拉出。

2 开襟上衣：先握着他的肘部，把袖口卷起来，然后轻轻地把手臂拉出来。

如何给新生儿穿衣服

按照先上衣，后裤子、袜子、鞋子的顺序穿戴，再用小毛毯或小棉被包裹新生儿，要保证双腿有足够大的活动空间。

先给新生儿一些信号，比如抚摸他的皮肤，和他轻轻地说话，使他身体放松。

1 前开襟衣服：先将衣服打开，平放在床上，让新生儿平躺在衣服上，大人的一只手将婴儿的手送入衣袖，另一只手从袖口伸进衣袖，慢慢将婴儿的手拉出衣袖，同时另一只手将衣袖向上拉。之后，用同样的方法穿对侧衣袖。最后把衣服拉平，系上系带或扣上纽扣，用同样方法穿外衣。

2 裤子：穿裤子比较容易，大人的手从裤管中伸入，拉住新生儿的小脚，将裤子向上提，即可将裤子穿上。

3 连身衣：先将连身衣纽扣解开，平放在床上，先穿裤腿，再用穿上衣的方法将手穿入袖子中，然后扣上所有的纽扣即可。

如果妈妈动作不熟练，尽量不要给小月龄的新生儿穿套头衫。

胎脂不可擦

新生儿出生时，身体上覆盖着一层薄薄的乳白色油状物，这就是胎脂，它是由皮脂腺的分泌物和脱落的表皮形成的。胎脂在新生儿的颈部、腋窝、腹股沟等部位集聚得较多较厚，其他部位较少。

胎脂的作用

本来白白胖胖漂亮可爱的新生儿身上覆盖着一层胎脂，看起来总觉得不舒服，爱美的新爸爸妈妈总想给新生儿擦去，要提醒的是这是千万不可以的。胎脂不仅在新生儿出生前保护着新生儿的皮肤不受羊水的浸润，出生后仍对新生儿起着保护作用：

1 保护新生儿的皮肤不受感染。

2 可以为新生儿保温。刚从妈妈子宫里出生的新生儿，身体会立即向周围散发热量，体温也随着降低，胎脂的存在可以较好地保持新生儿的体温稳定。

3 胎脂在新生儿穿上衣服后，可以减少衣物对新生儿皮肤的摩擦刺激，起到了润滑作用。

所以，不要在新生儿出生后立即给新生儿擦去胎脂，新生儿的大部分胎脂会因为日常的护理和衣服的摩擦，在出生 2~3 天后自行消失。

樊妈教室

几天以后，在胎脂没有消失的颈部、腋下、腹股沟等地方，妈妈可以帮他清除，用消过毒的纱布蘸取少量植物油，轻轻浸润之后抹去即可。

根据温度随时加减衣服

新生儿比较娇嫩，既不能捂，也不能冻，所以根据气温随时增减衣物很重要。尤其在气候多变的季节交替的时节，医院里挤满了感冒的新生儿，妈妈一定要用心。

1 新生儿体温调节中枢不完善，皮下脂肪较薄，因此身体散热速度较快，需要穿厚的衣服保暖。但也不是越厚越好，新生儿一般比大人多穿一件，再盖上小被子即可。

2 早晨起来给新生儿穿上的衣服不要随便脱掉，尤其是新生儿感觉到热或者已经出汗时，更不能马上将衣服脱掉，可以先将衣服解开，让新生儿安静下来，等待自然消汗。

3 在冷热不均的环境中，新生儿从冷的房间进入比较热的房间，要提前帮新生儿把衣服脱掉，否则等到出汗再脱就很容易感冒。新生儿从热的地方进入冷的房间，也要提前加好衣服，不然容易引起风寒入侵。

4 新生儿比大人稍晚几天减衣服是比较稳妥的，如果大人没有因为减掉衣服而感到冷，再给新生儿减衣服也不迟。

5 每天注意看天气预报，如果气温有明显增高，早晨起床时就不要给新生儿多穿，因为半途给新生儿脱衣服很容易导致新生儿受凉感冒。

6 妈妈如果不知道新生儿穿的衣服是不是合适，可以这样做：你穿与新生儿差不多厚薄的衣服，静坐一会儿，倘若既不感觉冷，也不感觉热，说明新生儿穿的衣服厚薄正合适，新生儿可以比你多穿一层单衣，切不可相差悬殊。新生儿虽然没有成人耐寒，但新生儿新陈代谢快，穿多了自然就会出汗，出汗是导致新生儿感冒的诱因之一。妈妈平时要多摸摸新生儿的颈背部，如果温暖且身体无汗，说明新生儿衣着合适；如果新生儿颈背部温暖的同时身体多汗，说明新生儿衣着过多；如果新生儿颈背部发凉，则说明新生儿衣着太少，妈妈可以根据情况适当给新生儿加减衣物。

选择正确的洗护用品

婴幼儿洗护品的配方基本原理虽然与成人类用品相似，但在基本原料、防腐剂、香料、着色剂上有特殊要求，具有极其严格的超过成人产品的卫生及安全性。新生儿的皮肤特别娇嫩，应选择新生儿专用的洗护用品，新爸爸妈妈在选购这些用品时，应选择无香精、着色剂等添加剂的用品，避免刺激新生儿的肌肤，引起过敏反应。

婴幼儿洗护品的主要类别有两种：一是用来清洁的婴儿香波、婴儿沐浴精、婴儿沐浴乳、酵素、婴儿皂、湿纸巾、尿布清洗剂等，二是用来保护皮肤的婴儿润肤油、婴儿膏、霜、露、乳液、婴儿爽身粉等。

1 酵素：酵素为一种天然物质，是人所需要的营养素，呈弱酸性，不会刺激皮肤，可将皮肤清洁干净，并能促进血液循环。但由于清洁作用稍差，一般仅适合月龄小的新生儿使用，大一些的新生儿因活动量较大则不太适宜。

2 护臀用品：在霜、膏或乳液中加入杀菌及抗水剂，有预防尿布疹和保护臀部皮肤的作用。需要注意的是洗护品中的护臀膏与药品中的护臀膏不同，前者的功用是日常臀部皮肤的防护，而后者主要用于治疗尿布疹。

3 婴儿防晒露与婴儿晒后护理露：前者主要功用是防护新生儿皮肤在日光下晒伤，后者为一种乳液，通常用于皮肤日晒后，可减轻日晒对皮肤的损伤，如红肿、过敏等。

4 湿纸巾：用来清洁新生儿便溺及脏手脏脸极为有效，这样可以不用频繁用水洗和涂抹护肤品，特别是带新生儿外出时使用方便。

5 尿布清洗剂：一般的清洁剂难以完全清除掉尿渍，所以新生儿尿湿的尿布、衣物及被单都应用它来洗，这样既能洗净而又不易残留下对新生儿皮肤有刺激性的物质。

爸妈教室

质量好的新生儿洗护用品，品质纯正温和，其中的成分完全符合婴幼儿皮肤的特性，与成人的用品有着很大的区别，对新生儿的皮肤无任何刺激性，也不会引起过敏反应。

无须频繁使用洗护用品

虽然很多婴幼儿洗护用品都声明没有任何伤害，但毕竟是化学产品，而新生儿的皮肤又极其娇嫩，频繁使用很容易受到刺激引起过敏，所以最好不要频繁使用。那么，如何使用洗护用品既能使新生儿保持清洁，又能将对新生儿的刺激减至最低呢？

1 洗脸只用清水即可。新生儿的脸不会很脏，而且又有眼、耳、口、鼻这些特殊部位，倘若不慎使得这些洗护品伤害新生儿的眼睛，或者流进耳朵，吸入口鼻，都会导致严重的后果。

2 沐浴液可以购买洗头、洗澡功效二合一的产品。洗澡可以每隔 1 周用 1 次

沐浴液。如果头上有奶痂，每周可以用沐浴液洗两次头；如果没有奶痂，同洗澡一样，每周 1 次即可。

3 洗完后不要给新生儿使用润肤乳，更不要用奶水擦脸，或者顺手涂抹大人的护肤品。孩子皮肤不吸收，残留在身体上，反而滋生细菌，很容易造成感染。

专家叮咛

> 婴儿洗护用品要与新生儿的皮肤状况相宜，虽然婴儿洗护品都很温和、自然，但不同的婴儿洗护品所强调的配方不同，妈妈要依据新生儿的特点选择，如刚出生的新生儿由于活动量少，稍稍清洗即可，无须购买清洁力很强的沐浴品。

爽身粉使用安全常识

夏天，新生儿容易出汗出痱子，因此在洗完澡后给新生儿在身上用些爽身粉，可使新生儿身体滑腻清爽，十分舒适。可是爽身粉如果使用不当或者长期使用，是会影响新生儿健康的，使用爽身粉的正确方法是：

涂抹爽身粉时要谨慎

使用时勿使爽身粉乱飞，尤其避免在有风的地方使用。应在远离新生儿处倒在粉扑上，再涂在新生儿身上。涂抹时一手拿粉扑，一手掩护口鼻。爽身粉不需要全身涂抹，主要扑撒重点部位，如臀部、腋下、腿窝、颈卜等。扑粉时需将皱褶处拉开扑撒，但若新生儿已经有皮炎、尿布疹就不要再这样做了，只会增加新生儿皮肤的负担。

每次用量不宜过多

天气热时，许多妈妈发现新生儿流汗时，就为新生儿扑爽身粉。这是不正

确的。爽身粉中含有滑石粉，新生儿少量吸入尚可由气管的自卫机能排除；如吸入过多，滑石粉会将气管表层的分泌物吸干，破坏气管纤毛的功能，甚至导致气管阻塞。而且一旦发生问题，目前尚无对症治疗方法，只能使用类固醇药物来减轻症状。

不要与成人用的混同

婴儿使用的爽身粉（夏季可用痱子粉）不要与成人用的混同，宜选购专供儿童使用的爽身粉。爽身粉在使用后应该将盒盖盖紧并妥善收好，不要让新生儿当成玩具。

女孩避免在私密处使用

不要将爽身粉扑在大腿内侧、外阴部、下腹部等处，因为粉尘极易通过外阴进入阴道深处，影响新生儿健康。

婴妈教室

无论是男孩还是女孩，都不能用爽身粉涂抹新生儿的屁股，因为新生儿尿湿后，擦在屁股上的爽身粉容易阻塞汗腺，使新生儿的屁股产生湿疹。

首次给新生儿理发注意事宜

如果新生儿出生时头发浓密，且正好是炎热的夏季，为防止长湿疹或痱子，建议将新生儿的头发剪短。首次给新生儿理发应注意以下事项：

1 新生儿第一次理发，妈妈一定要选择有经验的理发师，使用婴儿专用理发工具并在理发前已进行过严格消毒，这是非常重要的。

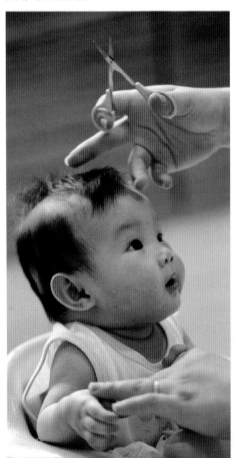

2 如果新生儿的头上有头垢，最好先用橄榄油涂在头部24小时，待头垢软化后，用婴儿洗发露清除头垢，之后再理发。这样做能防止在理发过程中将头垢带下来引起感染。注意洗头时应选用纯正、温和、无刺激的婴儿洗发液，最好是容易起泡沫的，并且洗头发时要轻轻用指腹按摩头皮，切不可用力揉搓头发，以防头发纠结在一起难以梳理。

3 对于头发较硬的新生儿，理发推子要离头皮近一些；对于头发较软的新生儿，推子要离得相对远一些。切忌不能划到头皮。

4 剃完头后，应马上给新生儿洗个头然后再洗个澡，用清水即可，洗头和洗澡要分开，不能使同一盆水，洗完要换上洁净的衣物。

婴妈教室

因为新生儿的头骨和神经系统还没有完全长好，近距离接触头皮，往往有可能损伤头骨和神经系统，所以不提倡给新生儿剃光头。

要不要剃"满月头"

一些地方有这样的习俗，新生儿满月要剃个"满月头"，把胎毛甚至眉毛全部剃光。很多妈妈认为这样做，新生儿将来的头发、眉毛会长得又黑又密又漂亮。其实这种做法是毫无科学依据的。

发质的好坏与剃胎头没有关系，头发长得快与慢、细与粗、黑与白、多与少，与剃不剃胎发毫无关系，而是与新生儿的生长发育、营养状况及遗传基因等有关。

剃胎头危害新生儿健康

婴儿皮肤薄嫩，抵抗力弱，剃刮容易损伤皮肤，引起感染，如果细菌侵入头发根部，破坏了毛囊，不但头发长得不好，反而会弄巧成拙，导致脱发。

此外，头发还可以保护新生儿的头部。当头部受到意外袭击或外界物件的伤害时，浓密而富有弹性的头发可以防止或减轻头部的损伤。而一旦剃了光头，头部皮肤暴露出来，外出时没有做好防晒工作，会很容易因为阳光的直接辐射而导致脑部损伤。

如何使新生儿头发健康

加强新生儿的营养，营养水平会直接影响头发的密度、生长速度及质量。哺乳妈妈应在饮食中增加一些含铁、锌、钙多的食物，如牛奶及奶制品、豆类、蔬菜、虾皮含钙量都较高，肝脏、肉类、鱼类、油菜、苋菜、菠菜等含铁较多。

天气炎热时最好每天给新生儿洗一次头发，即使天气寒冷，也应2~3天洗一次头发。经常保持头发的清洁，将使头皮得到良性刺激，能促进头发的生长。

如何给新生儿剪指甲 ·····

新生儿指甲长得特别快，1~2个月的新生儿的指甲以每天0.1毫米的速度生长，新生儿的指甲极薄极锋利，加上皮肤娇嫩，如果不及时修剪指甲，新生儿抓挠时就容易划破皮肤，造成感染。

选择新生儿专用工具

婴儿指甲钳：这种指甲钳专门针对婴儿的小指甲设计，安全实用，而且修剪后有自然弧度，尤其适合3个月以内的新生儿。

婴儿指甲剪：这种指甲剪灵活度高、刀面锋利，可一次顺利修剪成型。顶部是钝头设计，即使新生儿突然动作，也不用担心会被戳伤。

选择好时机

新生儿的动作出其不意又快如闪电，而且小家伙似乎很不喜欢剪指甲，这时候就需要妈妈选择正确的时机。一般来说，新生儿在专注于吃奶或熟睡时对外界敏感度大大降低，妈妈可以放心修剪。

剪指甲的方法

1 妈妈用左手的拇指和食指握住新生儿要剪的手指，先剪中间再修两头，因为这样会比较容易掌控修剪的长度，避免把边角剪得过深而剪伤新生儿的手指。剪指甲时应按新生儿的指甲的形状来剪，不要剪得太短，与手指端平齐就可以了。

2 两次修剪过后可能会把指甲剪出尖角，务必要把这些尖角再修剪圆滑。妈妈可用自己的手指肚沿新生儿的小指甲边摸一圈，进行一次检查，发现尖角就及时清除。

3 如果新生儿指甲边出现肉刺，应仔细用剪刀将肉刺齐根剪断。注意不能直接用手拔除，以免拉扯过多，伤及周围皮肤组织。

剪到手指怎么办

如果不慎伤了新生儿，要及时给新生儿止血消毒，止血可以用消毒纱布或棉球按压伤口，止血以后再用碘酒消毒即可。

专家叮咛

如果发现新生儿指甲易碎、易剥落，可能是蛋白质和钙缺乏，要注意补充养分。如果指甲边缘的肉发红、发烫，新生儿表现出疼痛、不让碰，那就要留心是否患上甲沟炎了，早期发现，基本可以通过热敷、涂红霉素软膏等方式治愈。

图解坐月子与新生儿养育

新生儿护理常识

脐带脱落前如何护理

胎儿出生后，脐带被剪断，留下呈蓝白色的残端，几小时后，残端就变成棕白色，以后逐渐干枯、变细，并且成为黑色，一般在生后 3~7 天内脐残端自动脱落。

脐部护理不可大意

在脐带脱落愈合的过程中，为了避免脐带感染，要做好脐部护理。脐带内的血管与新生儿血循环系统相连接，脐带被剪断后，形成天然创面，是细菌的最好滋养地，如果不注意消毒，就会发生感染。

脐部护理方法

1 新生儿出生后 24 小时，妈妈需要打开敷在脐部的消毒纱布，检查脐部是否红肿或感染，如果没有任何异常，可用 75% 的酒精棉球擦洗脐部；如果有点红，可用 2% 碘酒消毒，然后用 75% 的酒精脱碘，保持脐部的干燥。

2 此后每天用 75% 的酒精消毒 1~2 次脐部，消毒之前，要看一下脐带断面有无红肿和感染，如无异常，可让新生儿仰卧，轻轻按住新生儿防止他乱动而拉扯到脐带，然后用洁净的手轻轻拉起新生儿的脐带，用酒精将棉签蘸湿，从脐带根部开始消毒，然后从脐带根部由内往外进行消毒。消毒完毕后，将脐带轻轻折叠在右上腹部，覆盖上几层叠好的纱布，然后用胶带固定好纱布。

脐部护理要点

1 给新生儿擦洗的动作要轻柔，每次要把分泌物、血渍擦干净。

2 脐带残端没有脱落前，尿布不要盖在新生儿脐部，避免粪便感染，发生脐炎。

3 脐带脱落前，如果要游泳或者洗澡，需要用防水贴贴住脐带、脐窝以作保护，离开水后，需要仔细擦干净脐带上的水，然后再用酒精消毒。另外，在给新生儿扑爽身粉时，注意不要让爽身粉撒落在新生儿脐带上。

4 给新生儿护理脐带的纱布应经常更换。

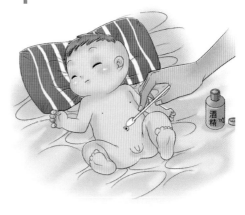

脐带脱落后也要小心

脐带残端脱落后，妈妈要每天检查脐部是否正常，对新生儿脐端的护理工作还要持续到 1 个月，因为新生儿体内的脐血管要经过 3~4 周才能完全闭合。每次先消毒肚脐中央，再消毒肚脐外围，不要让尿布的前端盖住新生儿的肚脐，要保证肚脐透气，直到确定脐带基部完全干燥才算完成。

脐带初掉时创面发红，稍湿润，几天后就完全愈合了，以后由于身体内部脐血管的收缩，皮肤被牵扯、凹陷而成脐窝，也就是俗称的肚脐眼。在脐带脱落的时候，可能会有以前的血滴出现，如果新生儿肚脐有黏液渗出或者发红，妈妈应该咨询医生。

新生儿脐带脱落后护理要注意的问题

1 新生儿的脐带脱落后，脐窝处经常会有少量的液体渗出，妈妈可以先用 2% 的碘酒消毒，然后用 75% 的酒精擦拭，再盖上消毒纱布即可。

2 新生儿脐部脱落后，有的脐部会鼓起一个大包，内部充满气体，俗称"气肚脐"，几个月后就会自愈的。这种情况护理时尽量不要让新生儿哭，新生儿哭时腹压增大，哭的时间久了就会出现脐疝。

3 如果脐带根部发红，或脐带脱落后伤口不愈合，脐窝湿润、流水、有脓性分泌物等现象，应立即就诊。

脐炎的预防和护理

脐部是细菌侵入新生儿机体的重要途径，不但能造成局部炎症，还可引起败血症，出现全身症状，如发热、精神萎靡、拒食、吐奶、黄疸加重等。当新生儿脐根部有脓性分泌物，有臭味，脐周皮肤发红时，则说明发生了脐炎，新妈妈要注意。

脐炎的护理

新生儿得了脐炎后，炎症轻者可用 3% 双氧水冲洗局部，洗净后涂络合碘；或用增效联磺片研成细末，撒在肚脐上，并注意保持局部干燥。

如果出现下列情况，就应及时去医院就诊：

1 脐部分泌物增多，有黏液或脓性分泌物，并伴有异味。

2 脐部潮湿，脐周围腹壁皮肤红肿。

3 脐孔溶血，或脐孔深处出现浅红色小圆点，触之易出血。

4 愈合时间延长，超过半个月。

5 发生菌血症或败血症。

脐炎的预防

1 妈妈在产前要防治感染性疾病，加强围产期保健。

2 接生时应在严密无菌消毒的情况下进行，断脐时要严格执行无菌操作，盖上消毒纱布，所以最好是去有保障的医院分娩。

3 断脐后要护理好脐部，保持局部干燥和清洁卫生。

4 新生儿大小便后要及时给其换消过毒的尿布，并防止粪便尿液污染，不要让尿布覆盖住脐部，以免厌氧菌生长繁殖，导致新生儿脐炎的发生。

5 为新生儿卧室创造一个洁净的环境，所用的床上物品、内裤、毛巾及婴儿尿布等，以抗菌织物制成的为好。

专家叮咛

新生儿的脐带在出生 2~15 天后会自然脱落，如果超过这个时间段仍然没能脱落，妈妈仍然需要按照正确的方法继续为脐带进行清洁与消毒护理，同时格外留心观察新生儿肚脐及周围皮肤有无发红现象、分泌物有无恶臭味等情况，如果出现这类情况，需要及时带新生儿到医院去检查治疗。

新生儿的囟门要细心呵护

新 生儿出生后，颅骨尚未闭合，在头的顶部及枕后部有两个没有骨头覆盖的区域，摸上去手感柔软，并有与脉搏一样的跳动（这是由于皮下血管搏动引起的，未触动到搏动也是正常的），医学上称为囟门。

前囟门和后囟门

前面的囟门较大，呈菱形，叫作前囟；后面的囟门较小，叫作后囟，后囟在新生儿出生的时候只留下了约一指宽的缝隙，大约 3 个月后就会合拢，一般不太引人注意。我们通常提到的囟门都是指前囟门，这个区域在新生儿出生时 1.5~2.0 厘米宽（两边对中点连线），出生后数月里略微增大，6 个月后渐渐变小，长到 1 岁到 1 岁半的时候会合拢，最晚不会超过 18 个月。

囟门需要细心护理

囟门是胎儿出生时头颅骨发育尚未完成而遗留的间隙，是新生儿非常娇嫩的部位。因为囟门下面即是新生儿的脑膜和大脑，损伤囟门有可能伤到新生儿的大脑，所以必须小心呵护。

新生儿的囟门需要细心保护，但并不意味着不能碰触囟门，囟门并非想象的那么柔弱，不但可以清洁也可以摸，只要动作轻柔，避免尖锐的东西刺伤囟门，避免头皮损伤而感染即可。

妈妈在照顾新生儿时，不要让硬物或尖锐的东西碰触新生儿头部，清洁时要将手指平置于囟门上。另外，室温比较低或者要带新生儿外出时，最好给新生儿戴上帽子，或用毛巾罩住囟门。

新生儿的囟门如何清洗

新生儿囟门若长时间不清洗，会堆积污垢，这很容易引起新生儿头皮感染，继而病原菌穿透没有骨结构的囟门而发生脑膜炎、脑炎，所以囟门的日常清洁护理非常重要。

新生儿的囟门非常娇弱，清洗囟门一定要按照正确的方法。

1 囟门的清洗可在洗澡时进行，用新生儿专用洗发液而不宜用强碱肥皂，以免刺激头皮诱发湿疹或加重湿疹，然后用清水冲净即可。

2 清洗时手指应平置在囟门处轻轻地揉洗，动作要轻柔，不能用手指抓挠，不应强力按压，更不能以指甲或其他硬物在囟门处刮划。

3 如果囟门处有污垢不易洗掉，妈妈不要用力搓揉，可以先用麻油或精制油蒸熟后润湿浸透2~3小时，待这些污垢变软后再用无菌棉球按照头发的生长方向擦掉，并在洗净后扑婴儿粉。

4 有的新生儿前卤头皮有一些黄褐色油腻性鳞屑，是婴儿脂溢性皮炎，可用消毒棉花沾点石蜡油或炼过凉凉的植物油涂在鳞屑上，待其软化后再用消毒棉花轻轻拭去，千万不能强行揭下，这种病可以自愈，只要不感染可不必涂什么药。

辣妈教室

有些年纪轻没有育儿经验的人觉得新生儿的囟门跳动非常有意思而用力去按，会很容易造成新生儿受伤。如果是这一类的家人或朋友抱新生儿，妈妈要注意叮嘱他们别触碰新生儿的囟门。

囟门，观察新生儿健康的窗口

囟门在一定程度上反映新生儿的健康状况，妈妈要学会观察。

囟门早闭

囟门在5~6个月前就闭合为早闭，但有的新生儿看似关闭，其实并未骨化，因此还必须配合头围分析，若头围低于正常值，且有其他智力发育方面的异常，则可能为脑发育不良。

囟门迟闭

囟门迟闭是指新生儿过了18个月，但前囟门还未关闭的情况，多见于佝偻病、呆小病，少数为脑积水或其他原因所致。

如果额顶部出现对称性颅骨圆突，甚至呈现马鞍状头，头围增大，可能为佝偻病；若有生长停滞、智力低下、身体矮小的表现，可能是因缺碘而致的呆小病。

囟门鼓起

囟门突然鼓起，哭闹时尤为明显，摸着紧绷绷的，伴有发烧、呕吐、抽搐，可能因颅内压力增高而致颅内感染，多见于脑膜炎、脑炎等。

多见于颅内疾患，如颅内积液、积脓、积血等。

囟门凹陷

多在新生儿缺水时出现，常见于严重腹泻、高热出汗过多等，新生儿体内脱水会使前囟门凹陷，这种情况出现时要及时给新生儿补充水分，以免脱水造成电解质代谢紊乱。此外，长期营养不良，前囟门也会出现凹陷。

囟门过大

囟门过大是指新生儿出生后不久，前囟门就增大到 4~5 厘米大小，多见于先天性脑积水，还可能是先天性佝偻病的表现。

囟门过小

囟门过小是指囟门仅有手指尖大小，或根本摸不到。

若表现为头小且畸形，则多为颅骨早闭，尤其是矢状缝早闭，使新生儿的头颅变长、变窄，枕部突出、前额宽，形成前囟小的"舟状畸形的头颅"。

有时候正常的新生儿也会出现囟门过小的情况，若新生儿头围的发育正常，即使囟门偏小一些，也不会影响大脑的发育。因此一定要定期给新生儿测量头围，看是否在正常范围内。

学会观察新生儿的大小便

新生儿的大小便能在一定程度上反映新生儿的营养吸收和健康情况，对于妈妈及时调整饮食结构和发现新生儿疾病有指示作用，因此妈妈要学会每天观察新生儿大小便的次数、颜色、形状等，如果发生明显的改变，就要注意了，可能是预示新生儿哪里出问题了。

小便与健康

健康的新生儿尿液颜色清亮、透明或者微黄，没有异味。新生儿小便次数也较多，随着月龄的增大会有所减少，一般每天不少于 10 次。

如果新生儿尿色发黄，同时伴有腹泻或呕吐，容易脱水，需要及时补水并看医生；如果尿量没有增加，但排尿次数增加了，有可能是疾病的信号。

大便与健康

正常情况下，母乳喂养的新生儿大便呈金黄色糊状，偶尔伴有乳凝块，有酸味；奶粉喂养的新生儿大便呈淡黄色，大多能成形。排便次数不等，初生时多些，可达 4~6 次，逐渐变少，到 2~3 次或者 1~2 次，最终形成规律。

母乳喂养的新生儿大便次数增多，大便多泡沫、酸味重，说明可能消化不良，提示母乳中含糖分太多，妈妈应该限制摄糖量；新生儿的大便有硬结块，臭味特别重，可能母乳中蛋白质过多；此外，当母乳喂养不足或新生儿肠胃受寒时，大便色绿量少且次数多。

此外，如果新生儿大便出现下列变化，可能是出现了某种疾病，妈妈要警惕：

1 如果新生儿排出蛋花样、豆腐渣样、水样大便，有可能肠道有疾病，要及时就医。

2 如果排出灰白色大便，有可能是肝胆疾病，要引起重视。

3 如果排出黑而发亮的柏油样大便，说明消化道有出血，需要重视，预防消化道溃疡、息肉、钩虫病等。

4 如果新生儿大便表面沾有血丝，说明新生儿可能有直肠息肉或肛裂情形。

专家叮咛

夏天尿布上出现少量粉红颗粒，冬天尿液发白都是正常的，前者是尿酸盐结晶形成的，后者是含钙物质遇冷形成的。

新生儿有心脏杂音

听说孩子心脏有杂音，家长常常很紧张，以为新生儿患了先天性心脏病。其实，新生儿的心脏有杂音并非都是得了心脏病。由于动脉导管未闭，差不多半数以上的新生儿心前区可以听到一种性质柔和、轻微的心脏杂音，这种杂音是生理性的，属于新生儿发育中出现的正常情况，既不影响新生儿的健康，也不会使新生儿产生不适的感觉，到了青春期以后就可以完全消失。

如果妈妈感觉这种杂音很让人不放心，可以从以下几个方面观察：

1 注意新生儿生后有无喂养困难、体重长得不快及发育缓慢等问题。

2 注意新生儿口唇、鼻周有无发青。会走的新生儿走短程后是否要蹲下片刻，医学上称之为"蹲踞"现象。

3 活动后，新生儿有没有心跳、气短的感觉，平日是否易患感冒。

4 家长还要观察新生儿胸部有无隆起。

此外，妈妈要回忆怀孕头2个月是否有酗酒、吸烟、服用有害胎儿的药物及接触有害健康的工作环境。因为心脏的发育始于受孕后第2周，8周后长成，因此孕期前2个月的保健直接影响胎儿心脏的正常发育。有病史者要特别警惕孩子是否患有先心病。

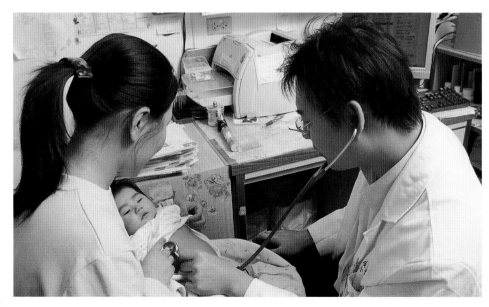

给新生儿捂得严严实实好吗

有的妈妈总怕新生儿受凉，于是无论天气如何，都将新生儿捂得严严实实。其实新生儿要穿多少应根据具体情况来看，不必总是包裹得很严实。

新生儿体温中枢尚未成熟，不能妥善地调节体温，体温会随外界环境温度的变化而变化，故新生儿一出生便立即要采取保暖措施，但也不要严捂过分，以新生儿手足暖和不出汗为宜。如果衣被过厚，保暖过度，新生儿身体处于较高的环境温度下，会烦躁不安而哭闹，并引起食欲下降，睡眠不安稳，并会出汗较多，此时如果喂水量不足，新生儿还会出现发热、脱水症状。

此外，新生儿穿盖太厚，身体活动余地太小，会直接影响其血液循环，遇到凉风或冷空气容易引起伤风感冒，不利于其健康发育。另外，新生儿与父母身体接触较少，也不利于相互之间的感情交流。

捂得太严实的孩子易患感冒。感冒一般由外感风寒而来，小儿本身就较成人易患感冒，这主要是由小儿的内在因素决定的。小儿中枢神经发育未完善，对外来的刺激（如：冷、热、空气等）反应常较慢，并易于泛化；呼吸道的发育未成熟，如鼻和鼻咽相对短小、鼻道狭窄，无鼻毛，黏膜柔嫩，血管丰富，肺脏弹力组织发育差，血管多肺泡，数量少，机体免疫功能尚未健全，呼吸道局部缺乏免疫球蛋白 A 等。如果孩子家长平时能经常持久地让孩子进行耐寒训练，使孩子体内慢慢产生抗寒能力，感冒的患病率同样能降到最低限度。

爸妈教室

常言道"若要小孩安，三分饥与寒"，其实是很有道理的。

如何判断新生儿的冷热

由于新生儿的体温调节功能比大人差，所以怕孩子受凉就成了家长们的通病：冬天，怕风吹着，从头到脚捂起来；夏天，也怕肚子着凉，多热的天都把上衣掖到裤子里。新生儿是冷还是热是妈妈很关心的一个问题，但因为没有判断依据，很难把握。妈妈可以根据下列方法判断新生儿是冷还是热。

摸新生儿的颈背部

判断新生儿冷热的最佳方法是看颈背部的温度，如果这里温暖、干燥，说明新生儿冷热度适合，衣服、被褥刚刚好；如果这里汗多，说明有些热；如果发凉，则说明有些冷。

观察新生儿的反应

环境温度过高或给新生儿穿的衣物过多时，新生儿体温高、面红、出汗多，烦躁并容易哭闹，同时新生儿容易出现口唇发干、精神欠佳、尿少等；相反，环境温度过低或新生儿穿的衣服过少时，新生儿体温偏低，手脚冰冷，严重时发生硬肿。

根据新生儿的运动量判断

对于活动能力差一点或者安静的新生儿，只要比大人多穿一件就可以了；而对于活泼好动的新生儿，则要根据他们的活动量进行调整。

此外，男孩一般比女孩怕热。

专家叮咛

有人认为应该摸新生儿的手脚来判断，实际上新生儿的手脚属于肢体末端，此处温度不能代表真正情况，最好以颈背部的温度为准。

剪睫毛不可取

有的老人认为给新生儿剪睫毛，以后睫毛就会越长越长和密，其实这是一种误解，睫毛的长短、粗细、漂亮与否，主要与遗传等因素和营养状况有关。剪睫毛不光不能促进睫毛生长，如果操作不当，还容易对新生儿造成伤害。

剪睫毛的危害

1 睫毛在眼睛前方形成一个保护屏障，起到遮挡灰尘和过强光线的作用，人为剪掉睫毛后，在新睫毛长出以前，灰尘和光线都会直接侵害新生儿的眼睛，使新生儿脆弱的眼睛受到伤害。

2 剪掉睫毛后，刚长出的粗、短、硬的新睫毛，容易扎到新生儿的眼球、结膜和角膜，使新生儿产生怕光、流泪、眼睑痉挛等异常症状。再次长出的睫毛甚至会长成倒毛，对新生儿的眼睛将会产生极大的影响，严重的甚至需要手术来解决。

3 剪睫毛是风险极大的动作，因为眼睛是极其敏感的部位，加之新生儿好动且动得没有规律，如果在剪睫毛的过程中剪刀碰到眼睛或脸部皮肤，后果不堪设想。即使侥幸没有伤到新生儿，剪断的睫毛如果掉入眼睛里，也会扎痛新生儿并引起发炎。

总之，剪睫毛有百害而无一利，相对来说还是新生儿的健康最重要，即使睫毛短一点也依然是爸妈的宝贝，所以千万不要给新生儿剪睫毛。

新生儿哭闹时要分析原因

过饥或过饱的啼哭

用手指试探新生儿的口唇，新生儿会伸出舌头做出吮乳的动作，这时妈妈可以配合喂奶时间分析，是不是该喂食了；相反，如果喂奶后，新生儿发出尖锐的哭声，同时乱蹬两条小腿，嘴里往外吐奶或溢奶，甚至出现呕吐，可能是吃太饱了，这时可让新生儿哭一会儿，促进消化。

不舒适的啼哭

如遇突然的冷热刺激、衣服粗糙、衣被裹得过紧、尿布湿了，或被蚊虫叮咬、受到异物刺激时，新生儿都会啼哭。这种哭声初时声音较大，以后逐渐变小，并有全身躁动不安。对这些原因引起的啼哭，只要及时得到帮助，就可有效平抑哭声。

生病时的啼哭

假如新生儿哭声比平常尖锐而凄厉，不论如何安抚都不管用，持续哭泣达15分钟以上，那就可能是生病了。

情感依赖性啼哭

这种啼哭通常发生在亲近的人离开或失去心爱的玩具时。哭声起先洪亮，涕泪俱下，而后哭声逐渐减弱，新生儿也变得没精打采。此时，建议妈妈抱抱新生儿，安抚新生儿的情绪。

困倦时的啼哭

如果新生儿双目时睁时闭，哭声断断续续，抱着轻轻摇晃或走动时会有所缓解，这多半是困了。此时，只要把新生儿放在一个安静的地方轻拍其背部，他就会安静下来，安然入睡。

带有意向性要求的啼哭

这种以企盼达到某一目的的啼哭，其哭声忽大忽小，呈间歇性，或伴有蹬脚、挺胸、摇头、就地打滚及干号怪叫的行为，若无人理睬，其哭声即渐渐转弱而停止，多见于1岁以上的幼儿。

其他原因的啼哭

如果新生儿啼哭时显得很烦躁，不时舔嘴唇，而且嘴唇发干，就说明新生儿口渴了。

新生儿需要运动的时候，会啼哭一会儿。新生儿锻炼身体的机会很少，只有在啼哭时，才能充分活动，此时新生儿的声音很响亮，但没有眼泪，哭声抑扬顿挫，富有节奏感，一天大概能哭好几次，但进食、睡眠及玩耍都很好。

有时候，妈妈也弄不明白新生儿为什么而哭，这时可以让他哭一会儿，如果很快他就自己好了，就不用特别在意。

摸清新生儿规律把大小便

新生儿满月前后，妈妈可以尝试着给新生儿把大小便了，给新生儿把便既能培养新生儿与大人的合作，可使新生儿的胃肠活动具有规律性，膀胱储存功能及括约肌收缩功能明显增强，还可以免去更换尿布或纸尿裤的烦恼，保护新生儿娇嫩的皮肤少受到刺激，是一种良好习惯和能力的训练。

如何给新生儿把大小便

1 一般在睡醒及吃奶后或外出回来时及时把，也有的新生儿喜欢吃奶的时候大小便，妈妈要注意观察新生儿的规律，不要盲目地把，以免伤害妈妈和新生儿的积极性。同时也要注意不要把得过勤，以免新生儿由于紧张而尿频。

2 把便的姿势要正确，此时新生儿的腰还很软，妈妈可以将新生儿抱在怀里，使新生儿的头和背部靠在妈妈身上，而妈妈的身体不要挺直。

3 给新生儿把便时要给予其他条件刺激，如"嘘嘘"声诱导把尿，"嗯嗯"声促使其大便。

4 把便时间不宜过长，也不要过于着急，慢慢给新生儿一个信号，使新生儿明白"信号"与排便的关系。当新生儿条件反射建立起来后，就会按照父母的指令大小便了。

5 刚开始时新生儿不一定配合，当新生儿打挺表示不愿意让把便时，应马上放下，停止训练，以免使新生儿疲劳。

怎样挑选尿布和纸尿裤

一般新生儿要长到两三岁才会自己控制大小便，尿布和纸尿裤需要陪伴新生儿两三年，因此挑选舒适的尿布和纸尿裤就显得尤为重要。

如何选购尿布

1 选用纯棉织品：纯棉品透气性好，吸水性强，且手感柔软，不会过度摩擦新生儿娇嫩的皮肤，伤害新生儿。

2 选择浅色的尿布：浅色的尿布不易褪色，对新生儿的伤害较小，而且一旦新生儿有疾病能及时观察到。妈妈可以选择白、浅粉、浅黄、浅蓝等颜色的尿布，而尽量避免使用深色的尿布。

3 长短薄厚适合的尿布：新生儿使用的尿布如果太长，不是垫到了后背不舒服，就是盖住了脐带引起发炎，所以建议妈妈不要选用太长的尿布。同时，如果尿布过厚，服帖性就会较差，不但容易漏尿，还使新生儿的腿不舒服。过

厚的尿布如果长期使用，有可能造成新生儿腿变形。

如何选购纸尿裤

1 大小要合身：妈妈在准备购买纸尿裤之前，最好先少买一些试用，确定规格后再大量购买。如果贴合不紧密，妈妈应换小号的，有印痕则需要改用大号的。

2 吸湿、透气性好：可以将一杯热水倒在纸尿裤的正面，然后拿一只干燥的杯子，将杯口紧贴在纸尿裤背面，用手摸一下正面，即可以感觉出它的吸湿性如何。另外如果杯子内壁凝结了较多水珠，说明纸尿裤的透气性比较好，热水的热气已经从纸尿裤溢出。在新生儿穿用的过程中，妈妈可以随时观察，如果新生儿的屁股出现泛红现象，说明纸尿裤的吸湿、透气性较差。

3 表层柔软：纸尿裤正反面表层都要柔软，且正面表层要有防止回渗的功能。柔软的表层可以让新生儿穿着舒适，防回渗的功能也可以让新生儿屁股一直保持干爽。

4 纸尿裤的款式，尽量选择有腿部裁高设计，且带有透气腰带的，这样的设计可以让新生儿的皮肤最大面积地呼吸到新鲜空气。

尿布与纸尿裤的经济搭配法

尿布的优点是可以重复使用，经济成本低，而且舒适度较高，不易引起皮肤过敏或尿布疹，对环境污染小，缺点是湿了就要立即换，相对较麻烦，清洗和携带不方便；而纸尿裤正好相反，它的优点是湿了不用立即换、不用洗，缺点是舒适度差，不能重复使用，经济成本较高，对环境也有一定的污染。根据它们的特点，可以将尿布和纸尿裤交替使用，以实现优势互补。

1 新生儿胎便多而难以清洗，所以排胎便的时候用纸尿裤较合适。

2 外出时，携带尿布和更换尿布都不太方便，用纸尿裤就比较合适。

3 晚上睡觉时，为了不影响新生儿和妈妈的睡眠，可以给新生儿使用纸尿裤，因纸尿裤持续时间长，在新生儿睡觉时，不会打扰他的睡眠，而且不容易浸透和漏出大小便，能保证新生儿充足的睡眠。

另外，市面上还有一种纸尿片，具备纸尿裤的所有优点，价格较纸尿裤更经济，穿脱也较为方便，妈妈也可以使用。

总之，在确保孩子健康、舒适的基础上，方便操作即可。

由于穿上纸尿裤会形成一个潮湿的环境，不利于皮肤的健康，所以取下纸尿裤后不要马上更换新的纸尿裤，要先给新生儿洗洗屁股，让皮肤适当地裸露一会儿，保持皮肤干爽。

怎样换尿布

新生儿的皮肤非常娇嫩敏感，如果尿布湿了，就会因为不舒服而哭闹，如果不及时更换，还易引起皮肤问题，学会熟练地换尿布，是妈妈必须掌握的技能。

换尿布的步骤

1 在给新生儿换尿布前，先要准备好尿布，在床上铺好隔水垫，防止在换尿布期间新生儿突然撒尿或拉屎。然后摸摸新生儿衣裤有没有湿以及新生儿有没有大便，如果衣裤湿了，要把替换衣裤准备好；如果大便了，要准备好洗屁股的盆子和毛巾。

2 一手将新生儿屁股轻轻托起，一手撤出尿湿的尿布。如果有大便，要先抓住新生儿的两只脚，撤出尿布后迅速用纸巾或湿纸巾将屁股擦拭干净，以防他乱蹬将大便蹭至裤子、鞋袜或大人身上。

3 拉过大小便后新生儿的屁股会因潮湿而易滋生细菌，最好是用温水洗一洗，或者用温热的湿毛巾擦拭，而后用干毛巾轻轻地吸去水分，再晾干。

4 将干净的尿布叠好，平整地垫在新生儿屁股上，尤其是后面一定不要塞成一团，因为小新生儿平躺的时候多，不平整的尿布会使新生儿的背部不舒服。如果是男孩，则要把尿布多叠几层放在会阴前面；如果是女孩，则可以在屁股下面多叠几层尿布，以增加特殊部位的吸湿性。

5 给新生儿换完尿布后，要认真检查大腿根部尿布是否露出，松紧是否合适，进行合理的调整就可以了。

🧒 需要注意的事情

1 天气较冷时，妈妈应该先将尿布放在暖气上焐热，或用手搓暖和后再给新生儿换上；夏天不要用刚暴晒过的尿布，应该先将尿布收到屋里凉下来后再用。

2 不要把尿布包得太紧，以容得下两三根手指的宽度为宜，这样可以使新生儿的大腿活动自如。但也不要太松，以免尿布容易掉。

3 尿布的后方要到新生儿的腰部，前方位于肚脐下两三厘米处，如此可以减少过多肌肤沾染尿便的机会，也可保持肚脐清洁。

4 不要用尿布来擦屁股，长期使用的尿布表面比较毛糙，用它来擦屁股容易使得皮肤变红。

及时、正确清洗尿布

虽 然纸尿裤的出现为爸爸妈妈提供了许多方便，但与纸尿裤相比，尿布有着自身的优势，因此还是有许多父母会为孩子选择尿布。要注意的是，换下的尿布一定要及时清洗，保持清洁。因为尿布如果清洗不得当，很容易引发新生儿一些病症。

🧒 清洗尿布的方法

1 如果尿布上有大便，应先将大便用清水洗刷掉，再用中性肥皂搓在上面，静置 30 分钟，或用尿布专用洗涤剂，浸泡 20~30 分钟，然后进行搓洗，搓洗过后用清水洗净，再用开水烫泡消毒。

2 如尿布上无大便，只需要用清水洗 2~3 遍，然后用开水烫一下就可以了。

3 洗干净的尿布应在太阳下晒干，因为经日光中的紫外线照射，能达到消毒除菌的目的。阴雨天时可用熨斗烫干，也可以达到消毒的目的，又可以去掉湿气，新生儿使用会感到舒服。

🧒 清洗尿布细节

1 换下的尿布要及时清洗，不要攒到一堆再洗，尤其是有大便的尿布，如不及时清洗，不光气味难闻，大便还会渗进尿布里，留下难以洗去的痕迹。新妈妈如果嫌麻烦，也至少要经过首轮清洗除去大小便后，放在盆子里，再一次性漂洗，注意经过首轮清洗的尿布应存放在固定的盆或桶中，不要随地乱扔。即使这样，也至少要做到当天换下的尿布当天清洗。

2 选择合适的清洗液。尿布直接接触新生儿娇嫩的皮肤，一定要选用专为新生儿设计的洗衣液清洗。这些洗衣液去污力强，易漂洗，而且对皮肤无刺激，无副作用。在没有专用洗衣液时，也一定要选用中性且不含荧光剂的洗衣粉，或碱性较小的洗衣皂、香皂。

🧑 樊妈教室

洗干净的尿布要妥善收藏，放在固定的地方，注意防尘和防潮，以备随时使用。

新生儿打嗝不用惊慌

当新生儿不停地打嗝时，爸爸妈妈看着新生儿小小的身躯似乎承受着极大的痛苦，总是显得着急而束手无策，其实新生儿打嗝并不难对付，可试试以下方法：

1 如果新生儿是受凉引起的打嗝，可先抱起新生儿，轻轻地拍拍他的小后背，然后再给喂上一点温热水或者喝几口奶，然后给胸脯或小肚子盖上保暖衣被等。

2 如果新生儿是因吃奶过急、过多或奶水凉而引起的打嗝，可适当刺激新生儿的小脚底，促使新生儿啼哭，这样可以使新生儿的膈肌收缩突然停止，从而止住打嗝。

3 将不停打嗝的新生儿抱起来，把食指尖放在新生儿的嘴边，待新生儿发出哭声后，打嗝的现象就会自然消失。因为嘴边的神经比较敏感，挠痒即可放松新生儿嘴边的神经，打嗝也就会消失了。

4 在新生儿耳边轻轻地挠痒，并和新生儿说说话，新生儿的注意力转移了，这样也有助于止住打嗝。

5 转移注意力可使新生儿停止打嗝，可试试给新生儿听音乐，或在新生儿打嗝时不住地逗引他。

在新生儿吃奶或者刚吃完奶后不要逗他大笑，不要做激烈的动作，那样会使新生儿吸入过多的空气，引起打嗝甚至吐奶。

如何包裹新生儿

新生儿身体柔软，不能抬头，抱起来很费劲，尤其是在喂奶时，对于动作不娴熟的新妈妈来说很不方便。因此，大部分人喜欢用包被将新生儿包起来，既可使新生儿有足够的温暖和安全感，又方便母亲抱起来喂奶。新生儿时期新生儿抵抗力较弱，容易受凉，特别是在寒冷的冬天，将新生儿包裹好显得非常重要。

包裹新生儿的步骤

1 将薄毛毯对折成三角形，顶端朝上平铺在床中间。

2 将新生儿放在毯中间，脖子要对着毛毯顶端，然后将一侧对折包住新生儿身体，将多余的部分平塞在新生儿身体下面；再将另一侧以相反的方向对折并塞好。

3 再盖一层蓬松的小棉被，将被角塞到毯子下面。

包裹新生儿的注意事项

1 给新生儿购买衣物一定要选择做工良好的，包裹新生儿前要检查新生儿的衣物、包被等，如果有线头一定要及时清除，防止线头缠绕新生儿的小手或其他部位，引起危险。此外，如果新生儿不明原因地一直啼哭，也要解开包被检查下有没有线头缠绕。

2 为达到保暖好的效果，包裹新生儿的衣被要柔软、轻、暖，并应选用纯棉软浅色质料的内衣；冬天可将内衣和薄绒衣或薄棉袄套在一起穿。

3 包被包裹松紧要适度，太松或太紧都会令新生儿感到不舒服，包被外面也不要用布带紧束捆绑，捆绑过紧不利于新生儿四肢自由活动，影响生长发育。

4 冬季室温较低时，可用被子的一角绕新生儿头围呈半圆形帽状；如果室温能达到20℃左右则不必围头，可将包被角下折，使新生儿头、上肢露在外面。

5 夏季天气较热时，只需给新生儿穿上单薄的衣服或是包一条纯棉质料的毛巾就可以了。

妈妈教室

妈妈也可选购一款婴儿专用的睡袋，可以让新生儿穿上小上衣睡在里面，较宽松柔软，便于换尿布，而且保暖。

"蜡烛包" 不可取

以往人们喜欢将新生儿严实地包裹住，外面再用布带子将新生儿结结实实地捆起来，双下肢并直，紧紧裹住股骨中下方及膝盖，像一根蜡烛一样，俗称"蜡烛包"，认为这样能避免新生儿受寒，也能阻止新生儿的小手乱摸乱晃，减少了疾病感染的概率，还能矫正新生儿不完美的腿形，防止小孩以后出现"罗圈腿"。实际上"蜡烛包"是一种弊多利少的包裹方法。

1 "蜡烛包"会束缚新生儿手脚的活动，对于小新生儿而言，是以手脚的活动来促进大脑的发育的，因此这种包裹法使得大脑无法得到相应锻炼，从而影响新生儿智力发育。

2 "蜡烛包"包得太紧，会影响到新生儿的呼吸，同时还会影响新生儿肺部和胸部的发育，降低肺部抵抗力，从而导致肺部遭受感染的概率增加。

3 "蜡烛包"容易使得新生儿腹部受到挤压，导致胃和肠蠕动受到影响而减缓，从而影响新生儿食欲，增加患便秘的概率。

4 "蜡烛包"把新生儿包裹太紧，容易造成新生儿髋关节脱位，因为如果硬拉直腿，把两腿绑在一起，使大腿骨肌肉处于紧张状态，就会使股骨头错位，这不利于白窝的发育，也容易引起脱位。新生儿四肢屈曲的姿势是神经系统发育不成熟的反映，不必人为地去矫正，随着年龄的长大，四肢会自然地伸直，更不会出现"罗圈腿"。

图解坐月子与新生儿养育

正确、大胆地抱新生儿

新爸爸妈妈总是看着新生儿软弱的身体，想抱却不知从何下手，担心由于自己的错误而弄伤新生儿。学会抱新生儿，是新爸爸妈妈学习育儿知识的入门必修课。

学会正确的姿势

1 手托法：用左手和上臂托着新生儿的头、颈部，右手和上臂托住小屁股和腰。这种抱法用于把新生儿从床上抱起和放下。

2 怀抱法：给新生儿喂奶时，可以将新生儿的头放在左臂弯里，肘部护着新生儿的头，左腕和左手护背和腰部，右小臂从新生儿身上伸过护着新生儿的腿部，右手托着新生儿的屁股和腰部。

3 平抱法和斜抱法：平抱时让新生儿平躺在妈妈的怀里，斜抱时让新生儿斜躺在妈妈的怀里。无论是平抱，还是斜抱，妈妈的一只前臂都要托住婴儿的头和颈部，另一只手臂则要托住新生儿的臀部和腰部。斜抱比较适合易吐奶的新生儿，可减少吐奶现象。

4 肩靠法：新生儿吃完奶后，妈妈将新生儿抱起时，先用右手和腕部将新生儿的头部和颈部轻托起后，再用左手和前臂托住新生儿的腰、臀部和腿，把新生儿竖起来并靠左肩，当新生儿头和颈部靠着妈妈肩膀，用右手轻拍新生儿后背排出吸入的空气。

抱新生儿要注意的问题

1 抱新生儿之前，要取下身上的配饰，如手链、手表或胸针等，避免刮伤新生儿。

2 抱起和放下新生儿时一定要保证支撑好新生儿的头部，否则头部后仰会让新生儿有摔倒的感觉而受到惊吓。

3 1个月内的婴儿不适宜频频抱起，如果需要抱起，主要是平抱，也可采用角度较小的斜抱。对于易吐奶的小儿则应采取斜抱。

4 抱起新生儿后大人边走边轻轻摇晃，能让新生儿更舒服，但千万不要摇晃得太猛、太快，以免发生意外。

新生儿的腰部肌肉还不发达，抱着新生儿尤其竖直抱的时候，一次持续时间不能太长，否则新生儿会感觉劳累。每天抱新生儿的时间最好不要超过3个小时，每次不超过30分钟，等新生儿长到2个月时，可以每天抱6个小时。

新生儿冬天护理常识

冬季寒冷干燥，新生儿各种生理功能尚未健全，体温调节很不稳定，对外界适应能力差，稍不注意就容易患病。

1 保持室内恒温恒湿。冬季南方室温可能过低，达不到20℃，可以把暖水袋放在新生儿的棉被外面，但不要紧挨着新生儿，避免烫伤。北方室内有暖气，要注意室温不可过高，控制在24℃为宜，否则可能引致新生儿体温升高，出现发烧（脱水热）现象。空气过于干燥时可在地面洒些水，同时还要注意通风。

2 穿衣要保暖、舒适、简单。一般来说，在合适的室温条件下，新生儿穿薄薄的棉衣，内配一件细薄的小棉毛衫即可，不必再添加毛衣等衣物，衣服应以保暖、柔软舒适、简单不用纽扣、厚薄适度为原则。

建议给新生儿戴绒布帽，因新生儿头部占体表面积大，经头颅散热量大，应特别注意头部保暖，盖被子或包裹则不要太紧太严，以防损伤皮肤或妨碍新生儿呼吸。

3 勤洗澡。新生儿皮肤娇嫩，容易出现糜烂、炎症，特别是冬季，爸爸妈妈不能马虎，即使不能天天洗澡，也应勤擦身，用尿不湿的新生儿应每天洗屁股。

冬季洗澡要迅速，洗澡时适当升高室内温度，动作要快，时间要短，水要充足，10分钟以内洗完为好，洗完后应迅速擦干。

4 增强新生儿抵抗力。冬天是疾病的多发期，母乳可帮助新生儿增强抵抗力，减少生病的概率，因此一定要坚持母乳喂养。

新生儿夏天护理常识

夏天气温高，日照强，干燥或者湿热，容易引起上火烦躁，还会引起痱子，如果吹电扇或空调又容易着凉。那么，出生在这个季节的新生儿如何清清爽爽过夏呢？

1 注意补水。夏季温度高，要保证充足的水分供应，不仅哺乳妈妈要多饮水，新生儿也应适当喝水，人工喂养的新生儿更应注意补充水分。

2 预防脱水热。新生儿体温调节中枢发育不完善，不能通过皮肤来散热，环境温度过高，而水分补充又不足时很容易发生脱水热。夏天不要给新生儿包裹得太紧、太严，可以适当裸露身体，但要注意腹部保暖，也可睡凉席，但要注意清洁。

3 避免吹空调、电扇。如果不是太热，不要用空调或电风扇为新生儿降温，妈妈可及时用吸湿性好的软毛巾及时为新生儿擦去汗液。室内要多通风，更新室内空气。

4 勤洗澡。夏天最好每天给新生儿用温水清洁身体，带走多余热量，洗澡后要注意补充水分，此外刚洗完澡不要到有风的地方去。

5 不要吃剩奶。人工喂养的新生儿，奶粉一定要现吃现配，夏天天气炎热，细菌繁殖迅速，新生儿如果吃了剩奶，很容易感染，导致腹泻。

婉拒他人亲吻新生儿

新生儿刚刚出生，从宫内来到宫外的 28 天是人生中最脆弱的一个时期，阻止病菌扩散能力很差。在亲吻新生儿时，大人很可能把自己口腔里带有的病菌、病毒，尤其是经呼吸道传播的病毒、病菌传给新生儿，使新生儿染上结核、脑膜炎、感冒等传染病。此外，经常亲吻新生儿的嘴，还会使新生儿口水增多，影响消化功能。

　　在亲友来访，或者出去走亲访友时，要格外留神，尽量避免他人随意亲吻新生儿，为了新生儿的健康，家长不妨学着婉拒亲吻这样的示好方式。

妈妈可以亲吻新生儿

　　正常情况下，妈妈亲吻新生儿对新生儿是有利的，但也要注意方法：

1 可以亲亲新生儿的脸蛋、额头、小胳膊、小腿，甚至小屁股都可以，但注意不要亲嘴。

2 力度要轻柔，轻轻碰触即可，因为新生儿的皮肤非常娇嫩，过于用力亲吻很容易弄伤新生儿。

3 妈妈患有传染疾病时，最好不要亲吻新生儿；患口腔和肠胃疾病时，也不要亲吻新生儿。

4 亲吻新生儿时，要将嘴唇上抹的口红或唇膏等洗干净；浓妆艳抹时，不要亲吻新生儿，以免化学物质进入新生儿娇嫩的皮肤。

专家叮咛

　　新生儿刚出生时，口腔里的黏液可以不擦，妈妈如果想帮新生儿清理，最好不要用纱布，因为新生儿口腔黏膜非常薄，非常嫩，很容易受伤。比较好的方法是用消毒棉签蘸着温开水，帮新生儿擦拭，动作一定要轻柔。

带新生儿去沐浴阳光

在 天气合适的情况下，爸爸妈妈应每天带新生儿到户外晒太阳，新生儿适当晒太阳有诸多益处。

1 阳光是最好的维生素 D "活化剂"，维生素 D 进入血液后能帮助吸收食物中的钙和磷，不但有助于骨骼的健康成长，而且可以预防和治疗佝偻病。

2 多晒太阳能增强新生儿机体抗病能力，有效预防感冒。紫外线还可以刺激骨髓制造红细胞，防止贫血，并可杀除皮肤上的细菌，增加皮肤的抵抗力。

3 太阳光中的红外线温度较高，对人体主要起温热作用，可使身体发热，促进血液循环和新陈代谢，增加人体活动功能，有效预防感冒。

带新生儿到户外晒太阳要注意的事情

1 选择适当的时间。孩子满月以后，即可常抱到户外晒太阳。新生儿晒太阳的时间根据季节而定，冬季太阳比较温和，适合多在户外晒太阳，一般在中午 11~12 点；春、秋季节一般在 10~11 点；夏季一般在 9~10 点。每次晒太阳时间长短应由少到多，可由 10 分钟逐渐到 30 分钟。

2 晒太阳会让新生儿体温升高甚至出汗，适当地补充水分很重要。

3 不要让太阳直射新生儿的眼睛，太阳强烈时，也不要让新生儿的脸暴露在阳光里，可以晒晒新生儿的后脑勺、屁股、小手或脚底。

4 不要隔着玻璃或全身包裹着晒太阳，这会使紫外线的效果减少，当然也并不需要在太阳下暴晒，紫外线可以穿透树荫或者遮阳伞。

5 不要给新生儿穿得太多。有的父母带新生儿晒太阳时，怕新生儿感冒，给孩子戴着帽子、手套和口罩，这样晒太阳很难达到目的。给新生儿晒太阳应根据当时的气温条件，尽可能地暴露皮肤。

6 带新生儿晒太阳时避免去人群密集的地方，这些地方通风不好，人流复杂，无法避免病毒传播，而新生儿抵抗力低，是最容易被感染的。

新生儿常见疾病防治

黄疸

黄疸是新生儿的一种特殊生理现象，80% 正常新生儿都会出现黄疸，而黄疸又可分为生理性黄疸与病理性黄疸，生理性黄疸通过家庭护理就会自行好转，但如果是病理性黄疸，需要接受相应治疗。

生理性黄疸的家庭护理

生理性黄疸的新生儿如果一切正常的话，可以随着妈妈一起出院，在出黄疸期间，母乳喂养的可勤喂母乳，人工喂养的可以多喂点，这样可以增加新生儿大便次数。但假如是母乳性黄疸，妈妈需要停止母乳一段时间或彻底断母乳。

同时也可以让新生儿在房间里隔着玻璃多晒晒太阳，这些方法都能减轻黄疸的程度。

新生儿异常的情况

由于只要超过生理性黄疸的范围就是病理性黄疸，因此出院后对新生儿的观察非常重要，一定要先了解新生儿的皮肤黄到身体哪个部位，回家后再观察有无任何变化。

1 仔细观察黄疸变化：黄疸是从头开始黄，从脚开始退，而眼睛是最早黄、最晚退的，所以可以先从眼睛观察起。还可以按压新生儿身体的任一部位，若按压的皮肤处呈现白色就没有关系，是黄色就要注意了。如果新生儿愈来愈黄，黄的部位愈来愈多，就一定有问题。

2 观察新生儿日常生活：只要觉得新生儿看起来愈来愈黄，精神及胃口都不好，或者体温不稳、嗜睡，容易尖声哭闹，都要及时去医院检查。

3 注意新生儿大便的颜色：如果是肝脏胆道发生问题，大便会变白，但不是突然变白，而是愈来愈淡，如果此时还有身体突然黄起来的状况，则必须就医。

4 看体重是否持续下降：新生儿体重会有生理性的下降，这是正常现象，一般 7~10 天后会回复到出生时的体重，继而持续增长，若发现新生儿体重不增反降，且持续下降，一定要及时就诊。

专家叮咛

有一种用来测量新生儿皮肤上的黄色色调的手持装置，称为胆红素液体色层分析。这种检验的准确度达 95%，而且只要几分钟便可测得结果，妈妈可以参考。

第 2 篇　有条不紊，科学护理新生儿

235

红屁股

新生儿的皮肤娇嫩，一点刺激就可能引起皮肤发红。经常处在潮湿刺激环境下的屁股是最容易发红的部位，特别是炎热的夏天，使用了纸尿裤或新生儿粪便没有及时清理，都是引起红屁股的常见原因。

红屁股的预防

1 勤换尿布。特别是在新生儿大小便后要即时更换，无论是白天夜晚，用一次性纸尿裤时也不能一条包到天亮，要及时更换，预防红屁股。

2 经常保持臀部干燥。新生儿的大便稀、量多，特别是母乳喂养的新生儿大便次数会比较多，要及时用温水清洗臀部，以免屁股潮湿太久而产生红屁股。

3 尽量选择母乳喂养。母乳喂养会增强新生儿全面抗感染的抵抗力，避免新生儿因服用抗生素而诱发红屁股。

红屁股的护理

1 在新生儿大便后或换尿布时，用温开水（注意，不要用肥皂）为新生儿清洗一下小屁屁，在为新生儿清洗红屁股时，要用手沾水轻柔地清洗，不要用毛巾直接擦洗，清洗完后要用毛巾轻轻吸干。

2 清洁干净新生儿的屁屁后，可以再涂些婴儿油，让新生儿的屁屁晒晒太阳，每天 2~3 次，每次 10~20 分钟，1~2 天就能恢复。

3 给新生儿涂抹油类及药膏时，要用棉签贴在皮肤上轻轻滚动，而不能上下涂刷，那样会导致脱皮。

泪囊炎

新生儿泪囊炎患儿大多数是由于小儿在出生时，鼻泪管下端的胚胎残膜没有退化，或是上皮细胞残屑阻塞鼻泪管下端，泪液和细菌储留在泪囊内引起继发感染所致。在出生 10 天以内的婴儿群体中，新生儿泪囊炎发病率达 0.3%~0.5%，是新生儿较常见的眼病之一。

泪囊炎的症状

新生儿泪囊炎多表现为总是眼泪汪汪、眼屎多，严重时新生儿的内眼角有淡黄色脓液流出，眼睛睁不开。

泪囊炎的防治

目前先天性泪囊炎发病率稍高，爸爸妈妈要注意观察新生儿的眼睛，发现有溢泪、眼屎多，要到医院就诊，越早治疗效果越好。

如果新生儿被诊断为新生儿泪囊炎，爸爸妈妈无须太担心，因为大多数新生儿出生后泪道仍处于不断发育的阶段。

2 个月以内的患儿可先采取保守治疗法，对新生儿的泪囊区（鼻梁两侧）由上向下按摩，促进泪液往鼻泪管方向流动，每天做 2~4 次，每次 1 分钟。同时，应按医嘱配合使用抗生素眼药水，滴药水前先用棉签将新生儿眼角的分泌物擦拭干净。这样治疗一段时间后，薄膜就会自行破裂，泪道也就通畅了。

经一段时间保守治疗无效的患儿，

可以到眼科冲洗泪道,将薄膜冲破。对于4个月大的新生儿,若经每月2次的加压冲洗仍然无效,需行泪道探通术,用探针将薄膜刺破,使泪道通畅。

泪囊炎的护理

泪囊区加压按摩法:按摩前妈妈洗净双手,剪指甲,新生儿仰卧位,由另一人固定头部和四肢,妈妈由鼻根部泪囊区顺鼻翼向下推挤。注意用力均匀,既要有一定力度,又不要力量太大损伤皮肤。按摩结束后,可以按医嘱滴用抗生素眼药水。

点眼药水时应轻拉下眼皮,滴入眼药1滴,注意药瓶不宜举得过高,防止药水滴入时刺激眼睛。但也不能举得太低,以防瓶口触及眼睛,一般1~2厘米为宜。滴药后药水溢出,可用清洁干棉球或干净的面巾纸拭去,避免用不洁物品擦双眼。

乳痂

新生儿头部皮脂腺分泌旺盛,如果洗头次数较少或清洗不彻底,这些分泌物就会聚集起来成为硬痂,也就是乳痂。乳痂轻微的时候,只有额头上方有,严重时可以蔓延至脖子和脸上,在新生儿长大些后会自然脱落、痊愈。

乳痂应及时清除

乳痂的痂皮虽然在新生儿长大些后可以自然脱落,但是妈妈最好不要置之不理,因为灰尘、脏污等容易黏附在上面,很容易引起一种叫作"脂溢性皮炎"的疾病,表现为头皮上可见到许多米粒大小的小红疹子,甚至还会形成片状分布的黄红色斑片,不但对新生儿的头发正常发育非常不利,同时还存在交叉感染的危险。

乳痂的护理

1 清除乳痂不能强行撕扯、扒拉,最好是用干净的成熟植物油涂在长有乳痂的部位,浸润几个小时后,用梳子轻轻梳头,比较薄的头皮乳痂会自然脱落下来,比较厚的头皮乳痂则需多涂些植物油,多等一些时间。给新生儿囟门部涂抹植物油的时候动作要轻柔,但不能因为怕弄伤而绕过这里。

2 乳痂脱落后,再用婴儿皂和温水洗净头部的油污即可,清洗时要注意动作轻柔,不要用手指甲去硬抠,更不要用梳子去刮,以免损伤头皮而引起感染。

3 在清洗后,还要注意用干毛巾将新生儿头部擦干,冬季可在洗后给新生儿戴上小帽子或用毛巾遮盖头部,防止新生儿受凉。

感冒

新生儿抵抗力弱，如遇风寒风热入侵，就容易引起感冒。感冒是由病毒或细菌等病原体感染所引起的，以侵犯鼻、咽部为主的急性炎症，平时一定要尽力避免新生儿接触传染源，增强新生儿抵抗力，预防感冒的发生。

感冒的症状

感冒的新生儿多有发热的症状，体温可达 39~40℃，同时会表现出烦躁不安、鼻塞、流涕、轻咳、食欲不振、呕吐、腹泻等症状。新生儿感冒一般会持续 2~3 天，重者可持续 1 周左右。有些新生儿生病 1~2 天时，由于突发高热可能会引起惊厥，退热后惊厥症状会自然消失。

感冒的预防

1 感冒流行期间不要带新生儿到人多、拥挤、空气浑浊的公共场所去，更不要让新生儿接触感冒病人。

2 新生儿的房间要经常开窗通风，保持室内空气流通。可以用醋熏蒸房间，杀灭空气中的病原体。

3 妈妈平衡新生儿膳食、合理喂养，保证新生儿摄入充足的营养素，可以增强新生儿的机体抵抗力，使新生儿少患感冒。

4 为新生儿穿衣盖被要适度，根据气温变化及时增减衣被，不可穿盖得太多。新生儿出汗后要及时换下汗湿的衣服。

5 经常为新生儿洗澡，经常带新生儿进行日光浴，对增强新生儿体质、提高新生儿对气温变化的适应能力极为重要。

感冒的护理

1 最好在每个房间用醋热熏 20 分钟，能杀灭房间里的细菌，并帮助新生儿清理鼻腔及呼吸道内的细菌。

2 新生儿感冒后，鼻涕经常擤不出来，妨碍新生儿呼吸。这时家长可用蘸了温水的潮棉签伸入新生儿的鼻腔，为新生儿清理鼻涕。

3 用温水浸湿的纱布轻敷在新生儿的鼻孔上方，使新生儿呼吸时能够吸入比较湿润的空气，可以帮助新生儿保持鼻腔里的湿度，缓解新生儿因为感冒引起的鼻塞。

4 如果咳嗽、发烧、腹泻，要多给新生儿喂水。

专家叮咛

许多患感冒的妈妈不敢给新生儿喂奶，也没有必要，因为感冒病毒不会通过哺乳途径传播，只是跟新生儿近距离接触的时候，妈妈戴上口罩就可以了。

童秃

胎儿在子宫里发育到5~6个月时，全身就有了浓密的胎毛，以后再逐渐脱落。有的新生儿出生后，头皮光秃秃的，有的只稀稀拉拉长着几根又黄又软的头发，俗称"童秃"。新妈妈常担心新生儿以后头发少，其实这是正常的现象，"童秃"是暂时的，是发育中的正常变化，到1岁左右头发会逐渐长出，2岁后头发就浓密了，以后也不会出现反复而脱落，对"童秃"的新生儿，应注意保护头发和头皮，促进毛发生长。

"童秃"的护理

1 保证营养：保证新生儿生长发育充足和全面的营养，经常带新生儿到室外活动，适当的阳光照射和新鲜空气，对新生儿身体全面发育有利，对头发的生长也有好处。

2 勤洗头：对"童秃"的新生儿，保持头皮清洁是很重要的，妈妈应经常为新生儿洗头。洗的时候，应轻轻按摩头皮，可选用婴儿洗发液，再用清水轻轻冲洗干净。洗头时有些头发脱落属于正常现象，不必介意。

3 勤梳头，梳理头发时，应选用橡胶梳子，这种梳子不会损伤头皮。新生儿的头发应顺其自然生长，不要强梳至一个方向。

专家叮咛

有的妈妈听说给新生儿的头皮上擦生姜，可以增加毛囊周围的血液循环，促进头发生长。事实上，新生儿头皮薄，使用生姜刺激反而会让新生儿头皮受伤害，影响头发生长。

发热

新生儿的体温一般在37.5℃以下，如超过这个温度就说明新生儿在发热。对于38℃以下的发热，最简便而有效的办法是物理降温，不要随便使用退烧药；如果超过38℃，最好去医院。

发热是一种免疫反应

新生儿发热不一定是坏事，它是体内一种正常的免疫反应，有帮助杀菌及提升抵抗力的作用。发热时，机体内的各种免疫功能都被激活，新陈代谢增快、抗体合成增加和吞噬细胞活性增强等。这些免疫反应可以抑制病原体的生长、繁殖，有利于病情的恢复，是人体的一种自我保护。

发热的原因

1 环境温度过高而致的发热。新生儿体温调节功能还没发育健全，不能维持产热和散热的平衡，从而身体温度会随着外界环境温度的变化而变化。

2 脱水热。新生儿皮下脂肪少，皮肤面积相对较大，散热快、易脱水，尤其是在炎热的夏天出生的新生儿，由于大汗、进奶少等因素，很容易发生脱水，随之出现体温升高（达38~40℃）。

3 产后感染。一般发生在产后1周左右，新生儿常因病毒、细菌、立克次体、原虫、螺旋体、霉菌等所引起的急性感染造成的呼吸道疾病、支气管炎、败血症、脓肿、皮肤脓疱等病症而发热。

发热的护理

1. 最重要且行之有效的物理降温法是多喂水（白开水或糖水均可以），几个小时后新生儿体温就可以恢复到正常。

2. 给新生儿换上较薄些的衣物，使新生儿的皮肤散去过多的热，室温要保持在15~25℃。

3. 可用酒精加温水混合擦拭降温，高热会很快降下来。酒精和温水的比例应为1:2。擦拭时可以用纱布蘸着酒精水为新生儿擦颈部、腋下、大腿根部及四肢等部位，要注意的是酒精可以使婴幼儿的体温急剧下降，要慎重使用。

4. 在降温过程中要注意，体温一开始下降，就要马上停止，以免降温过度。

5. 如果新生儿持续高热不退，就要及时就医。

产伤骨折

新生儿产伤骨折是指胎儿娩出过程中发生的骨折，常见的为大腿骨折、上臂骨折及锁骨骨折。母亲骨盆狭窄、软组织僵硬以及婴儿体重过高均易引起产伤，剖宫助产时用手指钩拉胎儿肢体用力过于集中和速度太快也会导致股骨干骨折。

新生儿骨折能自愈

骨折后多出现明显畸形，局部凸起，而医生多不做严格的接骨。很多父母都很担心，骨折后不能痊愈或遗留后遗症，其实这种担心是多余的。

新生儿骨骼骨膜比较厚，骨皮质薄且较软，骨折时多不连同骨膜一起折断，骨折断端虽会刺破骨膜而错位，但至少仍有一侧骨膜保持原来的连续性。新骨沿骨膜生长，10天后愈合的新骨仍然是直的，而刺出骨膜外的骨尖会逐渐被吸收。所以，新生儿产伤骨折一般不需特殊处理。

新生儿骨折的护理

1. 锁骨骨折不需要任何绷带固定，生活护理时轻抱轻放，避免压迫伤处或牵动患肢，7~10天即可痊愈。

2. 上臂骨折（肱骨干骨折）可用压舌板（小竹片）绑直或用绷带等物固定于躯干。

3. 大腿（股骨干）骨折用小木片（夹板）绑直或做悬吊牵引。

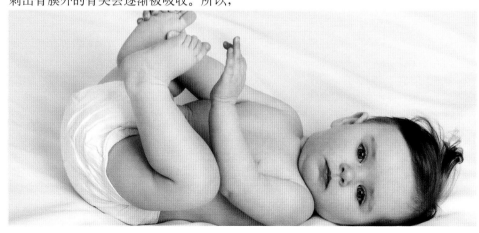

湿疹

湿疹是新生儿容易患的疾病，新生儿湿疹多出现在出生后 1 个月左右，有的新生儿出生后 1~2 周即出现皮疹，新生儿湿疹主要发生在颊部、额部和下颌部，严重时可累及胸部和上臂。6 个月以后逐渐减轻，1 岁半以后大多数患儿逐渐自愈。

湿疹的症状

湿疹开始时皮肤发红，上面有针头大小的红色丘疹，可出现水疱、脓疱、小糜烂面、潮湿、渗液，并可形成痂皮。痂脱落后会露出糜烂面，愈合后成红斑。数周至数月后，水肿性红斑开始消退，糜烂面逐渐消失，新生儿皮肤会变得干燥，而且出现少许薄痂或鳞屑。遇热、遇湿都可使湿疹表现显著。

湿疹的预防

1 过敏（包括食物过敏和外物过敏）是新生儿湿疹的原因之一，如果妈妈吃了某些过敏食品，会通过乳汁影响新生儿，所以哺乳的妈妈避免这些食物。

2 新生儿的贴身衣服和被褥必须是棉质的，所有衣服的领子也最好是棉质的，避免化纤、羊毛制品对新生儿造成刺激。

3 在给新生儿洗浴时以温水洗浴最好，要选择偏酸性的洗浴用品，保持新生儿皮肤清洁，尤其不能用过热的水和肥皂。

4 要最大限度地减少新生儿居处环境中的过敏原，以避免这些东西刺激新生儿引起过敏反应。

5 避免新生儿过胖。肥胖的新生儿，患湿疹的可能性就要大得多。

湿疹的护理

1 保持新生儿的身体干爽，卧室室温不宜太高，给新生儿穿衣服要略偏凉，衣着应较宽松、轻软，过热、出汗都会造成湿疹加重。要经常给新生儿更换衣物、枕头、被褥等。

2 勤给新生儿剪指甲，避免新生儿抓搔患处，造成继发性感染。

3 必要时可在医生指导下使用消炎、止痒、脱过敏药物，切勿自己使用任何激素类药膏。因为这类药物外用过多会被皮肤吸收，给新生儿身体带来副作用。

 专家叮咛

一般来说，只要合理安排新生儿的饮食，必要时配合药物治疗，新生儿湿疹是可以控制的。

硬肿症

新生儿硬肿症通常发生在出生后的 7~10 天，主要症状为：不吃、不哭、不动、体温不升、体重不增、局部或周身发冷，皮肤和皮下脂肪变硬，有时伴有水肿。变硬的地方多为新生儿小腿、大腿外侧的皮肤，严重时新生儿的脸部皮肤亦可发硬。

硬肿症的原因

新生儿的体表面积相对较大，皮肤薄嫩，血管丰富，容易散热，如果新生儿周围的环境温度过低，身体散热过多，体温下降，就会使新生儿的皮下脂肪因为凝固而变硬。由于新生儿体温过低，新生儿皮下脂肪的周围毛细血管扩张，渗透性增加，极易发生水肿，结果就造成硬肿症。

硬肿症的预防

1 新生儿一旦娩出即用预暖的毛巾包裹，移至保暖床上处理。

2 注意给新生儿保暖，让屋子里的温度高些，尤其是在冬天，最好给新生儿准备个热水袋。

3 最好对新生儿进行母乳喂养，给新生儿提供充足的热量。

4 积极早期治疗新生儿感染性疾病，不使发生硬肿症。

硬肿症的护理

1 对高危儿做好体温监护。

2 如果发现新生儿的鼻子和嘴里冒血沫，呼吸微弱，说明新生儿的病情已经很危重，要立即送医院抢救。

粟粒疹

有的新生儿脸上、身上会出现一些大小约 1 毫米的白色小疹子，像粟粒一样，因此叫作粟粒疹。粟粒疹是不足 3 个月的新生儿的常见皮疹。粟粒疹没什么大碍，而且很常见，大约 40% 的新生儿都会长粟粒疹。

粟粒疹的原因

粟粒疹主要是因为婴儿的皮脂腺功能尚未完全发育成熟所致，当死皮堆积在新生儿皮肤表面的小毛孔里，新生儿就会长粟粒疹。等到这些小疙瘩的表皮掉落，堆积的死皮脱下来，粟粒疹就会好了。

粟粒疹的护理

粟粒疹既不疼不痒，也不会自行感染，因此不用治疗，也不用特别对待，一般在两三周后粟粒疹就会自行消失。不过，有些粟粒疹也可能要到一两个月以后才能消失。

妈妈不要在新生儿的粟粒疹上抹任何油霜或药膏，更不要为了让粟粒疹快点消失而去挤掉，那样可能会引发皮肤感染，甚至留下疤痕。

想使粟粒疹早点消失，爸爸妈妈可以在每天给新生儿洗澡时帮新生儿清洁一下小脸蛋，但是清洗动作一定要轻柔，千万不要挤压这些小粟粒疹，更不要给新生儿挑破，那样很有可能刺激新生儿娇嫩的皮肤，造成感染。给小新生儿清洗脸蛋时，一定要注意室内的温度，最好能保持在 25~29℃，水温则尽量维持在 37~40℃。

肺炎

肺炎是新生儿期常见的一种疾病，新生儿的呼吸道防护功能差，容易受到感染发病，由于没有成人肺炎的明显症状，所以不易察觉。肺炎的危害相当严重，如护理不当，甚至有生命危险。妈妈需要对其有一定的了解，以预防和及时发现病情并及时治疗。

肺炎的症状

新生儿患肺炎可能无明显的呼吸道疾病，仅表现为一般状况较差、反应低下、哭声无力、拒奶，呛奶及口吐白沫等。

发病慢的新生儿多不发烧，甚至有的体温偏低，全身发凉。有些新生儿出现鼻根及鼻尖部发白、鼻翼扇动、呼吸浅快、不规则，病情变化快，易发生呼吸衰竭、心力衰竭而危及生命。

新生儿肺炎的预防

1 尽量母乳喂养。母乳尤其是初乳中含有大量的分泌型免疫球蛋白 A，这种物质可以起到保护呼吸道黏膜免遭病原体的侵袭，达到防病的目的。

2 如担心母亲怀孕时有感染以及难产娩出的新生儿有可能患肺炎时，可考虑选用抗生素预防。

3 家中卧室要经常开窗通风换气，平时要保持室内温度及湿度适宜。

4 隔绝感染源。尽量减少亲戚朋友的探视，尤其是患感冒等呼吸性疾病的人员不宜接触新生儿，家庭人员接触新生儿应认真洗手，以防将病原体传给新生儿而患病。

5 注意新生儿卫生。最好天天给新生儿洗澡，避免皮肤、黏膜破损，保持脐部清洁干燥，避免污染，以达到预防新生儿肺炎的目的。

肺炎的护理

1 要保持室内空气新鲜。太闷、太热对肺炎患儿都不好，会加重咳嗽，使痰液变稠，呼吸变得困难。地上应经常洒些水，使室内空气不要太干燥。

2 新生儿因发热、出汗、呼吸快而失去的水分较多，要多喂水，这样也可以使咽喉部湿润，使稠痰变稀，呼吸道通畅。

3 新生儿吃奶时会加重喘咳，应改用小勺喂，不要用奶瓶喂奶。

4 注意新生儿鼻腔内有无干痂，如果有，要用棉签蘸水后轻轻取出，让鼻腔保持通畅。

鹅口疮

鹅口疮是由白色念珠菌感染所引起，在黏膜表面形成白色斑膜的疾病，多见于新生儿以及慢性腹泻、营养不良的孩子，或长期使用抗生素、肾上腺皮质激素的孩子，以及奶头、食具不卫生，使霉菌侵入口腔黏膜。

鹅口疮的症状

新生儿口腔舌上或两颊内侧出现白屑，渐次蔓延于牙龈、口唇、软硬腭等处，白屑周围绕有微赤色的红晕，互相粘连，状如凝固的乳块，随擦去随时生出，不易清除。

轻者除口腔舌上出现白屑外，并无其他症状表现，没有疼痛感，也不会影响新生儿进食，重者白屑可蔓延至鼻道、咽喉、食道，甚至白屑叠叠，壅塞气道，妨碍哺乳，啼哭不止。如见新生儿脸色苍白、呼吸急促、啼声不出者，为危重症候。

鹅口疮的预防

1 母乳喂养时，应保持乳房及乳头的清洁。喂奶前用温水将乳头冲洗干净，喂奶后挤出少量乳汁涂在乳晕处，待其自然干燥，可以隔离病菌。

2 人工喂养时，要把新生儿的奶瓶、奶头清洗干净，并煮沸消毒。新生儿物品要与成人分开，每次用后都要煮沸消毒，并在阳光下晒干。

3 每次喂奶后，给新生儿喂几口温开水，可冲去留在口腔内的奶汁，霉菌就不会生长了。

鹅口疮的护理

发现新生儿患鹅口疮要及时到医院请有经验的医生治疗，如果用药不当或自行使用抗生素，反而会造成病情加重。

结膜炎

新生儿结膜炎一般发生在新生儿出生后的5~14天，主要症状为：眼睑肿胀，睑结膜发红、水肿，同时伴有分泌物，一开始为白色，很快会转为脓性，出现黄白色带脓性的分泌物。起初可能是一侧眼部发病，随着病情发展，可使两侧的眼睛都患病。如果不及时护理治疗，炎症甚至会蔓延到角膜，影响视力。

结膜炎的原因

1 出生时，婴儿的头部要经过妈妈的子宫颈和阴道，如果这些部位有病菌，新生儿的眼部很容易因为受到污染而被感染。如果妈妈阴道的衣原体检查为阳性，从阴道分娩的婴儿70%都可能被感染。

2 新生儿免疫系统发育不完全，对病菌的抵抗力弱。

3 新生儿泪腺尚未发育完善，因而眼泪较少，不易将侵入的病菌冲洗掉，容易使它们在眼部聚集、繁殖，引起结膜炎。

结膜炎的护理

1 清除新生儿眼部分泌物前，一定要将手洗净。

2 把消毒棉签在温开水中浸湿（以不往下滴水为宜），轻轻擦洗新生儿眼部的分泌物。

3 如果新生儿睫毛上的分泌物较多，可用消毒棉球浸上温开水湿敷一会儿，再换用湿棉球从眼内侧向眼外侧轻轻擦拭。一次用一个棉球，用过的就不能再用，直到擦干净为止。

4 用抗生素眼药水为新生儿滴眼。妈妈手持眼药瓶，将药水滴入新生儿的外眼角，注意不要滴在黑眼珠上，也不要使药瓶口碰触新生儿的睫毛，瓶口要离眼2厘米远，每次1~2滴即可。滴后松开手指，用拇指和食指轻轻提新生儿的上眼皮，防止药水流入鼻腔。若双眼均需滴药，应先滴病情较轻的一侧，再滴病情较重的一侧，避免交叉感染。滴完一只眼后，最好间隔3~5分钟，再滴另一只眼。

5 新生儿用过的物品（尤其是毛巾、手帕）要及时进行消毒。

爸妈教室

　　照料新生儿时，一定要保持自己的双手及衣服清洁，千万不能用不干净的手帕擦洗新生儿的脸和眼。

腹泻

新生儿腹泻是新生儿期最常见的肠胃道疾病，又称新生儿消化不良及新生儿肠炎，在夏季尤其常见。新生儿腹泻时大便次数多，大便稀薄，水分多，呈蛋花汤样或为绿色稀便，严重者水分甚多而粪质很少。

腹泻的原因

1 免疫功能不完善。由于新生儿自身的抵抗力比较弱，当肠道受到感染时没有能力去战胜病毒，便很容易患感染性腹泻。

2 积食。新生儿食用的奶粉过浓、不适合新生儿体质、奶液过凉、奶粉中加糖或过早添加米糊等淀粉类食物，都容易导致新生儿积食，从而引起新生儿腹泻。

3 过敏。新生儿对奶粉蛋白质过敏。

4 感冒。新生儿患感冒时常伴有腹泻症状。

5 病毒或细菌感染。这种腹泻是最常见的，其中最具代表性的是肠道轮状病毒感染。

腹泻的防治与护理

1 短期禁食，使胃肠道得到适当休息，对疾病的恢复有利。但是禁食时间不宜过久，一般不超过6~8小时。

2 母乳喂养。母乳是无菌的，而且有各种病菌的抗体，对肠道感染有一定的抵抗力，母乳喂养的新生儿不易患腹泻。

3 奶具消毒。人工喂养或混合喂养的，要保持奶具的干净卫生，这是预防新生儿腹泻的根本措施。

4 腹泻患儿往往易脱水，加之饮食控制，易畏寒，若出现四肢厥冷，体温不升，可用热水袋保暖，使用热水袋要注意不要烫伤患儿。当新生儿腹泻严重时，要适当补充淡盐水，防止发生脱水。

5 新生儿的衣着，应随气温的升降而增减，夜晚睡觉要避免腹部受凉。

6 妈妈要记录新生儿大便、小便的次数、量和性质，就诊时带上大便采样，以便医生检验、诊治。

如果新生儿的腹泻较重，大便有脓血，并伴有食量减少、呕吐、尿少等症状；大便呈稀水样，每天达到10~20次，伴有高烧嗜睡等症状，甚至出现手足凉、皮肤发花、呼吸深长、口唇樱红色、口鼻周围发绀、唇干、眼窝凹陷等情况，千万不要大意，需要立即到医院输液抢救。

出血症

有 些新生儿缺乏维生素K，导致某些凝血因子缺乏或活性降低，从而出现出血性疾病，常见于生后2~4天，个别新生儿可在生后24小时内发病。一般来说，新生儿出血症如果能够得到及时治疗，极少会造成严重问题。

新生儿出血症的原因

新生儿依赖维生素K来合成部分凝血因子，以便在出血时能够让受伤部位的血液凝固，维生素K经过胎盘的通透性差，胎儿所摄取的维生素K很少，因此新生儿出生时血中维生素K水平普遍较低，如果妈妈产前没有摄取足够的维生素，产后新生儿就容易出现出血症。

新生儿出血症的症状

1 新生儿出血的部位：最常见是消化道和脐部，其次是皮肤。在极少数情况下，还可能发生颅内出血。

2 皮肤有瘀斑、出血点，按压也不褪色。

3 脐带残端渗血，或取血后针刺过的部位渗血不止。

4 胃肠道出血，表现为呕血和黑便。

5 不明原因的烦躁、哭闹、易激惹、面色苍白，或不吃奶、精神反应弱、活动少等。

新生儿出血症的防治

1 新生儿要做到早期喂养，若吮吸吞咽能力好，就可直接喂母乳，这样做可促进其肠道内菌群形成，使之有利于维生素K的合成。

2 如果新生儿被诊断为新生儿出血症，大多数情况下，注射维生素K后，新生儿的出血症状就会马上停止了，并且会在1天左右的时间内完全恢复正常。如果新生儿的出血量多，造成较严重的贫血，可能需要输血。

 专家叮咛

妊娠晚期应多吃新鲜蔬菜和水果，以增加维生素K的摄入量。

血管瘤

血管瘤起源于皮肤血管的良性肿瘤，多见于头、颈部皮肤，黏膜、肝脏、脑和肌肉等亦可发生，以枕部的鲜红斑痣最常见。出生时或出生后 3 个月至 6 个月出现。有些可自行消退，较大或广泛的常终身持续存在。血管瘤应早发现早治疗，以免影响新生儿的容貌。

血管瘤的症状

鲜红斑痣：又名毛细血管扩张痣或葡萄酒样痣，表现为一或数个暗红色或青红色斑片，边缘不整，不高出皮面，压之易褪色，头颈部多见，常在出生时出现，可随人体长大而增大。

草莓样血管瘤（毛细血管瘤）：通常出现在脸部、头皮、背部或胸部，多为红色或紫色。草莓样血管瘤通常在出生后数周形成，可能不凸出于皮肤，也可能是稍稍高出皮肤的草莓状柔软肿块。

海绵状血管瘤：它就像充满了血的浅蓝色海绵组织，通常出现在头部或颈部的皮下，如果长得比较深，上面覆盖的皮肤看起来就没什么异样，有些在青春期前会消失。

血管瘤要及时治疗

婴儿血管瘤虽然是一种良性疾病，但严重时也会导致严重面部畸形，所以出生后如发现新生儿有血管瘤应及时就医。如不及时治疗，瘤体随时间推移逐渐增大，此时切除后可因大面积组织缺损导致严重术后畸形，甚至可由于波及重要结构而不能根治。

此外，某些血管瘤可突然破裂，造成致死性大出血，这种类型的血管瘤也应及时就医，在医生的指导下，选择最佳的治疗方式和时机。

血管瘤的护理

1 毛细血管瘤有浅表皮血管瘤，表皮极薄，若长时间浸在汗液中易破烂。因此要保持新生儿身体清洁，常洗澡，以免汗液浸湿血管瘤表皮。

2 要特别注意，不要划破新生儿血管瘤。此外，新生儿喜欢用手乱抓挠，为防止指甲抓破血管瘤，要经常给新生儿修剪指甲。

 爸妈教室

有些血管瘤不高出皮肤，仅表现为有色的斑点，千万不要把它当作胎记而忽视。

疫苗接种，为新生儿的健康护航

新生儿卡介苗

卡介苗是一种用来预防儿童结核病的预防接种疫苗，接种后可使儿童产生对结核病的特殊抵抗力，预防严重结核病和结核性脑膜炎的发生。

卡介苗接种时间

卡介苗一般在新生儿出生后 24 小时内，于左上臂外侧三角肌附着处进行第一次皮内接种。

在婴儿接种卡介苗 3 个月后，即婴儿满 3 个月时，应到指定的医疗卫生保健机构进行卡介苗接种后效果的检查。如果新生儿出生时没接种，可在 2 个月内到当地结核病防治所卡介苗门诊或者疾病预防控制中心的计划免疫门诊补种。

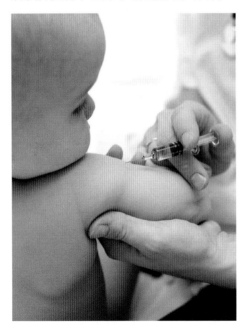

如果新生儿出生体重不满 2500 克、早产儿、出生时有严重窒息、有吸入性肺炎时，均暂时不能接种卡介苗，待身体恢复后才可接种。

接种后的反应

接种后 2~3 天仅可见在接种部位有小红点样的针眼，几天后也很快消退。

到新生儿快满月时，才会在注射的局部出现反应，在接种部位出现红肿，并形成肿块，以后肿块的中央逐渐变软，形成小脓包，当小脓包自行破溃后，可渗出黄白色的脓液，此时局部形成溃疡，并结痂，还可再流脓，这样反复多次，最后经过 2~3 个月痂皮脱落，形成一颗永久性的略凹陷的圆形疤痕。

接种疫苗后的护理

接种疫苗当天不要洗澡，如果天气过于炎热，妈妈可以拧干毛巾给新生儿擦拭身体，要避免弄湿注射部位的皮肤，也可先用干净的消毒纱布将上臂包扎起来再擦。此外，不要用手去触摸，以保持清洁，避免细菌感染。

新生儿乙肝疫苗

乙肝疫苗接种后，可刺激免疫系统产生保护性抗体，这种抗体存在于人的体液之中，乙肝病毒一旦出现，抗体会立即作用，将其清除，阻止感染，并不会伤害肝脏，从而使人体具有了预防乙肝的免疫力，达到预防乙肝感染的目的。

什么时候接种乙肝疫苗

新生儿出生后 1~2 天内接种第一针乙型肝炎疫苗，在新生儿满月后和 6 个月时，再各接种一针，方可在体内产生抵抗乙型肝炎病毒的能力，如果第二或第三针没有接种的话，原来接种的第一针是不起作用的。

在医院接种乙肝疫苗之后，出院时妈妈应当咨询一下医护人士第二针第三针到哪里接种，一般是到新生儿户口所在地的卫生院或保健所去接种。

三针接种的时间一定要按规定的时间进行，如不能按照要求的时间进行接种的话，可适当延长几天，但不能超过半个月。

接种乙肝疫苗后的反应

乙型肝炎疫苗接种在新生儿的右上臂，为皮下注射，绝不可与卡介苗接种在同一部位。乙型肝炎疫苗接种后一般没有什么反应，少数新生儿可有轻微的反应，如注射部位出现红肿、疼痛、轻微发热，但均不需要处理，2~3 天后即可恢复正常。

不能接种疫苗的情况

在带新生儿接种疫苗时，一定要将新生儿当时的身体情况详细反映给医生，最好携带相关病史资料，其中有些妈妈自己难以判断是否适合接种的情况，一定要告诉医生，由医生决定，经医生检查认为没有接种禁忌方可接受接种疫苗。

一般情况来说，新生儿在以下情况下是不宜接种疫苗的：

1 患有皮炎、化脓性皮肤病、严重湿疹的新生儿不宜接种，待病愈后方可进行接种。

2 体温超过 37.5℃，有腋下或淋巴结肿大的新生儿不宜接种，应查明病因治愈后再接种。

3 患有严重心、肝、肾疾病和活动型结核病的新生儿不宜接种。

4 神经系统包括脑发育不正常，有脑炎后遗症、癫痫病的新生儿不宜接种。

5 严重营养不良、严重佝偻病、先天性免疫缺陷的新生儿不宜接种。

6 有哮喘、荨麻疹等过敏体质的新生儿不宜接种。

7 当新生儿有腹泻时，尤其是每天大便次数超过 4 次的患儿，须待恢复两周后，才可服用脊灰疫苗。

8 最近注射过多价免疫球蛋白的新生儿，6 周内不应该接种麻疹疫苗。

9 感冒、轻度低热等一般性疾病视情况可暂缓接种。

10 空腹饥饿时不宜预防接种。

接种疫苗后的不良反应及护理

如果新生儿接种疫苗以后出现了某种症状，妈妈要判断是否与疫苗有关，首先必须考虑这种反应是不是注射此种疫苗后常出现的正常反应；其次，妈妈必须考虑到从疫苗的注射到不良反应发生的时间关联性，若是太晚出现或是持续超过 3 天以上的症状，就可能不是注射疫苗引起的，妈妈要考虑其他可能性。

接种疫苗后的可能反应及护理方法

1 轻度发烧：一般只要给退烧药即可，至于在退烧药的选择，要避免阿司匹林与水杨酸制剂，因为有可能引起雷氏症候群。

2 注射部位局部红肿、疼痛、硬块：注射后 6~8 小时发生肿痛，反应激烈者，会形成硬块。接种部位 24 小时内，可用冷敷减轻疼痛；24 小时后，可用温敷消肿帮助吸收。

3 烦躁不安、哭闹：大多在注射以后 12 小时内发作，可以持续 1 小时，这样的情况妈妈安抚观察即可。

4 高烧超过 40.5℃：一般在 48 小时以内发作，只要给退烧药即可，有些新生儿可能因为发烧而引起热痉挛，这与个人体质有关，多数都是良性的。

5 长疹子：一般只要观察即可，偶尔才需使用抗过敏药物。

爸妈教室

如果新生儿在注射 48 小时以内发作，并且超过 3 小时以上的持续性哭闹，要特别注意食欲、活动力是否也跟着降低。若极度昏睡、低张力、全身虚脱或尿量减少，则必须就医请医生处理。

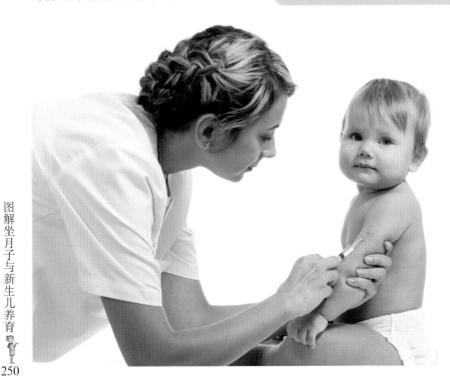

早教，开启新生儿智慧人生

新生儿具备哪些能力

新出生的新生儿大部分时间都在睡觉，处于懵懵懂懂的状态。因此，爸爸妈妈常常会忽略他所具有的能力。事实上，新生儿的潜能是巨大的，爸爸妈妈千万不要小看他。早教的目的，就是要了解并开发新生儿的这些潜能，为新生儿以后的人生打好基础。以下列举的是新生儿所具备的主要能力：

看的能力

新生儿刚出生就有看的能力，并能记住所看到的东西。34周早产儿与足月儿有相同的视力。新生儿出生后，父母应多与新生儿对视，因为眼睛看东西的过程能刺激新生儿大脑发育，而且与新生儿对视，还能向新生儿表达你们对他的爱。

听的能力

新生儿的听觉是很敏感的。如果妈妈在新生儿耳边轻轻地说话，新生儿会转向说话的一侧。新生儿喜欢听妈妈的声音，因为妈妈的声音会让新生儿感到亲切，不喜欢听过响的声音和噪声。

语言能力

不要以为新生儿没有语言，他们的语言就是哭，他会用哭声表达不同的需要，新生儿的哭声有许多种，代表着不同的含义，妈妈要学会听懂这种特殊的语言。

触觉能力

刚出生的新生儿对不同的温度、湿度、物体的质地和疼痛都有触觉感受能力。也就是说他们有冷热和疼痛的感觉，

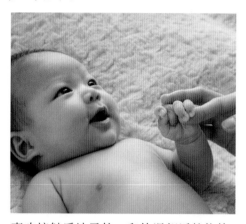

喜欢接触质地柔软，和体温相近的物体，如妈妈的身体。另外，嘴唇和手是新生儿触觉最灵敏的部位。

味觉能力

新生儿有良好的味觉，喜欢甜味而排斥酸味和苦味。给出生后只有1天的新生儿喝糖水，他会表现出爱喝的反应；如给新生儿喝酸橘子水时，他会皱起眉头。

嗅觉能力

新生儿能认识和区别不同的气味。新生儿比较喜欢妈妈本身的体香，排斥化妆品的味道，所以妈妈在哺乳期间不要化浓妆。

视觉训练

新生儿在子宫里感受到的是黑暗的环境，出生后能看到距离 20 厘米左右的物体，对黑白对比强烈、亮度高、色彩鲜艳的图案或物品比较感兴趣。因此，对于 0~3 个月的新生儿，妈妈可利用这些物品来对新生儿进行视觉训练，比如：

给新生儿看黑白图案

妈妈可将黑纸和白纸各一张出示在出生 10 天左右的新生儿面前，先给他看看黑纸，然后再看白纸，各注视半分钟再将黑白纸同时出示，让他同时看两种不同颜色的纸，训练眼球在两张纸之间来回移动。

此外，黑白图非常适合用来刺激训练新生儿的视觉发育，爸爸妈妈可以直接在 A4 纸大小的白纸板上绘上黑白图

案或者打印出来。新生儿会喜欢的图片类型有：同心圆、黑白方格、斜纹、波浪纹、电子琴键盘、地图图片、新生儿图片等。

看红色玩具或彩球

新生儿睡醒以后，妈妈可用鲜红色的球或绒布娃娃等逗引新生儿，看他有无视觉反应。新生儿看到玩具后，若盯住它看，妈妈可将玩具移动，看新生儿的眼睛是否会跟着玩具移动，玩 2~5 分钟，可锻炼新生儿的手眼协调能力。玩具移动的速度要慢一些。

新生儿喜欢看亮光

新生儿出生后已有光感，可在房内挂光亮适度、柔和的乳白色灯或彩色灯，光线不要直射新生儿的脸。训练时，可以一会儿开灯，一会儿关灯，以锻炼新生儿瞳孔扩张与收缩。

新生儿两周后也可用红布包住手电筒，将亮光对准新生儿眼上方 15~20 厘米处，沿水平线向左右或前后方向慢慢摇动数次。

给新生儿进行视觉训练时间不宜过长，刚开始以每次 2~3 分钟为宜，此外最好常抱新生儿到窗前或户外看远的东西。

 专家叮咛

大多数妈妈喜欢在新生儿的床栏中间系一根绳，上面悬挂一些可爱的小玩具，逗引新生儿追着看。如果经常这样做，就会使新生儿的眼睛较长时间地向中间旋转，有可能发展成内斜视，俗称"斗鸡眼"。妈妈要把玩具悬挂在围栏的周围，并经常变换位置。

听觉训练

新生儿的听觉已经非常敏感了，他很喜欢听妈妈的声音，如果听到妈妈的声音，新生儿的头会转到妈妈的方向来。

妈妈每天应在新生儿醒着时进行一段时间的听觉训练：

1 和新生儿说话

新生儿最喜欢听妈妈的声音，妈妈应在日常生活中多与新生儿说话，可以轻声呼唤新生儿的名字，还可结合当时的情景，对新生儿讲一些情景语言。如新生儿吃饭时，可以说："宝宝吃奶，快长大。"新生儿睡醒了，妈妈可以说："宝宝醒了吗？让妈妈看看。"讲话的声音要轻柔，要富有感情。

2 让新生儿听音乐

妈妈可以放些节奏缓慢、优美的音乐给新生儿听。但注意不要在短时间内频繁更换曲子，而应该在一段时间内只放一首短小、悦耳的曲子，让新生儿经常听。妈妈可每天让新生儿听两到三次音乐，可以增加新生儿的听觉能力和记忆力，对将来语言能力的发展也有益处。

当然，妈妈也可以给新生儿唱歌，无论你的音色怎样，在新生儿听来，那是最美妙的音符。

3 给新生儿念儿歌

新生儿一般对朗朗上口的儿歌比较容易产生兴趣。妈妈可以经常给新生儿哼哼儿歌，如在哄新生儿睡觉时，或在新生儿觉醒来时。儿歌容易刺激新生儿的大脑皮层，使新生儿记忆深刻。

> **爸妈教室**
>
> 训练听觉的时间不要太长，以免导致新生儿疲劳。另外，给新生儿听音乐时不可以戴耳机，以免损伤其娇嫩的听觉器官。

触觉训练

良好的触觉刺激是新生儿从出生到以后很长一段时间都不可或缺的要素。新生儿从生命的一开始就已有触觉，触觉是新生儿安慰自己、认识世界、和外界交流的主要方式。

多抚触新生儿

对于刚出生的新生儿来说，最好的触觉接触是父母的手。抚触有利于中枢神经的发育，对新生儿的情绪、智力都是很好的培养。

触摸脸：抚摸的动作要缓慢轻柔，若新生儿有转头的反应，妈妈应及时给予亲吻等鼓励。

触摸小手小脚：妈妈要经常用手轻柔地抚摸新生儿的每一根手指，使他紧握的小手放开，并在每次抚摸后用不同的物体，如硬的木棒、软的毛巾等去触碰他的手掌心，使他感觉到不同物体的触觉刺激。妈妈还应多抚摸新生儿的小脚，每个小指头都要摸到。

触摸身体：可在给新生儿洗澡前或换尿布后，全裸或半裸时，妈妈用手抚摸小新生儿的身体，由胸部、腹部抚摸到腿、两臂，然后翻转身抚摸后身，从颈部往下抚摸到背部、臀部。

第2篇 有条不紊，科学护理新生儿

253

🐛让新生儿触摸不同质感的东西

新生儿对不同的温度、湿度、物体的质地和疼痛都有触觉感受能力，他有冷热和疼痛的感觉，喜欢接触质地柔软的物体。

1 准备各种质地的东西，如木制的拨浪鼓、小毛巾、小软勺等，然后把不同东西挨个塞在新生儿的手里，引导新生儿去摸一摸，新生儿触摸很多不同的东西，可以充分运用各种感官，接触、探索各种不同物体，了解不同物体的特性。

2 在与妈妈的身体接触时，新生儿的触觉也很敏锐，与接触其他东西不同的是，新生儿更喜欢接触妈妈，当妈妈抱起新生儿时，他们喜欢紧贴着妈妈的身体，依偎着妈妈，因此妈妈有机会应多抱新生儿。

爸妈教室

在新生儿触摸不同的事物时，妈妈同时应该用温柔的声音告诉新生儿这些东西的特点，尽管新生儿听不懂，但他乐意听到妈妈的声音。

利用行走反射促进大脑发育

行 走反射又称踏步反射或无意识步行，是指新生儿处于清醒状态时，用两手托住其腋下使之直立并使上半身稍微前倾，脚触及床面时他就会交替地伸脚，做出似乎要向前走的动作，看上去很像动作协调的步行。这一反射在新生儿出生后一段时间就自然消失。所以，父母应及早地、充分地利用新生儿的这一能力并加以动作训练，不仅可以促进下肢的发育，让新生儿早日学会走路，更重要的是还能促进脑的发育和智力发展。

🐛如何刺激新生儿的行走反射

托住新生儿的腋下，用两大拇指控制好头部让他的光脚板接触平面，他就会做协调的迈步动作。

从出生第 8 天开始锻炼，每天 4 次，每次 3 分钟。于喂奶后半小时进行。

🐛刺激行走反射的注意事项

1 早产儿及佝偻病患儿，骨骼发育不良好的新生儿，不宜做此项练习。

2 动作要轻柔，边做边喊口令"一二一"，也可一人在前面用玩具逗引新生儿。

3 要随时注意新生儿的情绪，如果新生儿患病、体质弱、情绪不好应立即停止。

4 出生几天的新生儿身体较软，要注意保护好新生儿的头颈部和腰部。

开发新生儿的语言能力

多对新生儿说话

新生儿虽然听不懂大人的话，但多对新生儿说话会带来意想不到的智能发展效果，对新生儿非常重要。

1. 如果爸爸妈妈多跟新生儿说说话，话语声以及说话的声音、情景等可以给新生儿带来丰富的视觉和听觉刺激。在跟新生儿说话时，眼睛最好盯着新生儿的眼睛，声音、语调、语气、表情要相互配合，尽量丰富，这样新生儿在听你说话的时候，各种感官可以得到协调锻炼。

2. 可以向他表达你的问候，比如可以在他醒来时，问一问他"你醒了？饿了吗"，给他换衣服时，就跟他说"妈妈要给你换衣服了，这是你的小内衣"等，在他尿了或拉了时，可以说"拉了，小屁屁不舒服吧？我们来洗一洗吧"等，这些琐碎的话，都会给他一定的刺激。

3. 在跟新生儿对话的时候，不必考虑说话的内容，只要妈妈的语气轻柔，表情温和就能让新生儿感觉快乐。

给新生儿听音乐

播放柔和的音乐，让美妙声音自然流泻在空气中，这不仅有刺激新生儿听觉的作用，同时也可以使新生儿保持愉快的情绪。唱歌给他听、对他笑、陪他玩，所产生的效果，不只是促进听觉而已，对新生儿将来语言的学习以及亲子间亲密感情的建立，也会有相当大的帮助。

适合新生儿的玩具

新生儿的小手还不会抓握，也不会玩弄玩具，但他的眼睛会看，耳朵会听，小手会触摸，因此需要玩具来发展他的视觉、听觉、触觉。新生儿的玩具必须是色彩鲜艳、有响声、能活动、小型、光滑而无锐利尖角边缘的，这可以使新生儿能看、能听、能触摸，能引起他兴奋而自发地活动手脚。

1. 选一些颜色鲜艳、声音悦耳、造型精美的既能看又能听的吊挂玩具，如彩色气球、吹气娃娃及小动物、彩条旗、小灯笼、颜色鲜艳的充气玩具、拨浪鼓、摇铃等。注意1个月大的新生儿的视力范围很小，所以这些玩具不要离他太远，可悬挂在婴儿的床头及周围，每隔几天轮流更换。

2. 新生儿需要温暖的母爱和安全感，可以选一些手感温柔、造型朴实、体积较大的毛绒玩具放在婴儿手边或床上。

3. 当新生儿对周围环境表现出兴趣时，可选一些颜色鲜艳、图案丰富、容易抓握、能发出不同响声的玩具，如小闹钟、八音盒、可捏响的塑料玩具、颜色鲜艳的小袜子和小丝巾等。

4. 有强烈对比图案的软质书（布书或塑料书）：那些很容易看清楚图案或装饰的软质书是专为新生儿设计的。躺在新生儿的身边，这样当你给他朗读时，新生儿就能看到你翻书了。